ÉLÉMENS

DE

L'ART VÉTÉRINAIRE.

ELÉMENS
DE
L'ART VÉTÉRINAIRE.
PRÉCIS ANATOMIQUE
DU CORPS DU CHEVAL,

A L'USAGE DES ÉLEVES

DES ÉCOLES VÉTÉRINAIRES,

Par M. BOURGELAT.

Nouvelle édition, corrigée & augmentée.

Tome I.

A PARIS,

Dans la Librairie vétérinaire de J. B. HUZARD, rue Montmartre, cour de la Juſſienne, N°. 38, & au Palais de Juſtice, Salle Dauphine, N°s. 1 & 2.

M. DCC. XCIII.

AVERTISSEMENT DE L'AUTEUR.

L'OUVRAGE *que nous publions eſt purement élémentaire. L'exactitude, la préciſion & la clarté ſont les points auxquels nous nous ſommes efforcés d'atteindre, & les ſeuls en effet qui importent véritablement à ceux pour leſquels notre travail eſt ſpécialement deſtiné.*

La matiere eſt ſeche, difficile & rebutante par elle-même. Cette conſidération nous avoit engagé à la traiter en quelque façon hiſtoriquement, & à l'aſſaiſonner de pluſieurs traits capables de ſauver aux lecteurs l'ennui d'une foule de deſcriptions monotones; mais après avoir ſondé à pluſieurs repriſes, & de différentes manieres, l'eſprit & l'intelligence de nos éleves, nous avons vu que des détails ornés & étendus ſurchargeoient, d'une part, inutilement leur mémoire, & les diſtrayoient, de l'autre, des objets qu'il leur étoit eſſentiel de ſaiſir; nous avons donc été forcés de leur en préſenter toutes les faces nuement, & ſous la forme la plus conciſe & la plus ſimple, ainſi pluſieurs volumes ont été inſenſiblement réduits à trois, à deux & enſuite en un ſeul.

Cet abrégé anatomique du corps du cheval n'en renferme pas moins tout ce qu'il doit contenir d'intéreſſant & de néceſſaire; nous nous ſommes ſurtout auſterement attaché à l'ordre dans lequel toutes les portions à enviſager s'offrent naturellement au ſcalpel, & nous avons eu cette ſatisfaction, que pluſieurs de nos diſciples ſont parvenus, ſans autre ſecours que celui de leurs cahiers, à la découverte de celles qui ſont le plus compliquées. Con-

vaincus alors que nous avions touché le but, nous nous sommes arrêtés & fixés à cette espece de Compendium, *dont celui d'*Héister *nous a fait naître l'idée, & que les anatomistes du corps humain pourront regarder comme une sorte de table indicative des différences remarquables qui existent entre l'animal & le sujet qui est l'objet perpétuel de leurs recherches. Elles ne seroient peut-être pas aussi nombreuses qu'elles le paroissent, s'il étoit permis de démêler avec autant de facilité la structure de parties exigües, que la fabrique & la composition de celles qui sont volumineuses. L'anatomie des animaux fraya d'abord le chemin à l'anatomie de l'homme; on s'est ensuite très-sérieusement occupé de celle-ci, & l'on a malheureusement trop négligé la premiere, car une étude constante de l'une & de l'autre auroit infailliblement accru du double & du triple de sa valeur la somme des lumieres que l'on a acquises. Rien n'étoit en effet plus propre à étendre, à multiplier & à assurer les connoissances en ce genre, qu'une comparaison rigoureuse & toujours suivie; elle auroit épargné bien des écarts, & fourni infailliblement une immensité de richesses à la phisiologie ou à la philosophie des corps animés. Tel est aussi le flambeau dont se sont armés des hommes vraiment célebres* (1), *ardens à interroger & à scruter la nature, mais trop sages pour oser s'arroger le droit de suppléer par des explications arbitraires & par de vagues possibilités à ce qu'il leur étoit difficile ou impossible d'appercevoir & de comprendre. Nous les avons vus avec transport charger nos écoles, du fond des républiques & des états qu'ils honorent, d'éclaircir leurs doutes & de*

(1) Van-Swieten, Haller, Sauvages, Pouteau, &c.

vérifier dans l'animal les faits sur lesquels leurs idées étoient appuyées, comme nous en voyons encore avec reconnoissance plusieurs dans cette capitale ne pas dédaigner de juger publiquement des efforts de nos éleves, les encourager par leurs applaudissemens & nous récompenser glorieusement nous-mêmes, en nous accordant leurs suffrages.

Il eût été sans doute plus prudent de ne pas nous hâter, & d'attendre encore du tems, du travail & de la réflexion, sinon la perfection de cet ouvrage, du moins la diminution du nombre des erreurs dont il est à craindre que nous soyons coupables, mais des copies infidelles, travesties de maniere à ajouter à nos propres fautes des fautes encore plus grossieres, pourroient en avoir imposé au public, & notre premier devoir est de le garantir du piege. Toutes celles que nous avions commises dans nos écrits précédens, sont ici soigneusement corrigées. L'inspection réfléchie d'une infinité de cadavres nous les a fait appercevoir, & nous a prouvé que la plus grande attention donnée à la dissection de quelques sujets seulement, ne suffit point à qui veut bien voir & bien décrire. Le corps animal est d'ailleurs, ainsi que le corps humain, un labyrinthe dont vainement se flatteroit-on de deviner tous les détours; à peine marchons-nous avec quelque sûreté dans les grandes routes; que l'on parcoure tout ce qui nous a été transmis depuis Mundinus, Carpi, Vesâle, *jusques à* Winslow, *& l'on sera convaincu par les variations énormes que lon trouvera dans les différentes expositions des parties qui frappent le plus évidemment les sens, que le témoignage des yeux ne sauve point de l'illusion, & n'est que trop souvent très-équivoque.*

Au surplus, nous ouvrons simplement les voies, & il ne falloit pas moins de vingt années de veilles

& d'application pour défricher & pour préparer le terrein. D'autres que nous reculerons les bornes auxquelles nous nous ſerons arrêtés. Le champ vaſte & inculte dont nous arrachons avec tant de peine les ronces & les épines, deviendra fertile dans leurs mains ; ils extirperont peut-être juſques à la racine des préjugés ; & leurs travaux ainſi que leurs ſuccès, apprendront vraiſemblablement enfin, que les lumieres qu'exige le traitement des animaux n'ont point été & ne ſeront jamais, par un privilege ſpécial ou par infuſion, données & accordées indifféremment à quiconque veut s'y livrer.

ÉLÉMENS DE L'ART VÉTÉRINAIRE.

DE L'ANATOMIE EN GÉNÉRAL.

INTRODUCTION.

Des parties qui concourent à former celles qui sont contenues dans l'intérieur des animaux.

1. L'ANATOMIE est une ſcience par le moyen de laquelle nous parvenons avec ſuccès à la diſſection ou à la décompoſition artificielle du corps de l'homme & des animaux. Dans ce dernier cas, on la nomme proprement *zootomie*, ou *anatomie comparée*.

Elle eſt la bâſe de l'art vétérinaire, comme elle eſt le fondement de la médecine humaine.

Elle expoſe à nos yeux le nombre prodigieux des parties qui entrent dans la formation des corps, leurs différences, leurs rapports, leur ſtructure & leur ſituation.

II. On la divise ordinairement en deux parties: en celle qui traite des parties qui ont de la solidité, & qu'on appelle parties dures, & en celle qui envisage en général les parties qui sont molles. L'une est l'*ostéologie*, l'autre est la *sarcologie*.

La *Sarcologie* comprend généralement les visceres, les muscles, les vaisseaux, les nerfs, les glandes : aussi la subdivise-t-on en splanchnologie, en miologie, en angéiologie, en névrologie & en adénologie.

III. La machine animale est un composé de vaisseaux. L'examen de cette machine se réduit donc à celui de deux sortes de parties, dont les unes sont solides, & les autres fluides.

IV. Les parties solides sont celles dans lesquelles les fluides sont contenus, & circulent sans cesse, tant que la machine est vivante. Ces parties sont formées par une union & un assemblage de fibres.

Les fibres sont des filamens ou de petits corps extrêmement déliés, capables de ressort & douées d'élasticité, & dont la ténuité est telle, qu'ils se dérobent même à l'œil le plus perçant.

Elles reçoivent différens noms, selon la différence de leurs arrangemens, de leur direction, de leur substance, de leur structure, de leur volume & de leurs usages.

V. Toutes les parties qu'elles forment sous le nom de solides, sont les os, les cartilages, les ligamens, les membranes, les vaisseaux, les nerfs, les muscles, les glandes & les visceres. Il est par conséquent des fibres osseuses, cartilagineuses, ligamenteuses, membraneuses, tendineuses, musculeuses, charnues, &c. comme il en est de longitudinales, de transversales, d'obliques, de circulaires, de spirales, &c.

VI. Des fibres diversement rangées forment les

os ; le tiſſu en eſt infiniment plus compact que celui des autres parties.

VII. Les cartilages ne différent de l'os, que du plus ou du moins de fermeté : la ſubſtance en eſt polie, élaſtique, ſouple & blanchâtre.

Les uns ſont durs, & deviennent oſſeux avec le tems ; les autres ſont plus mols, & compoſent même des parties, comme les cartilages des naſeaux & des oreilles : il en eſt de plus mols, qui tiennent de la nature du ligament, & dès-lors on les nomme cartilages ligamenteux.

VIII. Les ligamens ſont formés de parties fibreuſes, blanches, & plus flexible que celles des cartilages.

IX. Des tiſſus de fibres croiſées & entre-lacées en pluſieurs ſens, mais preſque toujours ſur un même plan, forment des eſpeces de toiles plus étendues, moins roides & moins fortes que les ligamens. On les appelle membranes.

Leur fineſſe ou leur épaiſſeur, leur ſubſtance, leur figure, leur ſituation & leurs uſages, en font les différences.

Les portions membraneuſes les plus minces, ſe nomment *pellicules* ou *tuniques :* poſées les unes ſur les autres, elles conſtruiſent des tuyaux, & même des viſceres.

Il en eſt de ligamenteuſes, de charnues, d'aponévrotiques, &c.

Eu égard à leur figure, on les nomme *ſac*, *poche*, *enveloppe*, *cloiſons*, &c.

On les nomme *méninges* au cerveau, *plévre* à la poitrine, *périoſte*, lorſqu'elles recouvrent les os, &c.

Elles tapiſſent les principales cavités du corps. Elles forment tous les conduits qui ſe diſtribuent dans toute l'étendue de la machine, pour la circulation des ſucs dont elle a beſoin. Elles compoſent des parties conſidérables, comme l'eſtomac, les inteſtins, la veſſie. Elles ſervent d'organes aux ſenſations extérieures.

X. Roulées en maniere de tuyaux, elles forment les vaiſſeaux.

Ceux-ci ſont ronds, plus ou moins longs; leur figure approche de celle d'un cône. Ils ſe diviſent & ſe ſubdiviſent en un nombre infini de ramifications, dont les dernieres, à raiſon de leur petiteſſe, ſont connues ſous la dénomination de vaiſſeaux capillaires.

XI. Il eſt quatre claſſes de vaiſſeaux dans la machine animale.

XII. La premiere comprend les vaiſſeaux nerveux ou les nerfs. Ils ſe préſentent comme des cordons blancs & cylindriques, dont la racine eſt dans la moëlle allongée & dans la moëlle de l'épine. On préſume que ces filets ou cordons ſont vaſculeux, & qu'un fluide très-ſubtil appelé eſprit animal, ſuc nerveux, les accompagne, les pénetre, & remplit leurs pores juſqu'à leurs extrémités.

XIII. Les vaiſſeaux ſanguins ſont de deux ſortes.

Les uns, appelés arteres ſanguines, reçoivent le ſang du cœur, & le diſtribuent à toutes les parties du corps. Ces arteres ſont fortes, compoſées de pluſieurs lames membraneuſes, douées de beaucoup d'élaſticité, ce qui les rend ſuſceptibles de deux mouvemens.

Le premier a lieu par la dilatation, & ſe nomme *diaſtole* : le ſecond réſulte de leur contraction, & ſe nomme *ſiſtole*. Ces deux mouvemens oppoſés forment le pouls.

La ſeconde ſorte de vaiſſeaux ſanguins, comprend les veines qui reçoivent le ſang des parties, & le reportent au cœur. Elles ſont moins fortes, quoique compoſées également de pluſieurs lames membraneuſes, mais plus minces, & moins élaſtiques ; auſſi n'ont-elles point de mouvemens ſenſibles.

Il eſt dans leur intérieur des valvules, principalement à celles qui ſont dans les extrémités. Ces valvules placées à quelques diſtances les unes des autres, empêchent le ſang, qui eſt rapporté de la circonférence au centre par ces vaiſſeaux veineux, de rétrograder & de retourner en arriere.

Les gros troncs des arteres & des veines ſe diviſent en rameaux, en branches, en ramifications : les dernieres ſont, comme nous l'avons dit, les vaiſſeaux capillaires.

Les extrémités capillaires des arteres fourniſſent au ſurplus aux extrémités capillaires des veines, & y tranſmettent le ſang qui n'a pu ſervir à la nourriture des parties, & qui doit être rapporté au cœur.

XIV. On appelle vaiſſeaux lymphatiques, des tuyaux extrêmement fins, qui ont une tunique tranſparente & déliée : ils ſont deſtinés à charrier une humeur ſéreuſe mêlée de particules nourricieres, que l'on nomme la lymphe.

Ces vaiſſeaux ſont auſſi de deux ſortes.

Les arteres lymphatiques ſemblent partir des diviſions des arteres capillaires ſanguines, & conduiſent la lymphe dans toutes les parties du corps.

Les veines lymphatiques paroiſſent être la continuation des arteres du même nom ; elles rapportent une portion de la lymphe qui avoit été diſtribuée aux différentes parties par les arteres lymphatiques, pour s'en décharger enſuite dans les veines ſanguines, &c.

XV. Les vaiſſeaux de la quatrieme claſſe ſont de deux ſortes, ſécrétoires & excrétoires.

Les ſécrétoires ſéparent du ſang quelque liqueur

particuliere. Ils ne prennent pas naiſſance dans la courbure de l'artere ſanguine, mais dans le vaiſſeau lymphatique, afin que la liqueur ſe filtre plus paiſiblement.

Les excrétoires ſont plus forts & plus opaques, étant formés par la réunion des ſécrétoires; ils reçoivent la liqueur qui a été ſéparée, ils la dépoſent dans quelque partie, ou la tranſmettent au-dehors.

XVI. Des faiſceaux de fibres différemment rangés forment les muſcles.

Dans chacun d'eux, excepté dans ceux qui ſont circulaires ou creux, on obſerve trois parties, le milieu, & les extrémités.

Le milieu, qu'on appelle le ventre du muſcle, eſt la partie la plus groſſe, la plus rouge, & la ſeule par laquelle s'exécute la fonction du muſcle; auſſi le dit-on compoſé de fibres motrices : c'eſt auſſi proprement ce qu'on appelle chair.

Les extrémités ſont une de chaque côté; les mêmes fibres les forment : mais là elles ſont plus ſerrées, moins élaſtiques, & de couleur blanche. Préſentent-elles des corps ronds, on les appele des *tendons*, S'épanouiſſent-elles en maniere de membranes, on les appele des *aponévroſes*. C'eſt par ces extrémités que les muſcles ſont attachés aux os, ou aux parties qu'ils doivent mouvoir : ils ſont les inſtrumens du mouvement.

XVII. Les glandes ſont des corps ronds ou ovalaires, formés par l'entrelacement, le concours, les plis & les replis des vaiſſeaux capillaires de toute eſpece; c'eſt-à-dire, des arteres, des veines ſanguines, des vaiſſeaux nerveux, lymphatiques & excrétoires : elles ſont enfermées dans une capſule membraneuſe. Leur uſage en fait diſtinguer de deux ſortes.

Les conglobées, qui ne forment qu'un même corps, & qui ne servent qu'à séparer ou à perfectionner la lymphe.

Les conglomérées, composées de plusieurs grains glanduleux, & qui séparent du sang quelque liqueur particuliere.

XVIII. On entend par visceres, toutes les parties qui servent aux fonctions vitales ou naturelles, comme le cerveau, les poumons, le cœur, le foie, l'estomac, les intestins, les reins, &c.

XIX. On entend par fluides, des molécules tres-déliées qui cédent au moindre attouchement, qui se séparent, qui se heurtent, & roulent les unes sur les autres.

Ils sont répandus dans toute l'étendue de la machine, car elle n'offre pas un seul point où il n'y ait des vaisseaux.

Ils ont tous une même origine; ils émanent d'un même principe : ainsi les humeurs principales dérivent toutes du chyle & du sang proprement dit.

XX. Le chyle est une liqueur blanche, laiteuse: elle differe du sang en couleur, en saveur & en consistance. C'est un mêlange qui résulte des alimens, soit qu'ils soient transmis de la mere au petit par le cordon ombilical, soit que l'animal, hors du ventre de sa mere, s'en soit nourri lui-même.

Sa formation s'exécute par différentes préparations, dans la bouche, dans l'estomac & dans les intestins, où il acheve de se perfectionner.

XXI. Le sang est une liqueur rouge : sa consistance est plus solide que celle de l'eau. Il est contenu dans les arteres & veines sanguines.

On y distingue en général une partie rouge ou globuleuse, & la partie blanche ou la lymphe.

Ces deux parties circulant ensemble, paroissent n'en faire qu'une; mais elles se séparent sensiblement dans le ſang qui eſt hors des vaiſſeaux : la premiere ſe coagule ; la ſeconde eſt aqueuſe : c'eſt ce qu'on appelle la ſéroſité.

Le ſang réſulte du chyle, & ſe renouvelle au moyen des alimens.

XXII. La lymphe eſt en partie gélatineuſe, & en partie ſéreuſe : au moyen des vaiſſeaux lymphatiques qui la contiennent, elle porte dans tout le corps la nourriture & la matiere des filtrations : elle revient enſuite ſe rendre dans les veines ſanguines.

Sa portion gélatineuſe reſſemble par ſon mucilage à un blanc d'œuf : elle ſe durcit à une légere chaleur.

XXIII. Il eſt encore d'autres humeurs qui participent aux différens mouvemens du ſang, qui ſe trouvent mêlées & confondues avec lui, & dont elles ſont une production. Suffiſamment atténuées, elles ſe ſéparent dans les glandes conglomérées par le moyen des vaiſſeaux ſécrétoires. C'eſt cette ſéparation que nous nommons ſécrétion.

XXIV. Ces humeurs ſont de trois ſortes. Les unes ſont repompées, & ſe mêlent de nouveau dans la maſſe : on les appelle récrémens, ou humeurs récrémenticielles. Tels ſont les eſprits animaux qui ſe ſéparent dans le cerveau, & dont le réſidu reprend enſuite les voies de la circulation, pour aller ſouffrir dans ce viſcere de nouvelles préparations. Tel eſt le ſuc nourricier, qui n'eſt autre choſe qu'une lymphe atténuée, portée continuellement dans toutes les parties de la machine par les arteres ſanguines, de-là dans les arteres lymphatiques, & dont le réſidu eſt repris par autant de veines lymphatiques qui le rapportent dans les veines ſanguines.

Les excrémens ou les humeurs excrémenticielles

les, ſont celles qui n'ont plus de commerce avec le ſang, & qui ſont jetées au-dehors. Telles ſont l'urine, la matiere de l'inſenſible tranſpiration, celle de la ſueur, l'humeur muqueuſe, &c.

Enfin, les excrémens récrémenticiels, c'eſt-à-dire, les humeurs, dont une partie eſt jeté hors des voies de la circulation, tandis que l'autre rentre dans le torrent, ſont, par exemple, la ſalive, la bile, le ſuc inteſtinal, &c. & c'eſt ainſi que ſe diviſent toutes les liqueurs émanées du ſang.

DE L'OSTÉOLOGIE,

OU

DE LA CONNOISSANCE DES OS.

Des Os en général.

1\. LES os font des parties infenfibles, plus ou moins blanches, les plus dures, les plus folides & les plus compactes de toutes celles qui entrent dans la compofition du corps des animaux.

2\. Leur nature, leur conformation, leur ftructure, leurs parties, leur grandeur, leurs noms, leur fituation, leur connexion & leurs ufages, font autant de points à envifager.

L'*hippoftéologie* a pour objet les os du corps du cheval; l'*oiftéologie*, les os du corps de la brebis; la *boftéologie*, les os du corps du bœuf, &c. C'eft ainfi que cette partie de l'anatomie, connue fous la dénomination générale d'*oftéologie*, eft appelée, felon l'animal dont on fe propofe d'examiner le fquélete.

3\. On nomme *fquélete*, l'affemblage ordonné, fymétrique & régulier de tous les os, foit dans le fquélete naturel, foit dans le fquélete artificiel.

Le premier eft celui dont les os font unis en conféquence de leurs propres ligamens, & dans lequel on obferve encore les cartilages.

Le fecond eft celui dont les os, après avoir été féparés & défunis, ont été rejoints & remis dans leur premiere difpofition, au moyen de quelque lien artificiel & étranger.

4. Les os forment la charpente de toute la machine : ils ſont, par leur ſolidité, le ſoutien de l'édifice entier ; ils lui ſervent de bâſe. Le plus grand nombre d'entr'eux eſt ſoumis à l'action des muſcles, c'eſt-à-dire, à ces puiſſances auxquelles ils fourniſſent des attaches, & qui tournent, meuvent & font agir ces parties immobiles par elles-mêmes.

5. Les os ſont mols dans leur origine : ils paſſent, avant d'acquérir la ſolidité qui les diſtingue des parties molles, par tous les dégrés d'accroiſſement & de conſiſtance. Leur état de molleſſe eſt viſible dans l'embryon : leurs fibres, ſemblables à des ſtries de blanc d'œuf, ſont mobiles en tout ſens dans le principe de leur formation, quoique compoſées de parties dont la cohéſion eſt naturellement plus intime que celle des fibres dont ſont formées les autres portions du corps ; & c'eſt cette cohéſion, cette premiere diſpoſition a plus de roideur & a moins de flexibilité, qui diminuant d'une part la force ſiſtaltique, contraint de l'autre les petits vaiſſeaux, de maniere que les liqueurs y ſont chariées avec moins de promptitude & d'aiſance ; de-là la ſtagnation des parties terreuſes & mucilagineuſes contenues dans le ſang, & qui, parvenues à l'extrémité des tuyaux, s'y arrêtent, s'y durciſſent par leur ſéjour, prennent corps avec le vaiſſeau même, l'obſtruent, & acquiérent de la ſolidité. Auſſi voyons-nous que la couleur rouge de l'os diminue, & que ſa conſiſtance augmente en dureté, à proportion de l'âge du fœtus, parce qu'en effet les liqueurs n'ont plus un libre paſſage.

6. Il eſt donc dans les os des vaiſſeaux, qui, embarraſſés & obſtrués à raiſon de leur exilité & de leur fineſſe, ne prennent plus aucune part à la circulation : mais il en eſt d'autres dont le diametre étant plus conſidérable, ne ſont pas ſuſceptibles

des mêmes engorgemens ; & c'eſt d'eux ſeuls que les os tirent leur nourriture. Ceux-ci pénetrent dans la ſubſtance oſſeuſe par des ouvertures très-ſenſibles, dans les os macérés ou qui ont bouilli. Ils y ſont diſperſés en petit nombre, & ils ſuffiſent non-ſeulement à y porter la matiere du ſuc nourricier, mais à fournir à la moëlle & au ſuc moëlleux. Au reſte, ces vaiſſeaux ne ſont point ici diſtribués comme dans tout le reſte du corps : les veines n'accompagnent pas les arteres, elles prennent d'autres routes pour rapporter le ſang.

7. On doit conſidérer les os, eu égard à leur ſtructure interne & à leur conformation extérieure, eu égard à leur connexion, enfin eu égard à leurs uſages.

8. La ſtructure interne des os conduit à l'examen de leur ſubſtance, & des cavités intérieures qu'on y remarque.

9. Par ce mot de ſubſtance, on entend le tiſſu qui réſulte du plan général & de l'arrangement des fibres oſſeuſes. La diſpoſition différente de ces fibres a donné lieu à la diſtinction d'une ſubſtance compacte, d'une ſubſtance ſpongieuſe, & d'une ſubſtance réticulaire.

La *ſubſtance compacte* eſt celle qui forme le corps de l'os, qui en détermine la figure, qui en fait & qui en conſtitue la force, attendu l'intimité de l'union des fibres dans la partie moyenne des os. Elle eſt la plus extérieure & la plus blanche.

La *ſubſtance ſpongieuſe* eſt dans l'extrémité des os longs qui ont des cavités, ou dans tout le milieu des os plats qui n'en ont point. Elle réſulte des intervalles que les fibres laiſſent entr'elles à l'extrémité des os cylindriques, plus volumineuſe que le corps de l'os, & dans les os plats dépourvus de cavités à leur milieu ; ces intervalles étant autant de cellules qui communiquent enſemble, & qui reçoivent les vaiſſeaux ſanguins, & le ſuc gras connu ſous le nom de ſuc moëlleux, que ces mêmes vaiſſeaux y dépoſent.

La *ſubſtance réticulaire* n'exiſte que dans les cavités des os longs. Pluſieurs des fibres s'y ſéparent viſiblement les unes des autres, & compoſent une eſpece de réſeau en s'y propageant irréguliérement. Cette ſubſtance eſt deſtinée à ſoutenir la diſtribution des vaiſſeaux ſanguins qui fourniſſent la moëlle, & à ſupporter la moëlle elle-même.

10. Les cavités intérieures ſont de trois ſortes.

1.° Les grandes cavités internes, qui ſont principalement dans le milieu des os longs, & dans leſquelles ſe trouve le tiſſu ou la ſubſtance réticulaire.

2.° Les cellules ou les intervalles de la portion ou de la ſubſtance ſpongieuſe.

3.° Les pores ou les conduits, dont les uns très-déliés s'évanouiſſent & ſe perdent dans la ſubſtance de l'os, tandis que les autres moins étroits, & ſuivant des routes obliques, la percent & la pénetrent entiérement. C'eſt par ces ouvertures ou par ces pores que s'introduiſent dans la ſubſtance oſſeuſe les vaiſſeaux qui ſervent à l'entretien & à la nourriture des os, ainſi qu'à fournir à la moëlle & au ſuc moëlleux.

11. La *moëlle* eſt une maſſe plus ou moins denſe, enveloppée d'une membrane extrêmement délicate, qu'on pourroit enviſager comme un périoſte interne. On en trouve toujours dans la grande cavité des os longs.

Le *ſuc moëlleux* eſt un ſuc onctueux, gras & liquide, qui ſe montre dans leurs petites cavités cellulaires.

Ce ſuc, ainſi que la moëlle, qu'on peut regarder comme une huile médullaire, ici d'une conſiſtance plus ferme, là d'une consistance plus molle, séparée du sang artériel, s'extravase après être sortie de ses canaux ; la portion la plus liquide transsude à travers la substance des os par leurs porosités seulement, sans qu'il y ait à cet effet des vaisseaux particuliers : d'où il paroît naturel de conclure que l'huile dont il s'agit ne sert en aucune maniere à la nourriture des os, mais à corriger la rigidité des fibres, à donner une sorte de souplesse à la substance osseuse, à la rendre moins séche, moins fragile & moins cassante.

12. Le volume, la figure, les parties, les éminences, les cavités, les inégalités des os ; telles sont les objets qui peuvent intéresser dans la considération de leur conformation extérieure.

Quant à leur volume, il en est de gros, de moyens & de petits.

Leur figure varie à raison de la diverse disposition des fibres : rassemblées en faisceaux & en maniere de cylindre, elles forment des os cylindriques, comme les fibres qui ne présentent que des lames applaties forment des os plats, tels que ceux du crâne & de l'omoplate, & ainsi des autres fibres osseuses, &c.

Les parties des os sont certaines portions de leur surface extérieure, divisées différemment à raison de leur étendue, de leur forme & de leur situation.

Dans les os longs on distingue un corps ou une partie moyenne, que quelques-uns ont nommée *diaphyse*, & qui est la premiere qui devient dure dans le fœtus : on y considere ensuite deux extrémités ; l'une supérieure ou antérieure, l'autre inférieure ou postérieure.

Dans les os plats on reconnoît deux faces, l'une interne, l'autre externe ; des angles, une bâse, des bords & des parties latérales.

On appelle *éminence*, toute saillie, tout allongement qui se trouve extérieurement à l'os.

Celle qui forme un seul & même corps avec l'os, se nomme *apophyse*, & l'os dans cet endroit est toujours plus spongieux.

Celle qui est simplement contigue, & qui paroît y être rapportée ou unie, s'appelle *épiphyse* : c'est en quelque sorte un appendice de l'os.

Ordinairement les *épiphyses* se joignent avec l'âge si étroitement au corps de l'os, qu'elles deviennent *apophyses*. Elles sont toutes cartilagineuses dans les jeunes sujets ; & quoiqu'insensiblement elles s'ossifient, elles sont ensuite constamment spongieuses ; & tel est toujours aussi le tissu de l'os à l'endroit où elles s'y unissent.

Les apophyses & les épiphyses donnent plus d'assiette & de fermeté aux articulations, en augmentant les points de contact : elles multiplient les insertions des muscles & les attaches des ligamens ; elles changent les directions de plusieurs de ceux qui passent auprès de l'axe du mouvement, & elles en facilitent l'action par l'augmentation de l'angle d'inclinaison.

Ces deux éminences reçoivent encore d'autres dénominations, en conséquence de leur figure.

Une convexité ou arrondissement à leur surface, leur méritent le nom de *têtes*.

Si elles sont applaties de côté & d'autre, elles prennent celui de *condyles*.

Si elles sont irrégulieres & raboteuses, on leur donne celui de *tubérosités*.

Sont-elles évasées dans leurs extrémités, & étroites dans leur milieu, on les appelle *col*.

Sont-elles aiguës ou pointuës, on les nomme *épines* ou *épineuses*.

Sont-elles longues & tranchantes, on les appelle *crêtes*.

Il en eſt encore d'obliques, de tranſverſes, de ſupérieures & d'inférieures; d'autres qu'on nomme *ſtyloïdes*, *condyloïdes*, *cricoïdes*, *coracoïdes*, *maſtoïdes*, &c.

Les deux tubéroſités du fémur ſont appelées *trochanter*.

Par le terme de cavité, on exprime en général tous les enfoncemens qui ſont à la partie externe des os.

Les unes logent des parties molles, comme le cerveau & les yeux.

Les autres reçoivent les parties dures, comme celles qui ſont deſtinées à l'emboîtement de l'éminence d'un autre os.

On les nomme *foſſes*, lorſque leur ouverture eſt large.

Sinus, lorſque leur entrée eſt plus étroite que le fond.

Foſſettes, quand elles ſont petites.

Trous, quand elles percent d'outre en outre.

Fentes, quand l'épaiſſeur de l'os eſt percée par une ouverture longue & étroite.

Canaux ou *conduits*, lorſqu'elles cheminent en maniere de tuyaux.

Pores, lorſque ces canaux ou ces conduits ſont extrêmement déliés, & comme imperceptibles.

Gouttieres, lorſqu'elles forment des demi-canaux longs & ouverts.

Rénures, *cannelures* & *ſillons*, quand ces demi-canaux ſont fort étroits, ſuperficiels, & en quantité.

Sinuoſités, quand elles donnent paſſage à des tendons.

Sciſſures, lorſqu'elles reçoivent des vaiſſeaux ſanguins & des nerfs.

Echancrures, quand le bord de l'os eſt comme entaillé.

Labyrinthe, lorſqu'après pluſieurs contours cachés, elles communiquent entr'elles.

Les cavités qui reçoivent des parties dures, ſe diſtinguent par leur plus ou moins de profondeur.

Les plus profondes ſe nomment *cotyloïdes*, telle eſt celle qui reçoit la tête du fémur.

Les autres s'appellent *alvéoles*; telles ſont celles dans leſquelles les dents ſont fichées & implantées.

Les moins profondes ſont dites *glénoïdes*, telle eſt celle de l'omoplate.

Quant aux inégalités ſuperficielles, elles ſervent ou aux inſertions des tendons, ou aux attaches des muſcles. On les nomme *facettes*, *empreintes*, *impreſſions*, *traces*, *marques tendineuſes*, *muſculaires*, *ligamenteuſes*, &c.

13. L'union & l'aſſemblage différent de toutes les pieces oſſeuſes, porte en général le nom d'*articulation*, à l'exception de cette liaiſon naturelle & intime par laquelle deux os diſtincts dans les jeunes ſujets, n'en forment qu'un ſeul dans les adultes. Cette liaiſon naturelle & intime ſe nomme *ſymphyſe*.

14. Il eſt trois ſortes d'articulations : la premiere immobile, la ſeconde avec mouvement, la troiſieme ſans mouvement & avec mouvement : celle-ci eſt une articulation mixte.

L'*articulation immobile* ſe fait de deux manieres; par *engrenure*, ou par *trou* & par *cheville*.

Par engrenure, lorſque la connexion eſt telle qu'elle eſt affermie par des dentelures & des enfoncemens qui ſe répondent, de façon que ces éminences & ces cavités ſont réciproquement reçues les unes dans les autres : c'eſt ce que nous nommons *ſutures*.

Par trou & par cheville, lorſque l'os eſt enchaſſé & fiché dans la cavité : c'eſt ce que nous nommons *gomphoſe*.

Les *articulations mobiles* ſervant aux différens mouvemens & changemens de ſituation du corps & de ſes parties, peuvent ſe rapporter à quatre eſpeces de mouvemens : à celui de *couliſſe*, à celui de *genou*, à celui de charniere, à celui de *pivot*.

Le mouvement de *couliſſe* a lieu quand deux os coulent & gliſſent l'un ſur l'autre, comme les vertebres par leurs apophyſes obliques.

Celui de *genou*, lorſque la tête d'un os ſe meut dans une cavité, comme la tête du fémur dans la cavité de l'iſchion.

Le mouvement de *charniere* s'exécute, lorſque l'extrémité de l'os a deux éminences & une cavité, & que l'extrémité de l'os qui s'articule avec le premier, a deux cavités & une éminence.

Ou lorſqu'une extrémité de l'os eſt reçue par un os, & que ſon autre extrémité reçoit le même os.

Ou enfin, lorſqu'un os en reçoit deux autres, un à chaque extrémité, comme les vertebres.

Enfin, le mouvement de *pivot* a lieu, lorſqu'un os conſidérable tourne ſur une pointe, comme la premiere vertebre cervicale ſur l'apophyſe odontoïde de la ſeconde.

L'*articulation mixte* eſt, par exemple, celle qui joint les vertebres par leur corps & à l'os ſacrum, ces os n'ayant qu'un mouvement obſcur de reſſort & de flexibilité proportionné à l'étendue & au volume du cartilage qui les unit, ſans qu'ils puiſſent gliſſer les uns ſur les autres.

15. Les accidens fréquens qui pourroient réſulter des articulations mobiles, dont le jeu eſt toujours ſuivi d'une colliſion violente entre des corps durs, ont été prévus : toutes les parties des os deſtinés à ſe joindre à quelqu'autre, & à l'exécution de

quelques mouvemens, ayant été recouvertes d'un *cartilage* extrêmement adhérent, & ce cartilage lui-même étant rendu plus souple & plus glissant à raison de l'humeur mucilagineuse dont il est sans cesse abreuvé. Cette humeur, que l'on nomme *synovie*, fournie, selon quelques-uns, par des glandes mucilagineuses qui sont des organes au moyen desquels le sang la dépose, & en partie par les pores de la surface interne des *ligamens capsulaires*, se répand entre les pieces articulées; elle en facilite les mouvemens, elle empêche qu'elles ne se froissent, & sans elle les cartilages dont il s'agit se dessécheroient & s'useroient infailliblement.

16. Les *ligamens* qui maintiennent & affermissent la connexion des os, sont plus ou moins forts; & leur structure, ainsi que leur position, varient selon les especes des articulations.

En général, ils sont presque tous placés en-dehors.

Quelques-uns d'entr'eux sont placés en-dedans, comme le *ligament rond* qui attache la tête du fémur dans la cavité des os des îles; le *ligament* qui attache le tibia avec l'extrémité inférieure du fémur, & celui de la premiere vertebre qui affermit l'apophyse odontoïde de la seconde.

Dans toutes les articulations, il est des *ligamens larges*, ou plutôt des membranes ou des toiles ligamenteuses qui enveloppent tout l'article, en s'attachant aux deux os qui le forment, & qui servant comme de capsule à la synovie, s'opposent à l'écoulement & à la perte de cette humeur.

Dans les articulations par charniere, outre les *ligamens capsulaires*, il est des *ligamens latéraux* situés en-dehors des premiers. Les parties où l'on en rencontre le plus de cette sorte, sont les vertebres, les articulations des genoux, des jarrets, &c.

17. Enfin, les os, leurs cartilages & leurs ligamens, sont extérieurement revêtus d'une membrane. Celle des cartilages s'appelle *périchondre;* celle des ligamens, *périderme;* celle des os, *période*.

Le *périoste* ne revêt pas les portions couvertes par les cartilages, ni celles qui sont occupées par les attaches des ligamens & des tendons, ni les parties exposées au frottement. L'usage de cette expansion membraneuse, composée de plusieurs plans de fibres particulieres, dont l'interne adhere immédiatement à la surface osseuse, & y est attachée par quantité de petites extrémités fibreuses de tous les plans qui s'engagent dans les pores de l'os, est de soutenir une infinité de vaisseaux capillaires dont elle est percée, qui fournissent la nourriture à la substance osseuse & à toutes les parties qui appartiennent à l'os.

Elle a une vertu de ressort, une faculté élastique, par le moyen de laquelle elle tend à se resserrer, à revenir sur elle-même, & à s'applanir après qu'elle a été élevée par les petits vaisseaux qui sont entr'elle & l'os. Elle accélere par conséquent la circulation du sang & de la lymphe dans les parties les plus reculées des fibres osseuses.

18. Au surplus, on divise le *squélete humain* en *tête*, en *tronc* & en *extrémités;* & pour suivre à-peu-près le même ordre, nous divisons le *squélete des quadrupedes* en *avant-main*, en *corps* & en *arriere-main.*

L'*avant-main* comprend la *tête*, les *vertebres cervicales* & les *extrémités antérieures*.

Le *corps*, les *vertebres dorsales* & *lombaires*, les *côtes* & le *sternum*.

L'*arriere-main* enfin, l'*os sacrum*, les *os de la queue*, le *bassin*, & toute l'*extrémité postérieure*.

PRÉCIS HIPPOSTÉOLOGIQUE,

OU TRAITÉ ABRÉGÉ DES OS DU CHEVAL, CONSIDÉRÉS EN PARTICULIER.

SECTION PREMIERE.

Des Os de l'Avant-main.

19. LA tête du squélete de l'animal dont il s'agit peut & doit être divisée en crâne, en mâchoire antérieure & en mâchoire postérieure.

Il faut considérer dans les os dont elle est formée :

1°. Ceux qui sont en *nombre pair;* tels sont les pariétaux, les temporaux, les angulaires, les zygomatiques, les maxillaires, les os du nez, les conques ou cornets de cette même partie, & les os du palais.

2°. Les *os impairs*, c'est-à-dire, le frontal, l'occipital, le sphénoïde, l'éthmoïde & le vomer, ainsi que l'os de la mâchoire postérieure.

3°. Parmi ces os, ceux qui sont dits les *os propres du crâne :* tels sont le frontal, l'occipital, les deux pariétaux, & les deux temporaux.

4°. *Ceux qui forment la mâchoire antérieure*, & qui sont les os du nez, les angulaires, les zygomatiques, les maxillaires, les os du palais, les cornets du nez & le vomer.

5°. Enfin, *les os communs au crâne & à cette même mâchoire* : tels sont l'éthmoïde & le sphénoïde.

6°. L'*articulation* de tous ces os *par des sutures*, auxquelles on a donné des noms tirés de celui des os dont elles forment la connexion, ou relatifs à leur propre figure. Ainsi la suture qui unit le frontal aux pariétaux, a été dite *suture frontale* ; celle qui unit les deux pariétaux l'un à l'autre, *suture sagittale* ; *lambdoïde*, celle par laquelle les pariétaux sont articulés avec l'occipital ; *temporale*, celle qui les unit aux temporaux, &c. Dans le cheval adulte, la plupart de ces sutures disparoissent ; les os s'unissent entiérement dès qu'il a cessé d'être poulain. Au surplus, la considération de cette sorte d'articulation n'est, relativement à l'animal malade, d'aucune utilité évidemment réelle dans la pratique.

Des Os du Crâne.

20. Le crâne est cette espece de boëte osseuse formée par l'assemblage de plusieurs os, & destinée à loger & à contenir le cerveau, le cervelet, & la moëlle allongée.

L'Os Frontal.

21. Cet os est ainsi nommé parcequ'il forme le front. On l'appelle encore du nom de *coronal*, dans l'homme.

Il faut en considérer,

1°. *La division* en deux pieces dans le poulain.

2°. *La légere fosse* qui se montre dans sa partie inférieure & latérale, cette fosse formant la portion supérieure de la fosse orbitaire.

3°. *Les deux faces*, l'une externe, l'autre interne.

4°. *Les apophyses orbitaires*, c'est-à-dire, les deux éminences qu'on remarque dans la premiere de ces faces, & qui joignent cet os avec deux pareilles apophyses du temporal; elles forment le dessus de l'orbite.

5°. *Les trous sourciliers*, un de chaque côté, ainsi nommés à cause de leur position dans cette même face aux lieux des sourcils. Ces trous excedent quelquefois le nombre de deux, & donnent passage à une veine, à une artere & à un nerf, qui viennent du dedans de cette cavité se distribuer dans les muscles & dans la peau du front.

6°. *Les deux échancrures*, placées supérieurement à ces trous, & contribuant à la formation de la cavité que l'on nomme *les salieres*.

7°. *Les anfractuosités*, qui dans la face interne de ce même os répondent aux circonvolutions du cerveau.

8°. *L'échancrure* & *la sinuosité*, servant à loger les grandes aîles du sphénoïde.

9°. *L'épine frontale*, ou la légere éminence longitudinale étant dans son milieu, & servant d'attache aux replis de la dure-mere, que l'on appelle *la faulx*.

10°. *La fosse*, servant à loger la portion inférieure & antérieure du cerveau.

11°. *Les sinus frontaux*, ou les deux cavités, résultant de l'écartement des deux tables qui composent cet os, & se trouvant dans son épaisseur & à sa partie inférieure.

12°. *La cloison osseuse*, séparant ces deux cavités qui s'ouvrent par plusieurs petites ouvertures dans celle des naseaux, une partie de l'humeur muqueuse qui se décharge dans celle-ci, étant filtrée dans les premieres.

Les Pariétaux.

22. *Les pariétaux* sont au nombre de deux, un de chaque côté : ils ont été ainsi nommés, parce qu'ils forment les parois du crâne.

Il faut en considérer,

1°. *La position* entre le frontal, l'occipital & les temporaux.

2°. *La figure* quarrée.

3°. *Les faces ;* l'une externe, convexe & unie; l'autre interne, concave.

4°. *Les quatre bords ;* l'un supérieur, répondant à l'occipital; l'autre inférieur, répondant au frontal; l'interne se joignant avec son semblable, & formant avec lui une crête, qui, se propageant avec celle de l'occipital, sert d'attache à des muscles de l'oreille externe. Enfin l'externe, coupé en forme de biseau pour s'unir plus exactement avec la portion écailleuse du temporal, & se terminant en pointe par une apophyse, que nous nommerons *apophyse pariétale.*

5°. *Les sillons & les anfractuosités*, qui sont dans la face interne destinée à loger la portion antérieure du cerveau; ces sillons étant formés par des vaisseaux artériels de la dure-mere, & les anfractuosités répondant aux circonvolutions du cerveau.

6°. *La gouttiere*, qui, près du bord interne, est préposée pour recevoir les sinus latéraux de la dure-mere.

7°. *La crête* qui est à ce même bord.

8°. *L'apophyse*

8°. *L'apophyse* dite *falciforme*, se trouvant à la partie supérieure de ces os, & servant d'attache à la faulx dans le lieu où elle s'écarte pour former la cloison transversale appelée dans l'homme *la tente du cervelet.*

9°. *L'épaisseur* de ces mêmes os moindre que celle des autres, ceux-ci étant d'ailleurs défendus par les muscles crotaphites qui les recouvrent entiérement.

L'Occipital.

23. L'occipital forme la partie la plus considérable du crâne.

Il faut en considérer,

1°. *La position* au-delà ou en arriere des pariétaux.

2°. *La forme*, qui en est très-irréguliere.

3°. *Les faces*, l'une externe, l'autre interne, la premiere présentant sept apophyses.

4°. *L'apophyse de la nuque*, placée transversalement à la partie supérieure de cet os : cette apophyse, la plus considérable de toutes, étant destinée à servir d'attache aux muscles extenseurs de la tête, & à en augmenter la force.

5°. *L'apophyse cervicale* d'un moindre volume que les autres, située à la partie moyenne de la face que nous examinons, près de l'apophyse de la nuque : elle sert d'attache au ligament cervical.

6°. *Les deux apophyses styloïdes*, résultant de deux éminences assez longues que l'on voit à la partie postérieure & latérale de l'os, & servant d'attache à d'autres muscles de la tête & de l'os hyoïde.

7°. *Les deux apophyses condyloïdes*, plus régulieres, arrondies & polies, placées entre les deux apophyses styloïdes, & formant l'articulation de la tête avec la premiere vertebre cervicale.

8°. *L'apophyse cunéiforme*, nommée ainsi parce-qu'elle s'avance comme une espece de coin entre les os du crâne, étant située au-dessous des apophyses condyloïdes, & étroitement unie avec l'os sphénoïde, jusqu'au corps duquel elle s'avance.

9°. *La fosse*, occupant la partie supérieure de cette même face externe, & résultant de l'intervalle qui est entre l'apophyse de la nuque & les apophyses condyloïdes.

10°. *Deux échancrures* placées entre les apophyses styloïdes & condyloïdes, recevant des éminences de la premiere vertebre du col dans certains mouvemens de la tête.

11.° *Deux autres échancrures*, une de chaque côté de l'apophyse cunéiforme, contribuant à la formation de ce qu'on appelle les fentes ou les trous déchirés.

12°. *Une cinquieme échancrure* à la face externe de l'apophyse cunéiforme, séparant les deux apophyses condyloïdes près du grand trou de l'occipital.

13°. *Les trous condyloïdiens* placés, un de chaque côté, au-dessous des apophyses condyloïdes, & donnant passage à la neuvieme paire de nerfs qui sort du crâne pour se distribuer à la langue.

14°. *Le grand trou* situé entre les apophyses condyloïdes, & donnant passage à la moëlle de l'épine & aux vaisseaux vertebraux.

15°. *La crête* qui, située au-dessous de l'apophyse transversale, s'unit & se prolonge avec celle des pariétaux.

16°. *La grande fosse* arrondie, qu'on remarque dans la face interne, & qui sert à loger le cervelet.

17°. *Les anfractuosités* dont cette fosse est garnie.

18°. *La facette articulaire*, qui de chaque côté répond à de pareilles facettes des temporaux.

19°. *La sinuosité*, polie, creusée sur l'apophyse cunéiforme, & sur laquelle repose la moëlle allongée.

Les Temporaux.

24. Les os temporaux sont au nombre de deux, un de chaque côté.

On en considérera,

1°. *La position* en-dessous de l'occipital & des deux pariétaux.

2°. *Les faces*, l'une externe, l'autre interne; & deux parties, l'une écailleuse, qui est la plus considérable, l'autre pierreuse, qui est postérieure à la premiere.

3°. *L'apophyse zygomatique* étant à la face externe, venant se joindre avec une semblable éminence du zygoma, & avec l'apophyse frontale, elles forment ensemble une arcade que j'appelle *le pont-jugal*, attendu sa ressemblance à un joug.

4°. *La sinuosité zygomatique* étant à la face interne de cette apophyse, & dans laquelle glisse le tendon du muscle crotaphite.

5°. *L'apophyse mastoïde*, moindre que la premiere dont elle est la bâse, & bornant l'articulation de la mâchoire postérieure.

6°. *Les deux échancrures*, dont une premiere entre le corps de ces os & l'apophyse zygomatique contribue à la formation des salieres, & dont la seconde, plus irréguliere, & qui se trouve à la partie la plus reculée de ces os, fait la grande portion des trous déchirés destinés à donner passage à l'artere carotide, au commencement de la jugulaire, & aux nerfs de la cinquieme & de la huitieme paire.

7°. *La cavité glénoïde* partagée par une légere éminence, placée en-devant de l'apophyse mastoïde, & recevant l'apophyse condyloïde de la mâchoire postérieure.

8°. *Le conduit osseux* pénétrant de dehors jusque dans la partie pierreuse, dans laquelle est renfermée l'organe de l'ouie.

9°. *Le canal* situé sous ce conduit à la bâse de l'apophyse mastoïde, pénétrant dans le crâne, & repondant aux sinus occipitaux de la dure-mere.

10°. *Les petits trous*, qui n'ont rien de constant & de fixe, & qui ne servent qu'au passage des vaisseaux sanguins qui pénetrent dans la substance de ces os.

11°. *Le trou styloïdien*, placé entre l'apophyse styloïde & l'apophyse mastoïde, & dont la situation est constante au-dessus du conduit osseux.

12°. *Le prolongement osseux*, creusé dans son milieu pour l'articulation de l'os hyoïde, & situé au-dessous de ce même conduit osseux & du trou styloïdien.

13°. *La gouttiere*, dans laquelle ce prolongement est logé.

14°. *Le conduit* formant le commencement de la trompe d'Eustache.

15°. *L'apophyse styloïde du temporal*, qu'on observe au bord de ce conduit.

16°. *La facette articulaire*, répondant à une pareille facette de l'occipital pour l'union de ces os.

17°. *La tubérosité* placée au-dessus du conduit osseux, servant d'attache à des muscles.

18°. *La fosse temporale*, que l'on observe dans la face interne, & qui fait partie de la grande cavité du crâne.

19°. *Le prolongement oblique & tranchant* étant au-dessus de cette fosse, servant d'attache à la tente du cervelet, & diſtinguant intérieurement la portion pierreuſe de la portion écailleuſe.

20°. *Le trou auditif interne*, qui eſt à cette même portion pierreuſe, & par lequel entre le nerf de la ſeptieme paire, deſtiné à l'organe de l'ouïe.

21°. *Les cavités regulieres*, qu'on peut voir dans cette portion dite proprement *la roche*. On nomme pareillement ici cet os, l'*os petreux*.

22°. *Le conduit auditif externe*, nommé auſſi le *conduit oſſeux*, dans le fond duquel eſt la membrane du tympan.

23°. *Le cercle oſſeux*, ſervant d'attache à cette membrane.

24°. *La caiſſe du tambour*, comprenant l'eſpace qui eſt au-delà de cette membrane.

25°. *Les trois ouvertures* étant dans cette caiſſe; ſavoir,

La trompe d'Euſtache, qui eſt celle d'un conduit en partie oſſeux, en partie cartilagineux, & en partie membraneux, communiquant dans le fond de l'arriere-bouche.

La fenêtre ronde, ainſi nommée, vu ſa figure, fermée par une membrane qui eſt une continuation du périoſte.

La fenêtre ovale, bouchée par la baſe d'un petit os que l'on nomme l'*étrier*.

26°. *Le veſtibule*, qui eſt une cavité un peu plus grande dans laquelle ces deux ouvertures penetrent.

27°. *Le limaçon*, autre petite cavité au-delà de ce veſtibule, & toujours à la portion pierreuſe. Elle eſt contournée en ſpirale, faiſant environ deux circulaires, & ſon embouchure ſe trouve dans le veſtibule.

28°. *Les canaux demi-circulaires*, formant des demi-contours en maniere de petits canaux ſéparés, & aboutiſſant auſſi dans le veſtibule.

29° *Le labyrinthe* résultant de cèt assemblage de contours & de cavités composées du *vestibule*, du *limaçon*, des *canaux sémi-circulaires*, & formant en plus grande partie l'organe de l'oüie, puisque toutes ces portions sont tapissées de la portion molle du nerf auditif.

30°. *Les osselets de l'oüie* achevant de perfectionner & de completter cet organe, étant particuliers & détachés de l'os pétreux, & au nombre de quatre dans le conduit osseux. Ils tirent leur dénomination de leur figure, & sont nommés *le marteau, l'étrier, l'enclume & l'orbiculaire*. Voyez *la Splanchnologie, organe de l'oüie*.

Le Sphénoïde.

25. Le sphénoïde, dans le cheval adulte, est intimement uni à l'ethmoïde. Pour nous rendre plus intelligibles aux éleves, nous ne craindrons pas de confondre une partie de celui-ci dans la description que nous ferons de l'autre. On en considérera,

1°. *La situation* à la partie postérieure du crâne, où il fait l'office de clef pour la jonction & l'union de l'occipital, des pariétaux & des temporaux.

2°. *La division* qu'on peut en faire en faces externe & interne, & en y reconnoissant un corps & deux branches.

3°. *Le corps* en étant la partie moyenne & la plus épaisse.

4°. *Les branches*, dites aussi *les grandes ailes du sphénoïde*, n'étant autre chose que lès éminences applaties qui se prolongent jusque vers l'os frontal, entre le temporal & le maxillaire, & qui font partie de l'orbite.

5°. *Les petites ailes* se montrant à la face externe, résultant de deux apophyses appelées *ptérygoïdes* dans l'homme, & se joignant avec les os du palais.

6°. *Le trou ptérygoïdien*, placé à leur bâſe, & donnant paſſage à la carotide externe qui ſe diſtribue aux parties extérieures de la tête.

7°. *L'épine*, ou cette éminence ſaillante & pointue, qui, placée entre les petites ailes, & dans le corps même de l'os, s'unit à la bâſe du vomer.

8°. *Le trou maxillaire antérieur*, le premier & le principal des trois trous qu'on apperçoit à cette même face externe, puiſqu'il eſt l'orifice d'un canal, ayant plus d'un pouce de diametre, par où paſſent le cordon antérieur de la cinquieme paire de nerfs, & pluſieurs de ceux qui ſe diſtribuent aux yeux, ceux-ci parvenant dans cet organe par un petit trou étant dans ce même conduit, & s'ouvrant du côté de l'orbite.

9°. *Le trou optique* étant l'orifice d'un canal qui offre un paſſage au nerf optique pour ſon inſertion dans l'œil.

10°. *Le trou orbitaire* moins conſidérable que les autres, pénétrant de l'orbite dans le crâne à côté de l'os ethmoïde, & fourniſſant un paſſage à un filet du nerf ophtalmique, qui va s'aſſocier avec les olfactifs.

11°. *Les deux foſſes* étant dans la face interne au revers des grandes ailes, & logeant une portion du cerveau.

12. *L'orifice des trous* vus à la face externe, mais les deux trous optiques ſemblant ici joints l'un à l'autre, & paroiſſant ſe confondre par une fente tranſverſale.

13°. *La foſſe pituitaire*, ou le léger enfoncement répondant à ce que l'on nomme dans l'homme *la ſelle turchique*, & logeant la glande pituitaire.

14°. *Le ſinus ſphénoïdal* étant dans l'épaiſſeur du corps même de l'os, & formé par une cavité qui s'ouvre par pluſieurs ouvertures irrégulieres dans les cellules ethmoïdales, cette cavité étant séparée par une cloison osseuse, & alors il en résulte *deux sinus sphénoïdaux.*

L'Ethmoïde

26. L'os ethmoïde a été appelé aussi *l'os cribleux.*

Il faut en considérer,

1°. *La position* directement au-dessus des cavités des naseaux, car il est à la partie inférieure du frontal, & s'unit de l'autre côté au sphénoïde.

2°. *La composition*, cet os étant formé de lames extrêmement minces & roulées en maniere de cornets.

3°. *Les cellules* tapissées par la membrane pituitaire, & résultant des petites cavités que laissent entr'elles ces lames, & qui communiquent les unes dans les autres.

4°. *La lame perpendiculaire* ou *moyenne*, un peu plus forte que les autres, répondant au vomer, & séparant ces cellules.

5°. *Leurs ouvertures*, d'une part dans le crâne, & de l'autre dans la cavité du nez : dans le crâne, par les petits trous qui ont mérité à cet os le nom d'*os cribleux* : dans la cavité du nez, par des ouvertures plus larges ; & c'est sans doute à ces cavités cellulaires que quelques-uns ont donné le nom de *sinus ethmoïdaux*, les petits trous de la face interne de cet os offrant au surplus une sortie du crâne aux nerfs olfactifs qui se répandent dans toute l'étendue de la membrane pituitaire.

Des Os de la mâchoire antérieure.

Les Os du nez.

27. Les os du nez se présentent à la face antérieure de cette mâchoire.

On doit en considérer,

1°. *L'union* l'un avec l'autre & avec les maxillaires, le frontal & les angulaires.

2°. *La figure* allongée.

3°. *La largeur* à la partie ſupérieure.

4°. *L'étroiteſſe* à la partie inférieure qui ſe termine en pointe, & que l'on nomme *l'épine du nez*.

5°. *La rainure* réſultant de leur jonction intérieurement; rainure logeant dans toute ſon étendue le cartilage qui conſtitue la cloiſon des naſeaux.

Les Angulaires.

28. Les os angulaires ſont ainſi nommés, attendu qu'ils forment le grand angle de l'œil.

On en conſidérera,

1°. *La forme* quarrée irréguliérement.

2°. *La poſition*, ces os étant enclavés entre les os du nez, le frontal, les maxillaires & les zygomatiques.

3°. *Les faces;* l'une externe très-unie, l'autre interne, & l'autre ſupérieure.

4°. *L'apophyſe angulaire*, à laquelle s'attache le tendon du muſcle orbiculaire, & qu'on obſerve dans la face externe.

5°. *La portion de foſſe* étant à la face ſupérieure, & contribuant à la formation de l'orbite.

6°. *Le trou* qui près du grand angle eſt l'orifice du canal naſal, & pénetre de l'orbite dans les foſſes naſales.

7°. *La petite foſſette* placée près de ce trou, & deſtinée à l'attache du muſcle petit oblique de l'œil.

8°. *Les portions de foſſe* remarquables dans la face interne, ſéparées par l'éminence réſultant du canal naſal, & contribuant à la formation des ſinus.

Les Zygomatiques.

29. Les zygomatiques reſſemblent à-peu-près à un triangle. Trois apophyſes en forment toute l'étendue.

On en doit confidérer.

1°. *La pofition* à la partie latérale de la tête, entre l'os temporal, les maxillaires & le frontal.

2°. *L'apophyfe temporale*, nommée ainfi parce-qu'elle s'unit à l'os temporal. Elle eft la premiere des trois.

3°. *L'apophyfe angulaire*, qui eft la feconde. Elle s'unit à l'os angulaire.

4°. *L'apophyfe maxillaire*, qui eft la troifieme, & qui tient à l'os qui porte ce nom.

5°. *L'épine* qui regne dans toute l'étendue de l'os, & qui fe continue avec celle du maxillaire.

6°. *L'échancrure* en forme de croiffant, étant entre les apophyfes angulaire & temporale, & faifant une grande partie de l'entrée de l'orbite.

7°. *La portion de foffe*, faifant partie de la foffe orbitaire.

8°. *Le finus zygomatique*, ou la cavité qui eft dans l'intérieur & du côté des nafeaux, & qui a été appelée ainfi, attendu la maniere dont cet os contribue à fa formation.

Les Maxillaires.

30. Dans les os maxillaires on doit confidérer,

1°. *Leur volume*, plus étendu que celui de tous les autres os de la mâchoire que nous examinons.

2°. *Leur union par fymphyfe*, au moyen de laquelle ils forment d'un côté la cavité des nafeaux, & de l'autre la voûte du palais.

3°. *Leur articulation* avec les os du nez, les os angulaires, les os zygomatiques, les os du palais & le vomer.

4°. *L'épine maxillaire*, ou l'éminence tranchante & longitudinale étant à leur face externe & latérale, & s'uniffant & répondant à l'épine du zygoma.

5°. *Le trou confidérable*, placé plus inférieurement entre cette épine & les os du nez, répondant au conduit maxillaire antérieur, & offrant une ſortie à une branche de nerfs dépendante de la cinquieme paire.

6°. *L'échancrure* qui, de chaque côté, & à leur partie inférieure & antérieure, eſt entr'eux & l'épine du nez, & qui, remplie par la peau, forme en partie les narines externes.

7°. *La fente inciſive* placée inférieurement, & de chaque côté, dans la portion qui forme la voûte du palais; cette fente paroiſſant être une déperdition de ſubſtance de cet os, & étant recouverte d'un côté par la membrane pituitaire, & de l'autre par la membrane du palais.

8°. *Le trou inciſif*, réſultant plus bas & dans la ſymphyſe maxillaire même des deux échancrures oppoſées, mais réunies; ce trou pénétrant de dedans la bouche en dehors, & fourniſſant un paſſage à de petits vaiſſeaux comme nombre de petits trous que l'on trouve à la voûte du palais, & dont la quantité & la ſituation ne ſont pas conſtantes.

9°. *Le canal guſtatif ou palatin*, qui ſupérieurement & dans cette même voûte eſt formé de chaque côté par une gouttiere de ces os, & par une gouttiere des os palatins; ce canal donnant paſſage à une artere, à une veine & à une branche de nerf qui ſe diſtribue au palais.

10°. *La tubéroſité* ou l'éminence arrondie étant au-deſſus des dents molaires, à la partie ſupérieure & externe de ces os, & contenant le principe ou le commencement du conduit maxillaire dont nous avons parlé, par où pénetre le cordon antérieur de la cinquieme paire.

11°. *Le trajet & l'avancement* de ces os l'un vers l'autre dans leur partie poſtérieure, pour former le palais.

12°. *Les alvéoles*, dont leur bord poſtérieur externe eſt garni à cette même partie; ces alvéoles étant dans chacun de ces os, & à ce même bord, au nombre de dix, dont six plus considérables & supérieures logent les dents molaires, tandis que les quatre autres inférieures logent le crochet dans le cheval, & dans les jumens bréhaines, les coins, les mitoyennes & les pinces.

13°. *La portion unie & tranchante* de ce même bord dans l'intervalle qui, séparant les molaires & les crochets, répond à ce que dans la mâchoire postérieure on nomme *les barres.*

14°. *L'intervalle pareil*, mais moins considérable que le précédent, & qui se trouve entre les crochets & les coins.

15. *La formation de la cavité* des naseaux par la partie interne de ces os, conjointement avec les os du nez.

16°. *L'ouverture assez ample* étant dans cette même portion interne, & fermée en partie par le cornet du nez, répondant à une grande cavité creusée dans l'épaisseur même des maxillaires.

17°. *Les sinus maxillaires*, n'étant autre chose que cette grande cavité tapissée par la membrane pituitaire, où se filtre & se dépose une partie de l'humeur muqueuse, jusqu'à ce que le cheval, en s'ébrouant, l'oblige de sortir par la force de l'impulsion de l'air; ces sinus, ainsi que les zygomatiques, étant plus ou moins remplis de mucosité dans les chevaux morveux & dans ceux qui jettent.

18°. *La rainure* qui, dans la même partie interne de ces os, & dans leur symphyse, répond au vomer.

Les Os du palais.

31. Il importe de considérer dans les os du palais, ou palatins,

1°. *Leur situation* à la partie supérieure de la voûte palatine formée par les maxillaires; c'est à cette situation que leur dénomination est due.

2°. *Leur jonction* au bord supérieur de cette voûte, à la tubérosité des maxillaires, & plus haut aux petites ailes du sphénoïde.

3°. *La gouttiere*, qui, répondant à celle des os maxillaires, forme avec elle le canal gustatif ou palatin.

4°. *Le trou nasal*, trou considérable percé plus haut, par où passe un rameau du nerf de la cinquieme paire.

5°. *L'apophyse palatine*, ou l'éminence étant du côté du palais, autour de laquelle glisse en partie comme dans une poulie, le tendon du muscle péristaphylin externe, muscle de la cloison dans le cheval, & non destiné à relever la luette, puisque l'animal n'en a point; cette apophyse, au surplus, donnant encore attache au muscle ptérygopharyngien.

6°. *L'ouverture ovale*, résultant de l'intervalle qui sépare ces os & le sphénoïde, & au bord inférieur de laquelle est attachée la cloison du palais. Elle répond aux narines, & forme la communication des naseaux avec le gosier.

7°. Enfin, *les sinus palatins*, ou la cavité que l'on nomme ainsi.

Les Cornets du nez.

32. Les cornets du nez sont au nombre de deux dans chacune des fosses nasales; l'un situé antérieurement, l'autre postérieurement.

On en considérera,

1°. *Les volutes & les enroulemens*, qui les ont fait appeler *cornets.*

2°. *Leur longueur*, qui, de la partie supérieure à l'inférieure, est de six à sept travers de doigt.

3°. *L'évasement & la plus grande épaisseur* à leur principe, quoique leur épaisseur y soit très-légere.

4°. *La diminution & l'étroitesse*, à mesure qu'ils descendent vers l'orifice des naseaux.

5°. *La substance.* Elle est papiracée ou cartacée.

6°. *Leur séparation* l'un de l'autre, d'environ un doigt dans toute la longueur.

7°. *Les trous innombrables* dont ils sont criblés, percés de maniere qu'ils se montrent comme un réseau, ou comme une dentelle magnifique, dont les mailles irrégulieres sont infiniment plus multipliées à l'extrémité inférieure qu'à la supérieure, où elles sont conséquemment plus légeres.

8°. *Le cornet antérieur*, tenant à l'os du nez, & aux environs de la partie interne du zygoma.

9°. *La portion supérieure de ce cornet*, faisant la paroi du sinus zygomatique qu'elle forme inférieurement.

10°. *Sa portion inférieure* étant une espece de vessie osseuse close par-tout, & divisée par quelques petites cloisons, qui, quoique très-déliées & très-molles, sont cependant friables, cette vessie pouvant être nommée *le sinus du cornet antérieur.*

11°. *Le cornet postérieur*, plus voisin des dents molaires, & tenant à l'os maxillaire de maniere qu'il bouche une portion de l'ouverture du sinus distingué par la même dénomination de cet os.

12°. *La premiere partie de ce même cornet*, excédant la seconde par sa longueur & par sa largeur, & se trouvant appliquée à l'emboîtement même du sinus, le bord postérieur de cette portion se repliant du côté de ce sinus en maniere de cornet.

13°. *La seconde partie de ce cornet*, plus arrondie, faisant une volute d'un tour & demi, étant comme distincte & séparée de la premiere par des cloisons osseuses, formant une cavité considérable fermée de toutes parts; cette cavité partagée par quelques cloisons osseuses & membraneuses, d'où résultent autant de petites cellules, pouvant être appelée *le sinus du cornet postérieur.*

Le Vomer.

33 Le vomer eſt le dernier des os de la mâchoire antérieure. On en conſidérera,

1°. *La figure.* Il doit ſa dénomination, dans l'animal comme dans l'homme, à ſa reſſemblance au ſoc d'une charrue.

2°. *L'étendue*, depuis la partie inférieure des naſeaux, juſqu'à l'os ſphénoïde.

3°. *Les bords*, les *faces* & les *extrémités.*

4°. *Le bord antérieur* préſentant une rainure profonde qui reçoit la lame perpendiculaire de l'ethmoïde, & la cloiſon cartilagineuſe des naſeaux.

5°. *Le bord poſtérieur* étant tranchant.

6°. *Les faces latérales* étant unies & polies.

7°. *L'extrémité ſupérieure*, creuſée, pour ſa jonction, avec l'épine du ſphénoïde.

8°. *L'extrémité inférieure*, étant reçue par ſon bord tranchant dans la rainure des os maxillaires.

Os de la mâchoire poſtérieure.

34. Un ſeul os compoſe la mâchoire poſtérieure. Il eſt néanmoins partagé en deux branches dans les poulains; mais dans le cheval, ces branches ſont tellement unies, qu'il ne reſte à la partie la plus inférieure, qu'une légere trace de leur jonction.

Il faut y conſidérer,

1°. *La ſymphyſe du menton*, qui n'eſt autre choſe que la trace légere dont je viens de parler.

2°. *Deux branches*, qui, jointes enſemble, ont la figure d'un grand V.

3°. *Deux faces* à chacune de ſes branches; l'une interne, l'autre externe.

4°. *Le trou mentonnier*, ou l'orifice d'un conduit oſſeux dont je parlerai, étant à la face externe.

5°. *La partie inférieure* de cette même face étant aſſez unie.

6°. *Sa portion supérieure* étant plus large, & présentant de foibles empreintes destinées à servir d'attaches au muscle masseter.

7°. *Le trou* percé dans la face interne, & au milieu de la partie supérieure de cette face, & répondant au trou mentonnier par un conduit assez long, nommé *le conduit maxillaire postérieur*; ce conduit donnant passage à une branche de nerf de la cinquieme paire, à une artere & à une veine qui se distribuent aux dents.

8°. *Les empreintes musculaires* étant à cette même portion supérieure pour l'attache du muscle sphéno-maxillaire, moteur de la mâchoire.

9°. *L'espace* qui est entre les deux branches, formant ce qu'on appelle extérieurement l'*auge* ou *la ganache*, & intérieurement *le canal*.

10°. *Deux bords*, l'un antérieur, l'autre postérieur.

11°. *La ligne osseuse*, régnant intérieurement le long du bord antérieur, près des dents molaires, & donnant attache au muscle mylohyoïdien.

12°. *Les dix cavités* ou *alvéoles* étant à ce même bord, & dont les six supérieures sont aussi considérables que celles qui sont au bord postérieur externe des os maxillaires; ces dix cavités logeant pareillement les dents molaires.

13°. *Les autres cavités* ou *alvéoles*, moins larges & moins profondes, dont la supérieure loge le crochet dans le cheval & dans la jument bréhaine; & les autres, les coins, les mitoyennes & les pinces.

14°. *L'espace*, étant entre les molaires & le crochet, & qu'on appelle en général *les barres*.

15°. *Le tranchant* de ce même bord antérieur, en cet endroit.

16°. *Son arrondissement* du côté de la face externe, & en descendant vers le crochet, arrondissement

ſement ou partie mi-ronde, ſur laquelle doit être fixé l'appui de l'embouchure.

17°. *L'apophyſe dite coronoïde*, ou l'éminence pointue, terminant le prolongement en forme de courbure de ce même bord antérieur, cette apophyſe prêtant attache au tendon du muſcle crotaphite.

18°. *L'arrondiſſement* du bord poſtérieur.

19°. *La tubéroſité de la mâchoire* à ce même bord, & à l'endroit de ſa courbure.

20°. *Le condyle de la mâchoire*, ou *l'apophyſe condyloïde*, réſultant de la tête applatie qui termine cette courbure. C'eſt par cette apophyſe que cette mâchoire s'articule avec les os temporaux.

21°. *L'échancrure ſigmoïde*, ou l'échancrure faite en forme de croiſſant étant entre cette apophyſe & l'apophyſe coronoïde.

22°. *L'arrête*, réſultant de la réunion des deux branches à la partie inférieure de ce bord, qui devient toujours plus tranchant à meſure qu'il approche de la ſymphyſe, cette arrête ſe noyant dans la convexité, que l'on appelle *le menton*, & formant le point ſenſible de la barbe.

23°. *Les empreintes muſculaires* qu'on obſerve ſupérieurement à cette arrête, appelées dans l'homme *apophyſe geni*, & donnant attache aux muſcles geni-hyoïdien & geni-ogloſſe.

L'Os Hyoïde.

35. Il faut conſidérer dans cet os,

1°. *Sa poſition* à la bâſe de la langue, au-devant & au-deſſus du larynx, qu'il embraſſe de même que le pharynx.

2°. *Sa compoſition*. Il eſt formé de cinq pieces oſſeuſes.

3°. *Sa diviſion* en corps & en branches.

4°. *Le corps* en étant la principale portion, repréſentant un croiſſant, & ſuivant la convexité du premier cartilage du larynx avec lequel il s'articule.

5°. *L'appendice* ſaillant du milieu de ce croiſſant, ſe portant en-devant, au-deſſous de la langue, ſa longueur étant d'environ un pouce.

6°. *Les branches*, au nombre de deux de chaque côté, dont une grande & une petite.

7°. *Les petites branches* étant ſituées obliquement à peu de diſtance de l'appendice, & s'articulant aſſez étroitement avec le corps, pour ne jouir que d'un mouvement très-obſcur.

8°. *Leur articulation* avec les grandes branches & l'angle aigu, qu'elles forment en cet endroit.

9°. *Les grandes branches* ayant environ cinq pouces de largeur.

10°. *Leur ſituation* entre les petites branches & l'occipital.

11°. *Leur extrémité inférieure*, par laquelle elles s'uniſſent aux petites branches d'une maniere moins intime que l'union des petites branches au corps de l'os, cette extrémité étant plus étroite que la ſupérieure.

12°. *Leur extrémité ſupérieure*, formant un angle où s'attache la portion charnue qui occupe l'intervalle qu'il y a de cet angle à l'apophyſe ſtyloïde de l'occipital, & cette branche étant articulée par cette extrémité avec l'os temporal.

13°. *Leurs faces*; l'une externe concave, l'autre interne convexe.

Des Os du Col ou de l'Encolure.

36. Sept vertebres cervicales compoſent le col ou l'encolure de l'animal. Ces os étant une dépendance de ce que l'on nomme *l'épine*, voyez-en la deſcription générale & particuliere, *art.* 50, 51, 52, 53.

Des Os de l'Extrémité antérieure.

37. Chaque extrémité antérieure eſt compoſée de vingt-une pieces oſſeuſes.

L'omoplate forme l'épaule, l'humérus le bras, le cubitus l'avant-bras, neuf petits os ou oſſelets, le genou. Il eſt encore au-deſſous de cette derniere partie, neuf os, qui ſont le canon, les péronnés, l'os du pâturon, les os ſéſamoïdes, l'os de la couronne, l'os articulaire, & l'os du pied.

L'Omoplate.

38. L'omoplate eſt un ſeul os.

On en conſidérera,

1°. *La forme*, qui eſt applatie.

2°. *La ſituation* à la partie antérieure & latérale de la poitrine ſur les premieres des vraies côtes, le jeu en étant très-libre, attendu qu'il n'eſt borné ni ſupérieurement, ni en avant, ni en arriere par les clavicules, l'animal en étant dépourvu.

3°. *Les faces*; l'une interne, l'autre externe.

4°. *La foſſe*, ou légere concavité, étant à la premiere de ces faces garnie de quelques aſpérités, & logeant le muſcle ſous-ſcapulaire.

5°. *L'épine*, ou l'éminence longitudinale, partageant la face externe en deux portions inégales, l'une antérieure & l'autre poſtérieure.

6°. *L'empreinte muſculaire* ſe trouvant ſur cette épine, & à laquelle s'attache le muſcle trapeſe.

7°. *La foſſe antépineuſe* n'étant autre choſe que la portion antérieure des deux portions inégales, elle loge le muſcle antépineux.

8°. *La foſſe poſtépineuſe*, réſultant de la portion poſtérieure, plus conſidérable que l'antérieure, & logeant le muſcle poſtépineux.

9°. *Les bords*; l'un antérieur, l'autre poſtérieur.

10° *Le bord antérieur*, faillant dans toute fon étendue.

11°. *La tubérofité*, ou l'éminence inégale qui le termine inférieurement; *tubérofité*, dite *de l'omoplate*, & fervant d'attache au mufcle long fléchiffeur de l'avant-bras.

12°. *L'apophyfe coracoïde*, plus arrondie & plus courte que celle qui, dans l'homme, porte le même nom. Elle eft à la partie latérale interne de la tubérofité, & fert d'attache au mufcle omo-brachial.

13°. *L'empreinte mufculaire* étant à la partie fupérieure de ce bord, donnant attache au mufcle petit pectoral.

14°. *Le bord poftérieur* femblable au précédent, & ayant de même, à fa partie fupérieure, des empreintes mufculaires pour l'attache des mufcles.

15°. *Les deux extrémités*; l'une fupérieure, l'autre inférieure.

16°. *L'extrémité fupérieure* étant pendant très-long-tems cartilagineufe dans les jeunes chevaux; ce cartilage s'offifiant enfuite en partie, & ne formant qu'un même corps avec cette extrémité fufpendue par un ligament particulier très-fort, qui, d'une autre part, s'attache aux apophyfes épineufes des premieres vertebres dorfales.

17°. *L'extrémité inférieure* fe terminant par une éminence creufée légérement.

18°. *La clavité glénoïde* réfultant du creux pratiqué dans cette éminence, cette cavité recevant la tête de l'humérus, & formant l'articulation par genou du bras avec l'épaule.

19°. *L'échancrure*, étant au bord de cette cavité pour le paffage des vaiffeaux qui vont dans l'articulation.

L'Humérus.

39. L'humérus eſt un os cylindrique qui forme le bras. On en conſidérera,

1°. *Le corps*, ou la partie moyenne, & les deux extrémités; l'une ſupérieure, l'autre inférieure.

2°. *Le corps* en étant la portion la plus étroite.

3°. *La tubéroſité externe*, ou l'éminence longitudinale, contournée en arriere, étant à la partie latérale de ce corps.

4°. *La grande ſinuoſité*, régnant dans toute l'étendue de ce même corps, & logeant le muſcle court fléchiſſeur de l'avant-bras.

5°. *La tubéroſité interne*, étant à ſa portion latérale interne.

6°. *L'extrémité ſupérieure*, beaucoup plus volumineuſe que le corps, & qu'on a appelé juſqu'ici aſſez mal-à-propos *la pointe de l'épaule*.

7°. *La tête arrondie*, poſtérieure à cette même extrémité, & qui s'articule avec l'omoplate.

8°. *Les trois éminences*, étant, à ſa partie antérieure, ſéparées par des ſinuoſités ſervant de paſſage & de couliſſe au tendon du muſcle long fléchiſſeur de l'avant-bras.

9°. *La cavité* étant derriere ces éminences, & ſervant à loger le bord antérieur de la cavité glénoïde dans différens mouvemens de l'épaule avec le bras.

10°. *L'éminence* étant à ſa partie latérale externe, ſervant d'attache au muſcle poſtépineux.

11°. *L'extrémité inférieure* ſe terminant par une éminence arrondie, mais oblongue, formant l'articulation du bras avec l'avant-bras, articulation opérée par charniere.

12°. *La ſinuoſité ſuperficielle*, partagée par une

éminence dans ſon milieu, & recevant une éminence de l'os qui s'articule avec elle.

13°. *Les condyles*; l'un interne, l'autre externe.

14°. *La légere cavité*, qui, antérieurement & ſupérieurement aux condyles, loge, dans les mouvemens conſidérables de flexion, l'éminence de ce même os qui s'y articule.

15°. *La cavité profonde* étant à la partie poſtérieure, recevant, dans les mouvemens de flexion de l'avant-bras, la pointe du coude ou l'olécrâne.

Le Cubitus.

40. Le cubitus ſeul forme l'avant-bras, & préſente trois parties; une moyenne, & deux extrémités.

On en conſidérera,

1°. *Le corps* ou *la partie moyenne*, qui eſt cylindrique & aſſez égale.

2°. *La légere convexité*, qui eſt au-devant de ce corps.

3°. *Les empreintes muſculaires* étant à ſa partie poſtérieure.

4°. *L'apophyſe olecrâne*, ou l'éminence conſidérable, étant à l'extrémité ſupérieure de ce même os, & qui, ſéparée de ſon corps dans le poulain, n'eſt alors qu'une épiphyſe. Il eſt même quelquefois dans le cheval des intervalles ſenſibles dans l'union de ces deux pieces.

5°. *Les faces de cette apophyſe*; l'une externe, qui eſt arrondie; l'autre interne, légérement creuſée, ſa concavité fourniſſant paſſage à des tendons.

6°. *Les extrémités de cette même apophyſe*; l'une ſupérieure, raboteuſe, inégale comme une tubéroſité, ſervant d'attache aux tendons des muſcles extenſeurs de l'avant-bras.

7°. *L'épine de l'olecrâne*, ou l'éminence longuete

& pointue, régnant tout le long du corps de l'os, & par laquelle se termine l'extrémité inférieure de cette apophyse.

8°. *La cavité semi-lunaire*, se montrant à la partie antérieure de l'olécrâne, au lieu du principe de sa jonction avec le cubitus.

9°. *Les deux facettes articulaires*, par lesquelles il s'unit à cet os.

10°. *L'éminence* bornant cette cavité, & reçue, ainsi que je l'ai dit, lors des grands mouvemens d'extension de l'avant-bras, dans la cavité postérieure de l'humérus.

11°. *Le plus grand élargissement* sensible dans le cubitus à sa partie supérieure, au-dessous de l'apophyse olécrâne; cet os présentant dans ce lieu une tête, laquelle est applatie.

12°. *Les deux légeres facettes*, qui reçoivent les condyles de l'humérus, partagées par de légeres éminences.

13°. *Les tubérosités*; l'une externe, l'autre interne, ou les éminences inégales étant directement au-dessous de la tête applatie, & servant d'attache à des muscles.

14°. *Les facettes* étant à la partie postérieure, & répondant à de pareilles facettes de l'olécrâne.

15°. *Les facettes lisses & polies*, qui se joignent avec la premiere rangée des petits os du genou, & par lesquelles se termine l'extrémité inférieure de l'os, plus large à cette extrémité que dans son corps.

16°. *La cavité* étant à la partie postérieure de cette même extrémité, & recevant dans de forts mouvemens de flexion du genou l'extrémité postérieure du second os de la premiere rangée.

17°. *Les trois sinuosités* étant à sa partie antérieure, partagées par de légeres tubérosités, &

par où paſſent les tendons des muſcles extenſeurs du canon, & des extenſeurs du pied.

Les Os du Genou.

41. Neuf petits os propres & particuliers au genou, forment enſemble cette partie; & c'eſt par eux que l'avant-bras ſe trouve joint avec le canon.

Il faut en conſidérer,

1°. *La diſpoſition en deux rangs*, quatre au premier, trois au ſecond, & deux hors de rang, que l'on pourroit appeler *les piſiformes.*

2°. *Leur union* par de forts ligamens, union ſi étroite, qu'ils paroiſſent ne faire qu'un ſeul os, à l'exception des piſiformes & du premier os du premier rang, qui paroît être détaché des autres, & qui fait une éminence en arriere; cet os pouvant être appelé *l'os crochu*, & ſervant d'attache à un ligament conſidérable attaché d'une autre part à la partie ſupérieure du canon & aux oſſelets oppoſés à ce même os du canon, d'où réſulte une arcade ligamenteuſe, par où paſſent les tendons des muſcles fléchiſſeurs du pied.

3°. *La ſinuoſité* conſidérable qui ſe rencontre à la partie interne de ce même os crochu, & au moyen de laquelle il contribue à la formation de cette arcade.

L'Os du Canon & les Péronnés.

42. Un os principal & deux petits os qui lui ſont unis, forment ce que nous appelons du nom général de *canon.*

On conſidérera dans l'os principal,

1°. *Sa forme* cylindrique dans tout ſon corps, qui d'ailleurs eſt liſſe & fort unie.

2°. *Son extrémité ſupérieure*, applatie & partagée

en plusieurs facettes répondant aux petits os du genou.

3°. *Les facettes latérales*, qui reçoivent les péronnés.

4°. *La tubérosité* étant à sa partie extérieure.

5°. *Son extrémité inférieure*, plus lisse & plus arrondie.

6° *L'éminence circulaire* qui la partage, & qui fait de l'articulation de cet os avec celui du pâturon une articulation par charniere.

Dans les péronnés, il faut considérer,

7°. *Leur position* le long des parties latérales & postérieure du canon.

8°. *Leur forme;* ils peuvent être regardés comme les épines de cet os.

9°. *Leur extrémité supérieure*, qui est la plus considérable, & que je nomme *la tête.*

10°. *Les petites facettes* étant à cette même extrémité, & répondant à de pareilles empreintes qui se rencontrent au canon ou aux osselets qui composent le genou.

11°. *Leur diminution insensible* à mesure qu'ils parviennent à leur extrémité inférieure.

12°. *Le petit bouton* qui la termine, & que des demi-connoisseurs prennent assez souvent pour un suros, sur-tout lorsque le volume en est plus considérable dans certains chevaux que dans d'autres.

13°. *Leur union* si intime au canon, qu'ils paroissent contigus à cet os.

14°. *L'intervalle* qu'ils laissent entr'eux pour loger un fort ligament qui s'étend jusqu'au pâturon.

Les Os Sésamoïdes.

43. On considérera dans les os sésamoïdes,

1°. *Leur ſituation* ſur la partie poſtérieure de l'articulation du boulet & du pâturon.

2°. *Les facettes* recouvertes de cartilages liſſes & polis ; l'une répondant à l'articulation du boulet; la poſtérieure facilitant le jeu du tendon du muſcle fléchiſſeur du pied.

L'Os du Pâturon.

44. Il faut conſidérer dans l'os du pâturon,

1°. *Sa longueur* étant d'environ quatre pouces dans les chevaux bien jointés & d'une taille moyenne.

2°. *Sa partie ſupérieure*, qui eſt la plus large.

3°. *Les trois foſſes* creuſées dans cette même partie, & répondant aux éminences de l'extrémité inférieure de l'os du canon.

4°. *Les deux éminences* ſe montrant à la portion poſtérieure de cette même partie, une de chaque côté, à laquelle répondent les os ſéſamoïdes deſtinés par leur ſaillie à donner plus de force à l'action du muſcle qui vient s'y attacher par ſon tendon.

5°. *L'extrémité inférieure* de cet os.

6°. *La diviſion* de cette même extrémité par une légere foſſette, contribuant à l'articulation de cet os avec la couronne, cette articulation ayant lieu par charniere.

L'Os de la Couronne.

45. L'os de la couronne eſt moins conſidérable que le précédent. On en conſidérera,

1°. *La forme*, qui eſt à-peu-près quarrée.

2°. *L'extrémité ſupérieure*, partagée en deux foſſettes qui s'articulent avec le précédent.

3°. *L'extrémité inférieure*, diviſée au contraire

en deux éminences par une foffette ; ce qui fait encore une articulations par charniere ; de cet os avec l'os du pied.

4°. *Les empreintes ligamenteufes* étant dans toute l'étendue de cet os.

L'Os Articulaire.

46. On doit confidérer dans l'os articulaire,

1°. *Sa fituation* à la partie poftérieure de l'articulation du pied.

2°. *Sa forme*, qui eft celle d'une navette.

3°. *Ses bords ;* l'un fupérieur, l'autre inférieur, tous les deux percés de plufieurs petits trous pour l'attache des ligamens.

4°. *La facette cartilagineufe* étant au bord inférieur, pour fon articulation avec l'os du pied.

5°. *Ses faces*, l'une antérieure, l'autre poftérieure, chacune d'elles ayant deux finuofités, féparées par une petite éminence garnie d'un cartilage liffe & poli, pour faciliter d'un côté le mouvement de l'articulation, & de l'autre le gliffement du tendon fléchiffeur du pied.

6°. *Les deux angles*, l'un externe, l'autre interne, étant fixés par les ligamens latéraux de cette articulation.

L'Os du Pied.

47. On ne peut fe difpenfer d'envifager dans l'os qui forme le pied,

1°. *Sa fubftance*, beaucoup moins compacte & plus fpongieufe que celle des os précédens.

2°. *Les trous multipliés* dont il eft percé, & qui font autant de porofités.

3°. *Sa figure* répondant à celle de l'ongle de l'animal.

4°. *Sa portion supérieure*, partagée en trois facettes lisses & polies, qui s'articulent avec l'os de la couronne & l'os articulaire.

5°. *Sa portion inférieure*, légérement concave, tapissée en partie par l'aponévrose qui résulte du tendon du muscle fléchisseur.

6°. *Sa portion antérieure*, arrondie & continuée avec les parties latérales.

7°. *Ses portions latérales*, l'une interne, l'autre externe, se terminant par deux éminences en forme de bec, garnies d'un cartilage qui s'ossifie dans les vieux chevaux.

8°. *Les échancrures* de ces mêmes éminences, par lesquelles passent les vaisseaux sanguins qui se distribuent dans tout le pied.

9°. *L'échancrure* de la partie postérieure.

10°. *Le demi-croissant* formé par l'intervalle de ces deux éminences.

11°. *Les deux trous* assez considérables, qui pénetrent dans le corps même de l'os, & par où s'introduisent les vaisseaux sanguins qui s'y distribuent.

12°. *Les deux bords* résultant de la plus grande étendue en hauteur de la portion antérieure.

13°. *Le bord supérieur* régnant le long de l'articulation, & répondant à la couronne.

14°. *Le bord inférieur*, plus grand & plus tranchant, répondant au contour de la pince.

SECTION II.

Des Os du Corps.

48. LE corps est composé en général de l'épine, des côtes & du sternum.

L'épine eſt cette colonne oſſeuſe, qui comprend non-ſeulement trente-une vertebres & l'os ſacrum, mais encore pluſieurs petits os qui forment la queue, enſorte que cette colonne s'étend depuis la tête juſqu'à cette derniere partie. Il eſt bon néanmoins d'obſerver que les ſept vertebres cervicales ſont compriſes dans l'avant-main, comme l'os ſacrum, & les os de la queue ſont compris dans l'arriere-main : auſſi, pour rentrer dans l'ordre de notre premiere diviſion, nous enviſagerons dans l'épine cinq parties différentes, c'eſt-à-dire, ſept vertebres cervicales appartenant à l'encolure, dix-huit vertebres dorſales, ſix vertebres lombaires appartenant au corps, l'os ſacrum & les os de la queue étant une dépendance de l'arriere-main.

Des Vertebres.

49. On doit conſidérer toutes les vertebres par ce qu'elles ont de commun entr'elles, & par ce qu'elles ont de particulier chacune.

Sous le premier point de vue, elles préſentent un corps, ſept apophyſes, quatre échancrures, & un trou conſidérable, par où paſſe la moëlle épiniere.

On en conſidérera donc d'abord,

1°. *Le corps*, qui en forme la bâſe.

2°. *La tête*, étant à la partie antérieure de ce corps.

3°. *La cavité*, étant à ſa partie poſtérieure, recevant la tête de la vertebre qui lui répond, & cette cavité diminuant & s'effaçant toujours, ainſi que la tête, à meſure de la terminaiſon de l'épine.

4°. *Les petits trous* étant ſur le corps, & deſtinés à donner paſſage à des vaiſſeaux ſanguins pour la nourriture de l'os.

5°. *Les apophyses latérales ou transverses*, au nombre de deux.

6°. *Les apophyses obliques*, servant à leur articulation, & au nombre de quatre, la face articulaire des deux antérieures étant en-dessus, celle des postérieures en-dessous.

7°. *L'apophyse épineuse*, formant la septieme, & étant unique.

8°. *Les échancrures*, qui, placées entre le corps de la vertebre & l'apophyse transverse, sont deux antérieures & deux postérieures ; la jonction des échancrures postérieures de la vertebre de devant avec les échancrures antérieures de la vertebre de derriere, formant un trou qui pénetre dans le canal de l'épine, & par où sortent de chaque côté les nerfs cervicaux, intercostaux & lombaires.

9°. *Le trou vaste*, formant ce canal, & contenant la moëlle épiniere.

10°. Enfin, *l'union* de ces vertebres par deux articulations ; la premiere ayant lieu par les apophyses obliques qui glissent l'une sur l'autre, & d'où résulte une articulation par coulisse ; l'autre s'exécutant par la tête, qui, reçue dans une cavité, forme une espece d'articulation par genou ; mais on peut dire qu'elle est très-bornée.

50. Ce qui distingue les vertebres cervicales des autres vertebres, est,

1°. *Leur volume.*

2°. *Le défaut d'apophyse épineuse.*

3°. *L'éminence légere*, qui en tient lieu, & qui est couchée le long de leur partie supérieure ou de leur corps.

4°. *La plus grande étendue* de leurs apophyses transverses.

5°. *Le canal* dont ces mêmes apophyses sont percées pour le paſſage des vaiſſeaux vertébraux qui ſe portent à la tête.

6°. *Les éminences* ſituées antérieurement & ſur le corps de l'os, donnant attache aux tendons du muſcle long fléchiſſeur de l'encolure.

51. La premiere vertebre cervicale differe des autres vertebres de l'encolure ou du col.

1°. *Par l'entrée plus large du canal*, par où paſſe la moëlle épiniere, & qui reçoit l'apophyſe odontoïde de la ſeconde.

2°. *Par les deux foſſes ſémi-lunaires*, qui ſont à cette entrée, & qui reçoivent les deux condyles de l'os occipital; ce qui forme la jonction par genou de l'encolure avec la tête.

3°. *Par les deux petites cavités*, étant aux parties latérales du canal, ſervant d'attache à des ligamens qui y aſſujettiſſent l'apophyſe odontoïde.

4°. *Par la facette articulaire*, ſur laquelle gliſſe cette même apophyſe.

5°. *Par la forme & l'étendue de ſes apophyſes obliques poſtérieures*, qui facilitent ſes mouvemens de rotation ſur la vertebre à laquelle elle eſt articulée.

6°. *Par la forme & l'étendue plus conſidérable de ſes apophyſes tranſverſes.*

7°. *Par la cavité*, réſultant de ces mêmes apophyſes à leur partie inférieure.

8°. *Par le trou*, étant de chaque côté à la bâſe de la cavité articulaire, & donnant paſſage à un rameau de l'artere occipitale.

9°. *Par les trous* qu'on obſerve à cette vertebre de chaque côté ſupérieurement & inférieurement, pour le paſſage des vaiſſeaux & des nerfs.

52. La ſeconde vertebre cervicale differe de la premiere & des autres.

1°. *Par ſa longueur.*

2°. *Par l'apophyse odontoïde*, ou l'éminence qui est à son extrémité antérieure, & qui entre dans le canal vertébral de la premiere.

3°. *Par la largeur* de ses apophyses obliques antérieures, qui répondent dès-lors aux postérieures la premiere.

4°. *Par l'éminence très-considérable*, qui tient lieu d'apophyse épineuse, & qui s'étend tout le long du corps de cet os.

5°. *Par les trous allongés*, un de chaque côté, près des échancrures antérieures.

53. La derniere ou septieme vertebre cervicale differe de la précédente, de la premiere, & des quatre autres qui sont semblables entr'elles.

1°. *Par son volume* moins considérable.

2°. *Par ses apophyses transverses*, qui ne sont pas percées, les vaisseaux vertébraux ne pénétrant dans les vertebres que dès la sixieme.

3°. *Par les deux facettes* destinées à l'articulation de la premiere des vraies côtes.

54. Il faut considérer dans les vertebres dorsales en général,

1°. *Le volume*, qui en est moindre que celui des cervicales.

2°. *Les apophyses transverses*, ayant moins de longueur.

3°. *Les apophyses épineuses*, étant très-considérables.

4°. *Les apophyses obliques*, n'étant, pour ainsi dire, que des facettes qui se joignent les unes aux autres.

5°. *Les quatre demi-facettes*, étant aux parties latérales de leur corps, dont deux antérieures & deux postérieures pour recevoir la tête de la côte; la demi-facette postérieure d'une vertebre avec l'antérieure de celle qui suit, formant ensemble & à cet effet une cavité de chaque côté.

6°.

6°. *La facette entiere*, étant à leurs apophyses transverses, pour recevoir la tubérosité de la côte.

7°. *Leur jonction par leur corps* ne constituant pas une articulation si considérable que les cervicales ; les têtes & les cavités diminuant, ainsi que je l'ai dit, jusqu'aux vertebres des lombes.

55. Dans les vertebres dorsales, considerées en particulier, on observera que la premiere vertebre dorsale ayant antérieurement une facette, qu'elle partage avec la cervicale qui la précede, est dissemblable aux autres.

1°. *Par la cavité semi-lunaire* étant à l'apophyse transverse, & recevant la tubérosité.

2°. *Par le moins de volume* de son apophyse épineuse.

3°. *Par les apophyses obliques antérieures*, semblables aux mêmes apophyses des cervicales.

56. On verra en second lieu,

1°. *Que les trois suivantes* diminuent en hauteur.

2°. *Que les six dernieres* sont moins élevées, mais plus larges, & que leur élévation est égale.

3°. *Que la derniere ou dix-huitieme* n'a point postérieurement de facette, la derniere côte s'articulant avec la dix-septieme & la dix-huitieme de ces vertebres.

57. On considérera dans les vertebres lombaires, au nombre de six,

1°. *Leur ressemblance* aux dernieres vertebres dorsales par leur corps, & par leurs apophyses épineuses.

2°. *La saillie* de leurs apophyses transverses ou latérales ; saillie plu considérable, mais nécessaire pour le soutien des muscles, qui plus antérieurement étoient soutenus par les côtes.

3°. *Le défaut* en elles de facettes latérales, qui

auroient été inutiles, puisqu'elles ne reçoivent point de côte.

4°. *Les différences qui sont entre elles* résidant principalement dans la derniere, & resultant de l'applatissement plus considérable de son corps.

5°. *De sa plus grande largeur* dans ses apophyses transverses.

6°. *De la facette articulaire* qui se trouve postérieurement à ces mêmes apophyses pour son articulation avec l'os sacrum.

58. Les mouvemens de cette colonne osseuse doivent varier suivant la configuration des pieces qui la composent. On observera donc,

1°. *Que les vertebres cervicales* se meuvent librement, parce qu'elles n'ont point d'apophyses épineuses qui les génent, & qu'elles ne sont unies à aucun autre os.

2°. *Que la premiere de ces vertebres* a un mouvement de rotation dépendant de la forme évasée de ses apophyses obliques, & de celles de la seconde. Elle tourne autour de l'apophyse odontoïde de celle-ci.

3°. *Que les vertebres dorsales* sont celles qui ont le moins de mobilité, soit parce que la longueur de leur apophyse épineuse, & leur position directement les unes devant les autres, les privent de la faculté de se mouvoir ; soit parce qu'elles s'articulent avec les côtes, & que si elles avoient été susceptibles de mouvemens considérables, les visceres contenus dans le thorax en auroient infailliblement souffert.

4°. *Les vertebres lombaires* sont plus mobiles que celles-ci, mais non autant que les cervicales, attendu la longueur de leurs apophyses transverses, & le resserrement de leur articulation.

5°. Enfin, *le cartilage intermédiaire* extrêmement

élastique & infiniment souple, dont les uns & les autres de ces os sont munis, doit en rendre l'action beaucoup plus facile & plus douce.

L'Os Sacrum.

59. L'os qui suit immédiatement les vertebres, est l'os sacrum. Quoiqu'il fasse, ainsi que les os de la queue, partie des os de l'arriere-main, nous en placerons ici la description, parce qu'ils sont au nombre des os que comprend l'épine. Il faut considerer dans l'os sacrum,

1°. *Sa figure* triangulaire.

2°. *Sa composition.* Dans les poulains, il est formé de cinq os, qui sont comme autant de vertebres qui s'unissent entiérement ensuite dans le cheval.

3°. *Le canal osseux* dont il est percé dans toute sa longueur, canal qui répond au canal des vertebres, & qui loge l'extrémité de la moëlle de l'épine.

4°. *La face*, ou la partie supérieure, présentant une éminence composée en quelque maniere de cinq apophyses épineuses, qui ne sont séparées que par leurs extrémités.

5°. *La partie ou la face inférieure*, applatie, percée de quatre ou cinq trous pénétrant dans le canal de l'épine, & par lesquels sortent des cordons de nerfs.

6°. *Son extrémité antérieure* se joignant avec la derniere vertebre lombaire; cette articulation semblable à celle des autres vertebres, s'opérant par le moyen de deux apophyses obliques, & d'une espece de tête.

7°. *Les échancrures*, au nombre de trois, qui, avec de pareilles échancrures de la derniere vertebre lombaire, forment des trous pour le passage des nerfs.

8°. *Les deux facettes*, étant aux parties latérales de cette même extrémité, & se joignant aux apophyses transverses de la derniere vertebre lombaire.

9°. *Les deux facettes* postérieures, pour l'articulation de cet os avec l'iléon.

10°. *Son extrémité postérieure*, s'unissant avec le premier des os de la queue par sa partie moyenne seulement.

Les Os de la Queue.

60. On considérera dans les os de la queue,

1°. *Le nombre.* Il en est quatorze ou quinze.

2°. *La figure.* Ils sont semblables à de petites vertebres.

3°. *L'union* du premier à l'extrémité postérieure de l'os sacrum.

4°. *L'articulation* successive des autres.

5°. *Le volume*, qui diminue toujours insensiblement.

6°. *Le trou* conservé dans le premier, & par lequel se termine le canal de l'épine.

7°. *L'échancrure* étant à la partie supérieure des suivans; c'est là que finit le trajet de la moëlle épiniere.

Le Sternum.

61. Le sternum & les côtes composent le thorax. Il faut considérer dans le sternum,

1°. *Sa substance*, qui est spongieuse.

2°. *Sa longueur*, d'environ un pied dans les chevaux ordinaires.

3°. *Sa position* légérement oblique à la partie antérieure & inférieure du thorax, où il sert comme de clef ou d'arc-boutant aux côtes, principalement aux neuf premieres, qui s'y joignent immédiatement.

4°. *Sa composition.* Il eſt formé de ſix ou ſept os dans les poulains. Ces os ſe trouvent tellement unis dans le cheval, qu'ils ſemblent n'en faire qu'un ſeul ; néanmoins les veſtiges de cette union ſont aſſez conſtans.

5°. *Sa forme* aſſez reſſemblante à la carêne d'un vaiſſeau.

6°. *Ses faces* au nombre de trois ; la face interne ſervant d'attache au muſcle du ſternum & au pérycarde ; les faces latérales, ſe terminant par un cartilage uni & tranchant, que l'on nommera *le bord tranchant* du ſternum.

7°. *Les petites facettes*, au nombre de huit à neuf, placées le long de ces deux faces à chaque intervalle des pieces oſſeuſes, pour l'articulation des cartilages des vraies côtes.

8°. *Ses extrémités*, l'antérieure ſe terminant par un cartilage qui finit lui-même d'abord en s'arrondiſſant, & enſuite par une eſpece de bec; c'eſt ce qu'on appelera *la pointe du ſternum.* La poſtérieure applatie, finiſſant par un cartilage pointu, qui, vu ſa reſſemblance dans l'homme & dans l'animal, a la pointe d'un poignard, eſt nommé *le cartilage xyphoïde.*

Les Côtes.

62. Les côtes ſont des os étroits figurés en demi-cercles, & plus ou moins arrondis, ſelon leur grandeur. On en conſidérera,

1°. *Le nombre.* Il en eſt trente-ſix, dix-huit de chaque côté : quelquefois on n'en compte que dix-ſept; alors il n'y a que dix-ſept vertebres dorſales : quelquefois auſſi il en eſt dix-neuf, & alors c'eſt l'apophyſe tranſverſe de la premiere vertebre lombaire qui ſe prolonge, & qui forme cette dix-neuvieme côte.

2°. *La diviſion* en côtes *vraies* & en *fauſſes* côtes : les neuf premieres dites *vraies*, parcequ'elles atteignent le ſternum par leurs cartilages ; les neuf poſtérieures dites *fauſſes*, parce que leurs cartilages ſe joignent & ſe couchent ſeulement les uns ſur les autres, c'eſt-à-dire, que celui de la onzieme s'unit avec celui de la dixieme, & ainſi ſucceſſivement.

3°. *La longueur :* elle augmente toujours depuis la ſeconde juſqu'à la neuvieme ; elle décroît & diminue enſuite inſenſiblement juſqu'à la derniere, enſorte que les deux premieres des vraies & les neuf fauſſes ſont plus courtes que celles qui ſont entr'elles.

4°. *La largeur*, les vraies côtes étant plus larges & plus applaties.

5°. *La poſition* aux faces latérales des vertebres, la premiere étant preſque perpendiculaire à l'épine du ſternum, la ſeconde l'étant moins, & ſe portant un peu plus en-dehors, cet arrangement étant ſuivi juſqu'à la dix-huitieme ; ce qui, avec la différence de la longueur & de la courbure, rend le thorax extrêmement étroit antérieurement, & plus évaſé poſtérieurement ; auſſi les dernieres côtes étant plus élevées, & en même-tems plus courtes, préſentent-elles depuis le ſternum, un triangle réſultant du vuide qui ſe trouve entr'elles.

6°. *La ſubſtance*, partie *oſſeuſe*, partie *cartilagineuſe ;* oſſeuſe à leur portion ſupérieure, cartilagineuſe, à la portion inférieure, les cartilages augmentant toujours en longueur depuis la premiere juſqu'à la derniere, celui de la premiere étant extrêmement court & plus large, parce que la côte a plus de largeur, celui de la seconde ayant moins de largeur & plus de longueur, & ainsi successivement des autres, qui dans les dernieres sont très-minces.

7°. *La connexion ;* savoir, premierement celle des vraies côtes, d'une part, aux neuf premieres vertebres dorsales, & de l'autre, au sternum par leur portion cartilagineuse reçue dans les petites facettes dont j'ai parlé, de maniere que toute mobilité n'est pas interdite à ces cartilages, à l'exception de celui de la premiere qui n'en reconnoît point, attendu sa briéveté & son union intime avec l'os ; secondement, celle des fausses côtes d'une part avec les vertebres dorsales suivantes, & de l'autre, entr'elles par leur cartilage, des ligamens affermissant au surplus l'articulation des unes & des autres.

8°. *Le corps* étant entre les deux extrémités.

9°. *Les faces*, l'une *interne*, étant lisse, polie & concave, pour donner plus d'amplitude au thorax ; l'autre externe, étant convexe.

10°. *Les extrémités ;* la *supérieure* répondant aux vertebres.

11° *Les éminences* que présente cette extrémité, l'une dite *la tête* de la côte, l'autre *sa tubérosité.*

12°. *Les facettes* étant sur les parties latérales de la tête, & partagées par une éminence.

13°. *La facette* étant sur la tubérosité, & répondant à une pareille facette des apophyses transverses.

14°. *L'extrémité inférieure*, garnie d'une facette, pour recevoir le cartilage qui s'y unit immédiatement, & d'une maniere qui ne permet aucun mouvement à cette jonction.

15°. *Les bords ;* l'*antérieur* arrondi dans la premiere des vraies côtes, comme dans celles qui sont fausses, & tranchant dans les huit dernieres vraies.

16°. *La sinuosité* se montrant extérieurement dans toute l'étendue de ce même bord, moins marquée depuis la septieme jusqu'à la treizieme côte, s'évanouissant dans les autres, & servant d'attache aux muscles intercostaux.

17°. *Le bord postérieur* arrondi, son arrondissement augmentant toujours dans les fausses côtes.

18°. *La scissure* étant à la partie supérieure de ce bord, s'évanouissant de même que la sinuosité du bord antérieur, & logeant les nerfs, l'artere & la veine intercostale, ces vaisseaux se rencontrant quelquefois néanmoins dans le milieu de l'intervalle qui est entre les côtes.

SECTION III.

Des Os de l'Arriere-main.

63. L'ARRIERE-MAIN comprend l'os sacrum, les os de la queue décrits art. 59 & 60, & les os du bassin, ainsi que ceux des extrémités postérieures.

Des os du Bassin.

64. Le bassin n'est, à proprement parler, que l'espace considérable qui est entre les os dont il est formé. Il contient le dernier des intestins, la vessie & les parties de la génération.

Les sept os du concours desquels il résulte, sont trois pairs; deux iléon, deux ischion, deux pubis, & un impair qui est l'os sacrum, situé dans le milieu, & ſervant comme de clef à tous les autres.

Les os pairs ne ſont ſéparés que dans les jeunes poulains. Dans le cheval, ceux d'un même côté ſont non-ſeulement unis entr'eux, ils le ſont encore avec ceux du côté oppoſé, enſorte que ces ſix os paroiſſent n'en former qu'un ſeul.

Les Iléon.

65. Les os iléon ſont les plus conſidérables des os du baſſin : ils forment ce qu'on appelle communément *les hanches*, & ſe montrent en-dehors dans les chevaux atrophiés. Leur trop grande ſaillie eſt un défaut qui rend l'animal *cornu*.

Il faut en conſidérer,

1°. *La figure* qui eſt triangulaire.

2°. *Les faces*, l'une *externe*, liſſe, concave, logeant les muſcles feſſiers; l'autre *interne*, plus légérement concave, & couverte par le muſcle iliaque.

3°. *L'âpreté* de cette même face dans ſa partie poſtérieure, & ſon union par cette même partie avec un cartilage ſervant d'attache à l'os ſacrum, & qui le joint avec ces os.

4°. *Le corps ou la partie moyenne*, qui ne préſente rien de particulier.

5°. *Les angles*, au nombre de trois.

6°. *L'angle poſtérieur*, s'uniſſant à l'os ſacrum.

7°. *L'angle antérieur* plus large, & garni de pluſieurs aſpérités où s'attache la partie poſtérieure des muſcles abdominaux, ainſi que pluſieurs muſcles de la cuiſſe.

8°. *La crête* ſituée entre les angles antérieur & poſtérieur donnant attache au long dorſal.

9°. *L'angle inférieur*, s'uniſſant à l'os pubis & à l'os iſchion.

10°. *La concavité* étant à ce même angle, & contribuant avec l'iſchion à la formation de la cavité cotyloïde.

11°. *Les empreintes muſculaires*, qui dans ce même angle ſervent d'attache au muſcle moyen feſſier.

12°. *Les échancrures.*

13°. *La premiere ſemi-lunaire*, entre l'angle antérieur & inférieur, ſur laquelle paſſent les tendons des muſcles iliaques & pſoas allant à la cuiſſe, ainſi que les vaiſſeaux cruraux, arteres, veines & nerfs.

14°. *La ſeconde échancrure* entre l'angle inférieur & poſtérieur, moins conſidérable que l'autre, & ſur laquelle paſſent les nerfs ſciatiques.

Les Iſchion.

66 Les ischion ſont ſitués au-deſſous des iléon : ils ſont unis à ces derniers os & aux pubis.

On en conſidérera,

1°. *Le corps*, qui en eſt la portion la plus forte.

2°. *La partie antérieure*, ſervant d'attache au muſcle biceps.

3°. *La tubéroſité* formant la partie inférieure, & ſervant d'attache aux tendons de pluſieurs muſcles de la cuiſſe & de la jambe.

4°. *Les branches; l'antérieure* s'uniſſant avec l'os pubis; *la ſupérieure* beaucoup plus forte s'uniſſant avec l'iléon, & formant la plus grande portion de la cavité cotyloïde.

5°. *L'enfoncement inégal* étant dans le milieu de cette cavité, & à-peu-près dans l'endroit de la jonction des deux os; le ligament rond qui retient le fémur dans cette même cavité, s'y attache.

6°. *L'échancrure* interrompant cette cavité qui n'eſt pas exactement ronde; échancrure qui répond à l'enfoncement qui loge le ligament rond, & qui est remplie par un autre ligament très-fort qui la ferme. C'est par elle que passent les tendons des muscles du bas-ventre. La luxation de la cuisse pourroit être plus facile de ce côté qu'en-dehors, où la cavité est plus haute.

7°. *L'échancrure considérable*, située entre les deux branches de l'os, & formant la portion la plus grande du trou ovalaire; c'est-là que sont les muscles obturateurs.

8°. *L'échancrure* plus étendue & moins concave, par où passe le tendon de l'obturateur interne, & qui est entre la tubérosité & la branche postérieure.

9°. *L'échancrure triangulaire*, résultant de l'union de cet os avec son semblable, les racines du membre du cheval y étant attachées, & l'urètre y passant par conséquent, tandis que dans la jument cette même échancrure fournit un passage au vagin.

Les Pubis.

67. Les os pubis sont les troisiemes des os du bassin. Il faut en considérer,

1°. *Le volume* plus petit que celui des autres.

2°. *La forme* triangulaire.

3°. *Les bords* au nombre de trois.

4°. *Le bord interne* se joignant par symphyse avec le pubis du côté opposé, leur union étant la même que celle des deux ischion.

5°. *Le bord antérieur* servant d'attache au muscle droit de l'abdomen & à une portion des obliques.

6°. *La légere sinuosité* étant près de ce bord & par où glisse le tendon des muscles du bas-ventre.

7°. *Le bord externe* finissant le trou ovalaire & la cavité cotyloïde.

Des Os des Extrémités postérieures.

68. Chaque extrémité postérieure est composée de dix-neuf pieces osseuses.

Le fémur forme la cuisse; le tibia & son épine forment la jambe; la rotule se trouve sur l'extrémité inférieure du fémur; six os composent le jarret, & au-dessous de cette partie, ces extrémités ne different en rien par rapport au nombre des os des extrémités antérieures.

Le Fémur.

69. Le fémur est de tous les os qui étayent & qui affermissent la machine, celui qui est le plus considérable.

Il faut en considérer,

1°. *Le corps*, qui en est la partie moyenne.

2°. *L'apophyse* nommée *le petit trochanter*, étant à la partie latérale externe de ce corps.

3°. *La tubérosité* étant à sa partie latérale interne, & à laquelle s'attachent les muscles iliaques & psoas.

4°. *La ligne raboteuse* étant au-dessous de cette tubérosité, & servant d'attache au muscle biceps.

5°. *L'extrémité supérieure* présentant trois éminences.

6°. *La tête arrondie* formant la plus grande de ces éminences : elle entre dans la cavité cotyloïde, & il en résulte une articulation par genou de la cuisse avec le bassin.

7°. *L'échancrure* étant à la partie latérale interne de cette éminence, & où s'attache le ligament rond qui tient cet os assujetti dans la cavité où il s'emboëte, un autre ligament s'attachant au surplus avec les os des îles en passant par-dessus cette articulation.

8°. *Le grand trochanter*, c'eſt-à-dire, l'apophyſe ou l'éminence la plus élevée donnant attache au muſcle grand feſſier.

9°. *La cavité* placée derriere le grand trochanter, pour l'attache des muſcles quadri-jumeaux.

10. *La tubéroſité*, ou la troiſieme éminence âpre, raboteuſe, moins détachée du corps de l'os que les autres, & ſervant d'attache au muſcle moyen feſſier.

11°. *L'extrémité inférieure*, terminée de même par trois éminences, dont une antérieure & deux poſtérieures.

12°. *L'éminence antérieure*, liſſe & polie, ſur laquelle la rotule porte, gliſſe & fait ſes mouvemens.

13°. *Les éminences poſtérieures* ou *les condyles;* l'un interne, l'autre externe, reſſemblant tous les deux à des têtes liſſes & unies, au moyen deſquelles l'articulation de cet os avec le tibia eſt une articulation par charniere.

14°. *La grande échancrure* qui les ſépare. Elle eſt ordinairement garnie de graiſſe, & remplie de quantité de ſynovie. Elle donne attache aux ligamens qui s'inſerent à l'extrémité ſupérieure du tibia.

15°. *La cavité* étant au-deſſus du condyle externe, où s'attachent le muſcle ſublime & une portion des jumeaux.

16°. *Les empreintes muſculaires* étant du côté opposé, & ſervant d'attache à l'autre portion des jumeaux.

17°. *L'autre cavité* étant au-deſſous du même condyle à ſa partie antérieure, pour l'attache du muſcle extenſeur antérieur du pied.

La Rotule.

70. L'os qui, gliſſant ſur l'éminence antérieure de l'extrémité du fémur, fait en cet endroit l'office d'une poulie, a été nommé *rotule.*

On en conſidérera,

1°. *La forme :* elle eſt irréguliérement quarrée.

2°. *La ſituation* ſur l'éminence antérieure dont nous avons parlé.

3°. *Les faces* ; l'externe, raboteuſe, donnant attache aux tendons des muſcles extenſeurs de la jambe avant qu'ils parviennent au tibia : l'interne, liſſe & polie.

4°. *Les deux facettes* étant à cette même face, ſéparées par une éminence, & garnies d'un cartilage pour ſon articulation avec le fémur.

Le Tibia & le Péronné.

71. On conſidérera dans le tibia qui forme ce qu'on doit appeler proprement *la jambe du cheval*, & ce qu'on a nommé très-improprement *la cuiſſe.*

1°. *Un corps* cylindrique, légérement applati à la partie poſtérieure. On y voit quantité d'empreintes muſculaires.

2°. *Une extrémité ſupérieure*, beaucoup plus volumineuſe que le corps, & formant une eſpece de tête applatie.

3°. *Les deux facettes* étant à cette tête, & ſur leſquelles roulent deux éminences du fémur.

4°. *L'éminence* ſéparant ces facettes, & étant reçue dans l'échancrure qui exiſte entre les deux condyles de ce dernier os.

5°. *L'échancrure* dont cette éminence eſt creuſée, où s'attachent les ligamens que j'ai dit en venir.

6°. *La petite facette* étant à la partie latérale

externe, pour l'articulation de l'épine ou du péronné.

7°. *La tubérosité*, ou l'éminence inégale & raboteuse, étant à la partie antérieure de cette extrémité, & donnant attache au fort tendon des muscles extenseurs de la jambe, après son passage sur la rotule.

8°. *La sinuosité*, étant à cette même tubérosité.

9°. *L'échancrure*, en forme de gouttiere, étant à la partie externe de cette même tubérosité, & donnant attache au muscle fléchisseur du canon.

10°. *La fosse*, dont la partie postérieure de cette même extrémité est creusée, & qui contient communément beaucoup de graisse. C'est là que s'attache aussi un ligament très-fort, joignant cet os au fémur. Deux cartilages semi-lunaires attachés de côté & d'autre à la tête de ce dernier os, servent dans cette jonction à former une cavité un peu plus ample pour recevoir les deux condyles.

11°. *L'extrémité inférieure* présentant trois éminences.

12°. *L'apophyse mitoyenne*, étant l'éminence du milieu.

13°. *Les apophyses condyloïdes*, dont l'une est interne, & l'autre externe, étant les éminences latérales.

14°. *Les sinuosités* à observer aux apophyses condyloïdes, pour le passage des tendons.

15°. *Les deux cavités*, séparant ces trois apophyses, & dans lesquelles les éminences du principal os du jarret sont reçues; ce qui constitue une articulation par charniere plus parfaite que toutes celles que l'on trouve dans les extrémités du corps de l'animal.

72. On doit considérer dans le péronné ou dans l'épine du tibia,

1°. *Sa situation* le long de la partie latérale externe du tibia.

2°. *Le corps*, qui en fait la partie moyenne.

3°. *L'extrémité supérieure* formant une sorte de tête reçue dans la facette de l'extrémité supérieure, & de la portion latérale externe de l'os avec lequel il se joint; ce qui forme une articulation sans mouvement.

4°. *L'extrémité inférieure*, se terminant par une pointe qui arrive à environ la partie moyenne du tibia.

5°. *La diminution insensible* à mesure de sa terminaison par la pointe.

Les Os du Jarret.

73. Le jarret est composé de six os qui doivent leur exacte jonction à des ligamens très-forts, & destinés à s'opposer à leur déplacement dans les violens efforts de cette partie. Quoiqu'ils n'aient entr'eux-mêmes que très-peu de mobilité, cette articulation permet à l'animal des mouvemens extrêmement souples. Il est nombre de facettes par lesquelles ils s'unissent, & plusieurs petites cavités dans les intervalles qui les distinguent; la graisse & l'humeur synoviale dont elles sont remplies, ne contribuent pas peu à adoucir & à lubréfier cette articulation.

On considérera dans le premier de ces os nommé *la poulie*,

1°. *Sa forme*, qui lui a mérité ce nom.

2°. *Son volume*, plus considérable que celui des autres.

3°. *Sa partie antérieure*, étant arrondie.

4°. *Les éminences*, au nombre de deux, étant à cette même partie.

5°.

5°. *La cavité* qui les ſépare, & répondant à l'extrémité inférieure du tibia.

6°. *Les facettes*, étant au nombre de quatre à ſa partie poſtérieure, & répondant à celles qui ſont au ſecond os du jarret.

74. Le ſecond os forme ce que nous appelons *la tête* ou *la pointe du jarret*. Il répond aſſez par ſa fonction & par ſa figure, à ce que dans l'homme on nomme *le calcaneum*.

Il faut en conſidérer,

1°. *La forme* plus allongée que celle du précédent.

2°. *La tubérosité* formant ſa partie ſuperieure, & à laquelle s'attache un fort tendon du muſcle extenſeur du canon.

3°. *Les facettes* étant au nombre de quatre à ſa partie inférieure, & s'appliquant à celle de l'os de la poulie.

4°. *L'eſpece d'échancrure*, ou l'enfoncement, étant entre ſes parties ſupérieure & inférieure, pour le paſſage des tendons qui vont s'inſérer plus bas.

75. Les quatre autres os qui entrent dans la compoſition du jarret, ſont beaucoup plus pètits.

On conſidérera,

1°. *L'applatiſſement* du troiſieme & du quatrieme.

2°. *Leur jonction* intime & mutuelle.

3°. *L'union* du troiſieme avec la poulie.

4°. *L'union* du quatrieme avec la tête du canon.

5°. *La forme* plus irréguliere du cinquieme.

6°. *Sa poſition* à la partie latérale externe.

7°. *Son union* avec le troiſieme & le quatrieme, & avec le calcaneum.

8°. *La jonction* du ſixieme avec le troiſieme & le quatrieme ſeulement.

Le Canon.

76. Le canon de l'extrémité poſtérieure ne diffère de celui de l'extrémité antérieure, que par un peu plus de longueur.

On conſidérera,

1°. *Son union* ſupérieurement avec le jarret.

2°. *Les facettes* étant à cette même partie ſupérieure, & répondant au deuxieme & au troiſieme des petits os que je viens de décrire.

3°. *La partie inférieure*, articulée avec l'os du pâturon.

77. Ce même os du pâturon, ainſi que tous ceux qui terminent l'extrémité dont il s'agit, étant entiérement ſemblables aux os que nous avons examinés dans l'extrémité de l'avant-main, nous nous bornons à ce que nous en avons dit, (*page* 56, *& ſuivantes*) pour ne pas tomber dans des répétitions faſtidieuſes & inutiles.

RÉCAPITULATION.

78. Nous terminerons cet abrégé par l'énumération des os dont le squélete du cheval est composé.

On doit compter

1°. Dans *l'avant-main*,

Os du crâne, tant propres que communs. . .	8	... 71
Osselets de l'ouïe, quatre de chaque côté.	8	
Os de la mâchoire antérieure	13	
Dents dans le cheval.	20	
Nota. *Dans la jument il n'en est pour l'ordinaire que dix-huit.*		
Os de la mâchoire postérieure.	1	
Dents dans le cheval.	20	
L'os hyoïde.	1	
Os de l'encolure ou vertebres cervicales. . . .	7	... 49
Os des extrémités antérieures, vingt-un pour chacune.	42	

2°. Dans *le corps*,

Vertebres dorsales.	18	... 61
Vertebres lombaires.	6	
Les côtes, dix-huit de chaque côté.	36	
Le sternum.	1	

2°. Dans *l'arriere-main*,

L'os sacrum.	1	... 59
Os de la queue.	14	
Les iléon.	2	
Les Ischion.	2	
Les pubis.	2	
Les extrémités postérieures, dix-neuf pour chacune.	38	

TOTAL 240

AVIS DES ÉDITEURS.

Nous avons cru devoir ajouter en notes dans la suite de cet ouvrage les observations que M. Bourgelat *a recueillies sur les différences qui existent entre les principaux visceres du cheval, du taureau, du bélier & leurs femelles; ces observations n'ont point encore été imprimées, & la connoissance n'en peut être que très-avantageuse aux éleves.*

DE LA

SARCOLOGIE.

79. LA *Sarcologie* comprend en général toutes les parties molles du corps de l'animal. Voyez *l'article II de l'Introduction*, *page* 10.

Ces parties sont distinguées en *contenantes* & en *contenues*.

Les parties *contenantes* servent d'enveloppe générale ou d'enveloppe particuliere aux autres.

Les *contenues* sont celles qui sont couvertes, revêtues & enveloppées.

Les enveloppes *particulieres* sont la plevre, le péritoine, les meninges, &c.

Les enveloppes *générales*, autrement appelées *tégumens communs & universels*, s'étendent extérieurement sur tout le corps de l'animal :

Telles sont la *peau*, que l'on nomme encore *le cuir* ou *le derme* ;

La *surpeau*, qu'on appelle aussi l'*épiderme* ;

Les *poils* ;

La *graisse* ou la *membrane cellulaire* ou *adipeuse*.

Telle est encore l'*expansion charnue*, qui, adhérant fortement au derme, est un vrai *pannicule* ; quoiqu'elle n'occupe qu'un certain espace, elle peut être regardée comme faisant partie des tégumens.

De la Peau, du Cuir ou du Derme.

80. Le *cuir* ou le *derme* forme proprement le corps

de la peau, & n'eſt autre choſe que la membrane conſidérable placée le plus près des chairs, & qui en recouvre exactement la ſuperficie.

Il faut en conſidérer,

1°. *L'épaiſſeur*, qui eſt d'environ deux ou trois lignes, mais qui varie ſelon les parties que cette membrane revêt. Elle eſt plus forte en effet au dos, aux jambes, à l'encolure qu'au ventre, aux ars, aux paupieres, aux naſeaux, &c.

2°. *Les connexions*, ſupérieurement avec l'épiderme, inférieurement avec le pannicule charnu, au lieu où il regne, & avec la graiſſe; ces connexions étant plus lâches dans de certains endroits que dans d'autres.

3°. *Les trous* qui ſont de pluſieurs ſortes, les premiers & les plus grands communiquans dans quelque cavité, comme dans les naſeaux, dans la bouche, dans les oreilles, dans l'anus, & la peau n'étant pas réellement perforée dans ces parties, mais ſeulement réfléchie; d'autres plus petits étant les orifices des canaux excréteurs des glandes, qui, fourniſſant en pluſieurs endroits une humeur graſſe & épaiſſe, ſont appelées *ſébacées*; d'autres plus petits encore diſtingués par le nom de *pores*, & dont la peau ſe trouve criblée, les uns fourniſſant un paſſage aux poils, les autres étant les orifices des artérioles ſéreuſes, qui ſe terminent au niveau du derme, & formant des *pores exhalans*, qui offrent une iſſue à la matiere de la tranſpiration; les autres enfin repondant à des veinules ſéreuſes, & conſtituant ce que nous nommons *pores abſorbans*.

4°. *La compoſition* ou la *ſubſtance*; le derme paroiſſant être un tiſſu de fibres particulieres, membraneuſes & blanchâtres, qui ne peuvent être dites tendineuses & nerveuses, qu'à raison de la ressemblance qu'elles ont avec celles dont les nerfs & les tendons sont formés ; ces fibres étant croisées & entrelacées de maniere que le cuir peut s'étendre & prêter autant que le besoin l'exige ; comme, par exemple, dans des emphysêmes, dans des cas de tumeurs considérables, dans la circonstance de la plénitude de la cavale, &c., tandis que d'une autre part la force de contraction ou d'élasticité dont elles sont douées, les ramene à leur premier état, dès que la cause de la dilatation cesse.

5°. *Les vaisseaux de toute espece* qui occupent les espaces ou les aréoles que ces fibres irréguliérement croisées laissent entre elles.

6°. *Les vaisseaux nerveux* qui y aboutissent, ne se terminant en aucun endroit fixe & limité par des mammelons particuliers, leurs extrémités se portant & se dispersant irréguliérement dans le corps du cuir, en sorte que nous n'admettrons pas ici une partie distincte à laquelle on donne le nom de *corps mammelonné dans l'homme*.

7°. *Les vaisseaux sanguins* admettant le sang même, & dont la présence est constatée par l'épanchement d'une ou de plusieurs gouttes de sang, ensuite de la plus légere blessure.

8°. *Les vaisseaux exhalans ou vaporiferes*, étant une continuation des vaisseaux sanguins artériels, mais aboutissant & finissant à la peau, & étant destinés à donner passage à l'humeur subtile qui s'échappe en fumée, & qui est la matiere de la transpiration insensible, ainsi qu'à l'humeur séreuse qui constitue la sueur. Leurs extrémités forment, ainsi que je l'ai dit, les *pores exhalans*.

9°. *Les vaiſſeaux abſorbans* étant des veinules ſéreuſes, qui ſont pareillement une ſuite des veines ſanguines, leurs extrémités formant ce que j'ai nommé les *pores abſorbans;* c'eſt par eux que des vapeurs nuiſibles ou ſalutaires peuvent pénétrer de dehors en-dedans, que des corpuſcules morbifiques peuvent être, enſuite de l'attouchement immédiat, portés juſques dans la maſſe, &c.

10°. *Les vaiſſeaux lymphatiques*, étant auſſi l'extrémité des tuyaux artériels, mais répondans à de pareils vaiſſeaux veineux, chariant & contenant une liqueur dont la portion la plus fine fournit la nourriture à la peau, la plus groſſiere rentrant & étant rapportée dans le torrent de la circulation, pour y être de nouveau affinée, & pour acquérir la perfection qui lui eſt néceſſaire.

11°. *Les glandes* dites *ſébacées*, ſenſibles à la vue, filtrant un ſuc viſqueux ſervant de liniment aux parties expoſées à des humeurs âcres ou à des froiſſemens; ces mêmes glandes étant en grande quantité dans quelques endroits du corps, comme aux ars, entre les feſſes, dans l'intérieur des oreilles, du foureau, &c.

12°. *Les uſages*; la peau ſervant de couverture à toutes les parties du corps, elle eſt encore l'émonctoire de toutes les humeurs inutiles ou nuiſibles qui doivent être évacuées par la tranſpiration & par la ſueur, & l'organe de ce ſens qui, dans l'animal, eſt borné à ce que nous appelons dans l'homme *attouchement, toucher général*, au moyen & par l'entremiſe des vaiſſeaux nerveux qui ſe répandent & ſe diſtribuent dans le tiſſu de ce tégument.

De la Surpeau ou de l'Epiderme.

81. *L'épiderme* eſt une pellicule que les poils qui ſont à la ſuperficie du corps de l'animal nous dérobent.

Il faut en conſidérer,

1°. *La ſituation;* cette cuticule étant immédiatement placée ſur la peau; car je ne ſuppoſerai point ici un corps muqueux ou réticulaire, que je n'apperçois réellement que dans la langue du cheval & du bœuf, & que je ne découvre point dans le tiſſu que j'examine.

2°. *Les connexions* très-fortes avec le derme, qu'il ſuit dans toute ſon étendue; connexions qu'on ne peut détruire que par le ſecours de l'eau bouillante, de la macération, des médicamens épiſpaſtiques ou du feu; ſouvent par les deux premiers moyens ſeuls, cette cuticule ſe réduiſant alors en une eſpece de craſſe.

3°. *Les prolongemens* dans l'intérieur à la faveur des ouvertures naturelles, telles que celles des naſeaux, de la bouche, &c.

4°. *La ſubſtance*, qui n'eſt autre choſe que l'expanſion des vaiſſeaux, particuliérement des ſéreux; les extrémités de ces mêmes vaiſſeaux unies, épanouies & jointes les unes aux autres, formant, au moyen de leur prolongement mutuel, la tunique fine & déliée dont il s'agit; tunique percée d'autant de trous qu'il en eſt à la ſurface du derme.

5°. *L'inſenſibilité*, à raiſon de l'abſence des nerfs qui n'entrent point dans ſa compoſition, & qui ſe bornent tous au derme.

6°. *Les uſages*, qui ſont de modifier le ſens du toucher général, de préſerver le derme des impreſſions douloureuſes qu'il éprouve, lorſque cette pellicule a été enlevée, d'en empêcher le desséchement, &c.

De la Graisse.

82. *La graisse* est encore une enveloppe générale comprise dans les tégumens communs. On doit considérer dans le corps graisseux proprement dit,

1°. *La membrane* dite *adipeuse*, qui n'est autre chose que ce qu'on nomme *le tissu cellulaire.* Elle est formée de plusieurs feuillets extrêmement déliés, dont les entrelacemens variés & sans ordre composent des especes de cellules irrégulieres, qui communiquent toutes entr'elles par des pores qui sont les interstices des fibres de ces feuillets. Cette communication est évidente, lorsque par le moyen d'un soufflet on parvient à gonfler un animal, puisque l'on produit dans toute l'étendue superficielle de son corps un emphysême artificiel.

2°. *La matiere grasse & oléagineuse* qui constitue véritablement la graisse, & qui est séparée du sang par les vaisseaux dont ces cellules plus ou moins amples, plus ou moins nombreuses, selon les différentes parties qu'elles occupent, sont parsemées; cette séparation s'opérant comme par transudation par les pores des petites arteres dans ces mêmes cellules, où cette portion la plus huileuse du sang acquiert un peu plus de consistance, & se dissipe enfin insensiblement, soit en sortant avec l'humeur de la transpiration & de la sueur, soit en rentrant dans la circulation par les pores des veines capillaires sanguines, qui la repompent & qui l'absorbent.

3°. *L'étendue & le trajet*, ce corps suivant presque par-tout la peau sous laquelle il est situé. Il n'en est point sous celle des paupieres, des oreilles, du membre, & dans tous les endroits où la nature a voulu faire des applatiſſemens, & marquer des bornes & des limites. On en trouve dans les interſtices de plusieurs muſcles, dans toutes les parties dont les mouvemens ſont fréquens, aux muſcles de l'œil, autour des articulations. Le crâne n'en contient point; mais dans le thorax le cœur en eſt entouré, & l'abdomen eſt la cavité qui en contient le plus, l'épiploon, le méſentere, les reins, en étant amplement garnis, & la graiſſe étant ici plus ſolide, & formant ce qu'on appelle *axonge* dans l'animal. Que s'il eſt des parties qui en ſoient totalement privées, d'autres où il en eſt peu, & d'autres où on en rencontre beaucoup, ces différences ne proviennent que de l'abſence du tiſſu, & de la plus ou moins grande quantité des cellules, cette humeur ne ſe ſéparant qu'autant qu'elle en rencontre de diſpoſées à la recevoir.

4°. *Les uſages*, qui ſont de s'oppoſer en rempliſſant les interſtices des muſcles, au frottement violent qui réſulteroit de leurs contractions fortes & réitérées; de maintenir dans un état de ſoupleſſe ceux qui ſont expoſés à être mus continuellement, comme ceux des yeux & le cœur; de garantir le globe de la dureté des parois de l'orbite dans lequel il eſt renfermé; de modifier ſur la ſuperficie du corps où elle ſe trouve répandue toute impreſſion extérieure; de réparer toutes les difformités qui accompagnent toujours une extrême maigreur; de ſervir dans l'abdomen d'appui, de couſſinet aux inteſtins & aux autres viſceres; de préſerver la ſubſtance des reins & le baſſinet de l'âcreté des ſels urineux; de faciliter par-tout & d'adoucir l'action & la réaction des parties qui gliſſent & qui ſe meuvent les unes ſur les autres; de tempérer en rentrant dans la maſſe l'acrimonie des humeurs, d'en modérer la marche trop violente ; peut-être, de fournir au sang une matiere qui peut lui tenir lieu de nourriture, &c.

Des Poils.

83. Les *poils* sont de petits filets plus ou moins tenus & plus ou moins déliés, dont le corps du cheval est extérieurement revêtu, & qui forment ce qu'on en appelle *la robe.*

Il faut en considérer,

1°. *Les différences*, eu égard à leur consistance, à leur longueur & à leur force : ceux de la queue étant infiniment plus longs & plus gros, & constituant proprement, ainsi que ceux qui sont à la partie supérieure de l'encolure & ceux qui tombent sur le front, ce qu'on nomme *les crins :* ceux qui sont au-dessus de la fosse orbitaire, un peu plus forts que les autres poils qui les avoisinent, étant distingués par le nom de *sourcils* : ceux qui bordent la paupiere supérieure, plus considérables encore que ces derniers, étant appelés *cils :* ceux qui sont épars çà & là près du menton formant la *barbe :* ceux qui garnissent la partie postérieure du boulet formant le *fanon*, &c. Les poils paroissant au surplus plus clairs dans les poulains, & les crins s'y montrant comme des cordes mal filées.

2°. *L'absence sur certaines parties*, telles que celles de la génération, où l'on ne voit qu'une espece de duvet; la circonférence de l'anus, où ce duvet est moins sensible ; la circonférence des yeux, des naseaux & des lévres dans certains chevaux, qui, à raison de cette absence dans ces derniers endroits, sont dits avoir *du ladre.*

3°. *La couleur.* Voyez ce qui a été dit à ce sujet dans le *traité de la conformation extérieure du cheval, premiere partie, page* 119.

4°. *La racine* qui eſt dans le corps graiſſeux, & que l'on diſtingue par de petites éminences ovalaires que nous appelons *bulbes* ou *oignons*. Elle eſt vaſculeuſe, comme la racine des plumes des oiſeaux.

5°. *Les bulbes* ou *oignons* adhérant immédiatement à la racine du poil & à la peau, & renfermés dans des corpuſcules ovales & blanchâtres, ſemblables à de petites veſſies formées par une membrane aſſez épaiſſe, eu égard à leur volume, & pleine d'un ſuc viſqueux approchant de la nature du ſang; chaque veſſie recevant des vaiſſeaux qui y dépoſent ce ſuc, lequel eſt proprement la matiere nourriciere des poils.

6°. *La ſortie* par l'extrémité la plus petite de ces eſpeces de glandes; ils percent le tiſſu de la peau & l'épiderme, & s'étendent plus ou moins en longueur, ſelon la quantité plus ou moins conſidérable de l'humeur qui doit fournir à leur entretien & à leur accroiſſement.

7°. *La forme*, la partie qui eſt hors de la peau paroiſſant ronde, & le microſcope nous la faiſant au ſurplus voir diaphane.

8°. *Les uſages* étant les mêmes que ceux que l'on attribue à l'épiderme. Ils défendent encore l'animal des injures du tems, & lui ſervent d'ornement & de parure.

Du Pannicule charnu.

84. Nous appelerons de ce nom la partie forte, muſculeuſe & aponévrotique, que l'on découvre lorſque l'on a enlevé la peau dans toute l'étendue de l'abdomen & du thorax.

On en conſidérera,

1°. *L'adhérence* au derme, par des fibres charnues & nombre de vaiffeaux.

2°. *L'expanfion* depuis le bord antérieur de l'omoplate jufqu'au graffet.

3°. *Les attaches* ayant lieu,

Antérieurement, par deux portions : l'une aponévrotique fuivant le grand pectoral, & fe portant le long de la face interne du bras jufqu'à la partie fupérieure & interne de l'humerus, où elle fe termine : la feconde charnue, fe portant le long de la face externe des mufcles de l'épaule & du bras, & s'arrêtant à la partie fupérieure du cubitus.

Poftérieurement, à la partie antérieure du graffet par une portion aponévrotique & pyramidale, qui fe confond avec le *fafcia-lata*, l'expanfion charnue fe portant du cubitus ou de devant en arriere, recouvrant la face externe des côtes & une partie du grand pectoral, diminuant de largeur & dégénérant ou changeant ainfi lorfque dans ce retour ou ce trajet elle eft parvenue à la derniere fauffe côte.

Supérieurement, par une légere aponévrofe à toutes les apophyfes épineufes des vertebres dorfales.

Inférieurement, à toute l'etendue du mufcle grand oblique de l'abdomen par un fort tiffu cellulaire.

4°. *Les ufages* : fon étroite adhérence avec la peau faifant aifément comprendre que c'eft par le moyen de cette efpece de mufcle que s'operent les rides & les divers treffaillemens du tégument, lorfque l'animal expofé aux attaques des infectes, ou des corps quelconques qui le fatiguent & l'incommodent, fait effort pour s'y fouftraire, & cherche à s'en délivrer.

PRÉCIS MYOLOGIQUE,

OU

TRAITÉ ABRÉGÉ DES MUSCLES.

DES MUSCLES DU CHEVAL,

Considérés en général.

85. LA *Myologie* donne la connoiſſance des muſcles : elle inſtruit de leur compoſition, de leur origine, de leur inſertion, de leur ſituation, de leur action & de leurs uſages.

86. On appelle du nom de *muſcles*, les organes par le moyen deſquels les divers mouvemens du corps de l'animal s'operent & s'exécutent.

87. Quelle que ſoit la diviſion que nous avons faite de leurs parties en moyenne & en charnue (XVI), en extrémités tendineuſes & aponévrotiques, le nombre de ceux que l'on découvre dans le cheval offre des différences ſenſibles.

1°. Les uns n'ont à leur extrémité ni tendons ni aponévroſes apparentes : ils s'attachent & ſe terminent ſimplement par quelques petits filets blanchâtres légérement tendineux, & qui gardent le même ordre & la même figure que le corps ou la portion moyenne.

2°. Les autres ont un tendon à une de leurs extrémités, & une aponévroſe à l'autre.

3°. Ceux-ci ſont munis de deux portions charnues, entre leſquelles on apperçoit un tendon.

4°. Dans d'autres enfin, ces portions charnues multipliées forment autant de têtes qui ſe terminent par un ſeul & unique tendon.

88. Leurs dénominations diverſes ſe tirent :

1°. De leur compoſition; ainſi ceux qui ſont formés de deux portions charnues & d'un ſeul tendon dans le milieu, ſont nommés *digaſtriques ;* ainſi ceux qui ont pluſieurs portions charnues formant autant de têtes, & qui n'ont qu'un tendon, ſont appelés *biceps*, *triceps*.

2°. De leur figure : ainſi celui qui repréſentera un grand quarré inégal & irrégulier, ſera déſigné par le nom de *trapèſe ;* celui qui ſera obliquement quarré, par le nom de *rhomboïde* ; celui qui aura des dentelures, par le nom de *dentelé ;* ceux dont la forme ſera pyramidale, par le nom de *muſcles pyriformes* ou *pyramidaux ;* ceux dans leſquels elle ſera ronde & quarrée, par le nom de ces figures, &c.

3°. De la direction de leurs fibres : c'eſt pour cela que nous nommons tels muſcles, *muſcles droits*, *obliques*, *tranſverſes*, *orbiculaires ;* & que nous appelons *penniformes*, ceux dont les fibres étant parallelement rangées le long du tendon mitoyen, font l'effet de la barbe d'une plume.

4°. De leur volume : ainſi il en eſt de *grands*, de *petits* & de *moyens*, de *vaſtes*, de *grêles*. &c.

5°. De leur ſituation : ils ſont donc ou *antérieurs* ou *poſtérieurs*, ou *ſupérieurs* ou *inférieurs*, ou *droits* ou *gauches*, ou *latéraux*, *dorſaux*, *poſtépineux*, *antépineux*, &c.

6°. De leurs attaches : auſſi donne-t-on à quelques-uns les noms de *milo-hyoïdien*, *geni-hyoï-*

dien, *hyoïdien*, *ſterno-hyoïdien* ; *ſterno-tyroïdien*, &c.

7°. Enfin de leurs uſages : auſſi en eſt-il qu'on indique par les noms de *releveurs*, d'*abaiſſeurs*, d'*abducteurs*, d'*adducteurs*, d'*extenſeurs*, de *fléchiſſeurs*, d'*accélérateurs*, d'*érecteurs*, &c.

89. Les muſcles ſont encore diviſés en muſcles *pleins*, en muſcles *creux*, en muſcles *ſimples* & en muſcles *composés*.

Les muſcles *pleins* ſont ceux qui n'ont aucune cavité; le nombre en eſt infiniment plus conſidérable que celui des muſcles *creux*.

Les muſcles *creux* ſont tous ceux qui ſont caves, comme le cœur, l'eſtomac, les inteſtins, la veſſie.

Les muſcles *ſimples* ſont ceux dont les fibres gardent & ſuivent une même direction d'une extrémité à l'autre, & dans leſquels on ne remarque qu'un ſeul corps.

Les muſcles *composés* préſentent ou pluſieurs portions charnues, ou pluſieurs tendons à quelqu'une de leurs extrémités, ou une diſpoſition différente de fibres dans un ſeul & même corps, comme, par exemple, dans quelques-uns de ceux de l'encolure & du dos, où l'arrangement des fibres eſt à ſens & à contre-ſens.

90. Les attaches des muſcles ſont ou entiérement aux os, ou ſeulement aux os d'un côté, & de l'autre à quelques parties molles, où ils n'ont aucune connexion avec les unes & avec les autres de ces parties.

91. Leurs uſages varient ſelon ces diverſes attaches.

Il eſt conſtant que la portion charnue du muſcle eſt la ſeule qui ſoit ſuſceptible de contraction ou de raccourciſſement, d'extenſion ou de relâchement.

Il n'eſt pas moins certain que la portion tendineuſe eſt de nature à réſiſter aux efforts que l'on feroit pour l'allonger.

Or ſi la portion charnue ſeule ſe contracte & ſe raccourcit, il faut néceſſairement que les deux points où s'attache le muſcle, s'approchent l'un de l'autre; que ſi l'un de ces points préſente moins de réſiſtance, il ſoit emporté, & que par une ſuite naturelle la partie où ce point eſt fixé ſoit mue.

Il faut donc conclure,

1°. Que tous les muſcles qui par leurs deux extrémités ſont attachés aux os, peuvent les mouvoir réciproquement l'un ſur l'autre, ſelon que l'un ou l'autre de ces os eſt plus ſtable, plus fixe, ſoit en conſéquence de leur attitude, ſoit en conſéquence de la coopération de quelques autres muſcles, ſoit enfin attendu leur plus grande diſpoſition naturelle à être mus.

2°. Que dans tous les muſcles dont la connexion n'a lieu avec les os que d'un ſeul côté, la partie molle à laquelle ils ſont attachés de l'autre part, c'eſt-à-dire, par l'autre extrémité, ne peut jamais ſervir de point fixe; & c'eſt ainſi que la détermination des effets des muſcles des oreilles, des levres, &c. ne change jamais.

3°. Qu'à l'égard de ceux qui n'ont aucune attache à des parties immobiles, comme le ſphincter, le cœur, &c. la direction orbiculaire de leurs fibres fait qu'ils ſe ſuffiſent à eux-mêmes, & qu'ils peuvent agir ſans avoir d'autre point d'appui que celui que les fibres trouvent les unes dans les autres, tandis que la réſiſtance réſide dans le milieu.

92. Il importe encore de conſidérer dans le jeu des membres des animaux, comme dans celui des

membres de l'homme, trois diverſes eſpeces de mouvemens, c'eſt-à-dire, des mouvemens ſimples, des mouvemens compoſés, enfin un mouvement tonique.

Mais il ne ſuffit pas pour examiner ces actions diverſes, de connoître la ſituation, les véritables inſertions des muſcles, & d'en faire jouer les tendons dans les cadavres; il faut ſaiſir le concours des cauſes au moyen deſquelles chacune d'elles eſt opérée.

Les mouvemens ſimples ont lieu par des muſcles qui ſont les *principaux moteurs*, tous les autres entrant auſſi proportionnellement en contraction, ceux-ci, comme *directeurs du mouvement*, ceux-là, pour le *contrebalancer* : ainſi, au moment où l'animal fléchit la jambe, les muſcles *extenſeurs*, qui ſont les *antagoniſtes des fléchiſſeurs*, puiſqu'ils ſollicitent une action contraire, *contrebalancent* celle de ces derniers, tandis que les *adducteurs* & les *abducteurs* de cette même partie, pareillement contractés, en *dirigent le mouvement*. Du reſte, il eſt aiſé, pour peu qu'on réfléchiſſe ſur la tendance naturelle des muſcles à ſe contracter, de comprendre la néceſſité de cette coopération, ainſi que la néceſſité des *antagoniſtes* : tous les muſcles en ont, ſans excepter même ceux qui ſont impairs, car le cœur a pour antagoniſtes ſes oreillettes.

Dans les *mouvemens compoſés* ou de circumduction, comme dans ceux où l'animal *chevale* ou ſe porte de côté, les muſcles ne ſe contractent que ſucceſſivement les uns après les autres.

Enfin, dans les circonſtances de la roideur, de la fixité, de l'immobilité de la partie, de cet état, en un mot, qu'on a déſigné par le nom de *mouvement tonique*, tous les muſcles ſont dans une égale contraction, c'eſt-à-dire, que les forces contraires des *antagoniſtes* étant en même raiſon & degré, la partie ſe trouve arrêtée entre tous les mouvemens dont elle eſt ſuſceptible.

93. Les uns & les autres de ces mouvemens, à l'exception du dernier, qui eſt purement paſſif, forment ce que nous appelons *mouvement animal & volontaire*, mouvement que l'animal fait & exécute en conſéquence d'une volonté libre & déterminée, ſoit par des beſoins divers, ſoit par les objets differens dont ſon inſtinct peut être frappé.

Le mouvement du cœur, des inteſtins, de l'eſtomac, &c. &c. ne dépend en aucune maniere de l'inſtinct & de la volonté de l'animal, puiſqu'il ne peut de lui-même & à ſon gré ſuſpendre en lui la circulation, s'oppoſer à la digeſtion & à l'élaboration des alimens qu'il a pris, les empêcher d'enfiler la route des inteſtins, arrêter enfin le mouvement périſtaltique de ces derniers viſceres : auſſi tous ces mouvemens ont-ils été appelés *mouvemens involontaires & naturels*.

En ce qui concerne ce qu'on a nommé *mouvement mixte*, nous dirons que celui-ci eſt en partie volontaire & en partie involontaire : tel eſt le mouvement de la reſpiration, que l'animal n'a la liberté d'interrompre & d'augmenter que pour quelques inſtans.

94. Tous les muſcles ſont eſſentiellement compoſés de fibres ſimples, parſemées & entourées de filets nerveux, & d'une quantité conſidérable de vaiſſeaux ſanguins & lymphatiques. Ces fibres, appelées en général *fibres motrices* ou *mouvantes*, ſont, à l'endroit du corps ou de la portion charnue du muſcle, beaucoup plus groſſes, beaucoup plus molles, beaucoup moins près les unes des autres que dans le tendon, où elles ſont infiniment

ment plus déliées, plus fermes, & tellement serrées, que le tendon est infiniment plus petit que la portion moyenne, quoiqu'elles y soient en même quantité.

Dans tous les muscles cependant les fibres ne deviennent pas toutes tendineuses ou aponévrotiques au même endroit : dans les uns, ce changement s'observe premierement dans le milieu & successivement dans les côtés : dans d'autres au contraire les fibres extérieures commencent à se resserrer, tandis que celles du milieu sont charnues dans une plus grande étendue.

Quant aux nerfs qui y aboutissent, ils s'y divisent de maniere que dépouillés de la membrane qui les enveloppoit, ils se répandent & se perdent dans leur substance; car leurs dernieres ramifications se dérobent bientôt aux recherches de nos mains & de nos yeux.

En ce qui concerne les vaisseaux sanguins qui s'y ramifient, ils sont autour de toutes ces fibres extrêmement déliés, & si nombreux, que tout le muscle ne paroît être que vaisseaux.

95. Une enveloppe membraneuse particuliere & propre à chaque muscle, & qui n'est autre chose qu'un tissu cellulaire, revêt cet assemblage de fibres & de vaisseaux de toute espece. Ce tissu se plonge dans les intervalles qui sont entre elles, de maniere qu'il sépare chacune d'elles en particulier. Il communique d'un muscle à l'autre par une continuation mutuelle & réciproque. Il est au surplus le siége de la graisse que l'on trouve dans les espaces qui sont entre eux, & qui en marquent les *intersections*.

96. La force des muscles dépend en général de la direction, de la multitude, de la pluralité, de la

longueur, de la dureté, de l'élasticité naturelle de leurs fibres motrices, comme de leur propre situation. Elle résulte en même-tems dans le cheval, de leur communication intime les uns avec les autres, de leur entrelacement fréquent, ainsi que des gaînes membraneuses & aponévrotiques infiniment plus multipliées dans l'animal que dans l'homme, qui en resserrant, pour ainsi dire, les fibres, rendent les muscles beaucoup plus compactes.

97. Il est évident que toutes les parties se meuvent par des muscles, & que l'action de ces instrumens quant aux membres de l'animal, consiste à tirer en se racourcissant les parties solides auxquelles ils s'inserent, de maniere que leurs extrémités se rapprochent, & que la partie la plus mobile, ou celle dans laquelle la résistance est moindre, cede à celle dont la force surpasse cette résistance : mais entreprendre d'expliquer la forme & les autres dispositions méchaniques des fibres motrices au moment de leur contraction, ainsi que tous les changemens qu'elles éprouvent lors de leur action quelconque, ce seroit vouloir ou accréditer, ou multiplier les erreurs.

98. On ne peut se dispenser d'admettre des fibres, des tuyaux nerveux, sanguins & lymphatiques dans la formation des faisceaux musculeux. Si toute la machine animale, considérée en général, n'est en effet qu'un composé de solides & de fluides, il s'ensuit que chacune de ces parties ne doit sa figure & son existence qu'à un assemblage de canaux qui contiennent & qui charrient sans cesse des liquides, & celles qui sont susceptibles de mouvement & de sentiment, sont principalement tissues de ces trois genres de tuyaux.

99. Si ces mêmes tuyaux font la principale substance du muscle, il est incontestable qu'il doit être perpétuellement abreuvé par le sang & par les esprits; mais est-ce le sang, ou les esprits, ou bien le sang & les esprits ensemble qui produisent cette contraction vitale, en conséquence de laquelle l'animal se meut, & qu'il ne faut confondre ni avec la contraction résultante de la nature irritable de la fibre musculaire, ni avec celle qui naît de son élasticité?

100. Liez une artere; le mouvement des muscles dans lesquels le vaisseau se portoit sera aboli ou considérablement diminué, quoique le nerf soit dans sa parfaite intégrité. Or si l'interception du fluide circulant dans le canal artériel, & qui ensuite de la ligature ne peut plus parvenir dans ces muscles, en diminue ou en abolit l'action, il paroîtroit que cette action seroit due à la présence ou à l'influx de ce même fluide: cependant la pâleur du muscle dans sa systole, pâleur qui ne peut provenir que de la moindre abondance du sang dans l'instant précis de la contraction, & la diminution du volume de ce même muscle au moment de son effort, prouveroit que ce n'est point à l'augmentation & à l'accélération de ce fluide, que le racourcissement dont il s'agit doit être rapporté.

101. Il seroit dangereux de se fonder en pareille matiere sur des faits & sur des observations avouées par les uns & contredites par les autres; tâchons de résoudre par des principes généralement adoptés la question que nous agitons; non-seulement nous en serons plus intelligibles à nos éleves, mais nous leur apprendrons à ne pas systématiser, à recourir aux vérités connues pour en déduire quel-

ques lumieres ſur celles qui ne le ſont pas, ou qui demeurent enveloppées d'une infinité de nuages; enfin à fuir des écarts trop fréquens & trop funeſtes dans la médecine des hommes.

102. Perſonne n'ignore 1°. que la circulation ne peut être accélérée, & la quantité du ſang augmentée dans une partie au gré de l'animal : or la quantité & la marche du ſang ne pouvant être augmentées à raiſon de la volonté ou de l'inſtinct dans le membre à mouvoir, & le mouvement de ce même membre étant un acte ſubit de ce même inſtinct & de cette même volonté, il eſt conſtant qu'il ne ſauroit être occaſionné par l'abord impétueux & par la plus grande abondance de ce fluide.

2°. Il eſt également porté du cœur par les arteres dans tous les muſcles : or ſon influx ne peut le faire regarder comme la cauſe ſtricte du mouvement, parce qu'alors il ne ſeroit pas poſſible de comprendre comment un ſeul membre ſeroit mu, & comment les autres ne le ſeroient pas en même-tems.

3°. Nul changement dans le pouls lors de la contraction de tels ou tels muſcles.

4°. La célérité, la vîteſſe, la promptitude extrême de l'action variée des membres prouvent que cette action ne peut dépendre que de la forte application d'un corps très-fluide & très-ſubtil au-dedans du muſcle : or toutes ces conditions indiſpenſables ne ſe rencontrent point au degré proportionné &.requis dans la liqueur artérielle.

103. Pourquoi donc l'affaiſſement du muſcle eſt-il une ſuite de la ligature de l'artere? D'où viennent la diminution, l'abolition du mouvement de la partie, malgré l'intégrité du nerf? La raiſon de

ce phénomene eſt infiniment ſimple. Une partie ne peut être mue, qu'autant qu'elle eſt dans ſon état naturel & qu'elle jouit de la vie, & elle n'en jouit qu'autant que la circulation s'y exécute : or dès que l'action des vaiſſeaux, ces forces mouvantes qui doivent porter le ſang néceſſaire à ſon entretien & à ſa nourriture, ſe trouvera empêchée, la vie de cette même partie s'éteindra, puiſque le principe en ſera détruit, & conſequemment les opérations du membre ceſſeront. Si elles languiſſent, s'il s'affoiblit ſeulement, ce n'eſt que parce que le ſang dans ſa marche ne rencontrera pas un obſtacle entier & complet, & qu'il y parviendra encore, mais en petite quantité, par des ramifications collatérales : ainſi la ligature de l'artere peut donner lieu à la diminution ou à l'abolition du mouvement, ſans qu'on doive en conclure que l'augmentation de ce même mouvement ſoit effectuée par l'influx du ſang, qui certainement n'eſt pas plus ici une cauſe efficiente, que l'humeur cryſtalline relativement au ſens de la vue; cependant l'épaiſſiſſement & l'opacité de cette humeur conduiront à la cécité, & il ne s'enſuivra pas qu'on doive la déclarer l'organe de la viſion.

104. Les effets de la ligature des nerfs qui ſe propagent dans les muſcles de la partie à laquelle tout mouvement ſera rendu par la ceſſation de l'interception du ſang qui devoit s'y porter, & dont on a ſuſpendu le cours, ſont la paralyſie du membre & ſon entiere immobilité : mais ſi du défaut d'action produit par la ligature de l'artere, je ne peux tirer la preuve de la contraction muſculaire par l'influx du ſang artériel, il ne m'eſt pas plus permis d'en aſſurer les cauſes ſur l'in-

flux du suc nerveux, qui, dans cette circonstance, peut aussi n'être considéré que comme un agent indispensable de la vie de la partie; car il y concourt conjointement avec le sang; & un de ces deux mobiles enlevé, cette partie doit nécessairement périr.

105. Comment donc parvenir à la découverte de la vérité que nous cherchons, & remonter au principe certain, non de l'action spontanée des muscles, action indépendante de la volonté de l'animal, & qui subsiste par le cours régulier, par la présence, par l'abord continuel & non interrompu du sang & des esprits, mais de leur contraction & des mouvemens en tous sens des membres quelconques.

Tous mes doutes se dissipent par la réflexion suivante, à laquelle je reviens toujours.

A peine l'animal veut-il étendre ou fléchir la jambe, qu'elle obéit sur le champ, & qu'elle est étendue ou fléchie. D'où procede la vîtesse de cette détermination, qui se fait sentir presque dans le méme moment à la partie qu'il veut mouvoir, si ce n'est d'un liquide prodigieusement mobile? & quels sont les sucs les plus mobiles qui se rencontrent dans la machine animale, si ce ne sont les esprits animaux qui, après avoir passé par divers degrés successifs d'atténuation, ont enfin acquis la plus grande subtilité?

106. Il faut donc nécessairement conclure,

1°. Que le suc nerveux & le sang présens dans une partie, la maintiennent dans son état naturel.

2°. Que la soustraction totale de l'une ou de l'autre de ces liqueurs en opérera la ruine.

3°. Que dès que la volonté ou aucune cause

externe ne sollicite l'action d'un membre quelconque, tous les vaisseaux qui se distribuent & qui se portent dans les muscles, soit fléchisseurs, soit extenseurs de la partie, sont également pleins par les esprits & par le sang, ensorte que ces mêmes muscles sont dans un parfait équilibre.

4°. Que la moindre addition, comme la moindre soustraction, augmentant nécessairement l'action des uns & des autres, rompront l'équilibre de leur puissance, si néanmoins cette addition ou cette soustraction n'a lieu que dans l'un d'eux : ainsi, par exemple, la soustraction faite dans l'extenseur seulement, le fléchisseur l'emportera; ou l'addition faite dans celui-ci, l'extenseur ne pourra que céder, attendu la cessation de l'égalité des résistances.

5°. Que l'addition ou l'augmentation qui provoquent les mouvemens, & qui en sont la cause efficiente, ne peuvent être que de la liqueur contenue dans les nerfs, & que conséquemment un influx plus ou moins abondant du suc nerveux, est le principe unique du racourcissement ou de la systole des muscles.

6°. Que lors d'une moindre quantité d'esprits animaux dans celui qui fléchit le membre, comme dans celui qui l'étend, les proportions étant toujours observées, ainsi qu'on le voit dans le marasme & dans la vieillesse, ce même membre en agira avec moins de force, mais l'équilibre ne subsistera pas moins.

7°. Que cet équilibre, conservé dans le cas d'une addition considérable, produira cette convulsion, ce mouvement tonique que nous nommons dans l'homme le *tetanos*, & le *mal de cerf* dans l'animal.

Tels sont les points auxquels nous invitons les eleves à s'arrêter. Entreprendre de pousser les recherches au-delà, ce seroit une tentative d'autant plus téméraire, que la nature s'est à cet égard constamment refusée à des génies qu'elle sembloit avoir néanmoins pourvus & doués de la faculté de découvrir ses opérations les plus secrettes.

PRÉCIS MYOLOGIQUE.

DES MUSCLES DU CHEVAL, CONSIDÉRÉS EN PARTICULIER.

MUSCLES DE L'AVANT-MAIN.

DES MUSCLES DE LA TÊTE.

Des Muſcles ſervant aux mouvemens des parties particulieres qui en dépendent.

Des Muſcles de l'oreille externe.

107. Nous comptons ſix muſcles pour l'exécution des différens mouvemens de l'oreille externe : nous les déſignons par les noms de *premier*, *ſecond*, *troiſieme*, *quatrieme*, *cinquieme* & *ſixieme*.

108. On remarquera dans le *premier* proprement dit, & qui eſt le plus conſidérable,

1°. *Sa poſition* ſur toute la partie ſupérieure du crâne.

2°. *Son union* & ſa *jonction* avec celui du côté oppoſé.

3°. *Son attache fixe* à la crête de l'occipital, à la crête du pariétal & au frontal.

4°. *Les six portions séparées* par lesquelles il se termine, ayant chacune une direction différente, & résultant de la réunion de ses fibres du côté de l'oreille.

5°. *Ses usages*; ce muscle par sa situation faisant la fonction des muscles frontaux, & pouvant, en agissant entiérement, tirer l'oreille en-dedans, c'est-à-dire, la rapprocher près de l'autre, & la porter aussi en avant & en arriere, suivant le degré d'action de ses portions antérieures ou postérieures.

109. Il faut considérer dans le muscle *second*,

1°. *Sa position* au-dessous du premier.

2°. *Son attache* à la crête de l'occipital.

3°. *Sa terminaison* à la partie la plus haute de la bâse de l'oreille.

4°. *Ses usages*, qui sont de rapprocher les oreilles l'une de l'autre, en agissant avec le premier.

110. On considérera dans le muscle *troisieme*,

1°. *Sa jonction* avec la partie postérieure du premier.

2°. *Sa composition* : il ne naît d'aucunes parties solides, & ne présente qu'un plan de fibres de la longueur de quatre ou cinq travers de doigt, & de la largeur d'environ un pouce.

3°. *Son adhérence* aux muscles de la tête & au ligament cervical.

4°. *Les deux attaches* par lesquelles il se termine à la partie postérieure de la bâse de l'oreille.

5°. *Ses usages*. Il tire l'oreille en arriere.

111. On remarquera dans le muscle *quatrieme*,

1°. *Sa situation* au-dessous du troisieme.

2°. *Sa structure*, qui est à-peu-près la même.

3°. *Ses attaches*, qui occupent aussi une portion plus basse de la bâse de l'oreille.

4°. *Ses usages :* il tire l'oreille en bas, ou plutôt en-dehors.

112. Dans le *cinquieme muscle* on remarquera,

1°. *Son trajet* le long de la glande parotide, dénommée jusqu'à présent par les maréchaux *avive.*

2°. *Son attache* à cette glande par un simple tissu cellulaire.

3°. *Son volume* plus considérable à la partie supérieure, au moyen de la portion qui s'y unit.

4°. *L'attache* par laquelle il se termine à la partie antérieure de la bâse de l'oreille.

5°. *Ses usages*, qui sont de tirer l'oreille en-devant & en-dehors.

113. Il faut observer dans le *muscle sixieme*,

1°. *Son attache* à la partie interne du cartilage qui est à la portion antérieure de la bâse de l'oreille.

2°. *Son trajet* de devant en arriere par-dessous cette bâse.

3°. *Sa terminaison* à la partie postérieure & inférieure de cette même bâse.

4°. *Ses usages :* il tire, de concert avec le muscle second, l'oreille en arriere.

Nota. Si tous ces muscles exercent ensemble & conjointement leur action, ils maintiendront l'oreille droite ainsi qu'elle l'est, lorsque l'animal étonné de quelque bruit y prête attention, & semble vouloir l'écouter.

Il est au surplus une infinité de petites portions charnues qui me paroissent plutôt des linéamens musculeux, que de vrais muscles, & qui semblent destinés néanmoins à dilater & à resserrer la conque; mais le mouvement n'en est pas assez manifeste pour craindre le reproche de n'en avoir fait ici qu'une légere mention.

Des muſcles de l'oreille interne.

114. *Les muſcles de l'oreille interne* ſont au nombre de quatre ; trois pour l'oſſelet appelé *le marteau*, & un ſeul pour l'oſſelet appelé *l'étrier*; leur petiteſſe, leur exilité ordinaire, en rendent le plus ſouvent la découverte très-difficile.

115. On conſidérera dans *le premier muſcle du marteau*, ou dans le *muſcle externe*,

1°. *Son attache fixe* à la partie ſupérieure du méat oſſeux.

2°. *Son attache mobile* au col de l'os dont il s'agit.

3°. *Le principe* qui en eſt charnu.

4°. *La fin* qui en eſt tendineuſe.

5°. *Son trajet* ſous la membrane garnie des cryptes d'où ſuintent les ſucs cérumineux.

6°. *Le trajet de ſon tendon* qui ſe porte au haut de la membrane du tambour.

7°. *Ses uſages :* il tire le marteau & la membrane à laquelle cet oſſelet eſt appliqué du côté du méat ; & de ſon action réſulte l'applaniſſement & le relâchement du tympan. Ainſi lorſqu'il agit ſeul, il diſpoſe cette membrane d'une part, en en diminuant la tenſion, à des vibrations plus lentes, & à ſe mettre relativement à ces vibrations, à l'uniſſon des ſons graves que les vibrations ſoudaines de cette même membrane trop tendue n'auroient jamais pu rendre & tranſmettre tels, & à augmenter de l'autre, en la remettant dans un plan droit, la cavité de la caiſſe ; ce qui ne peut que favoriſer l'entrée & l'admiſſion de l'air qui s'inſinue & qui parvient dans cette cavité par la trompe d'Euſtache.

116. On obſervera dans le *muſcle ſecond* ou *ſémi-circulaire*,

1°. *Son attache* à la paroi extérieure de la trompe d'Euſtache, à laquelle il eſt collé.

2°. *Son autre attache* à l'apophyſe notable, mais fine & déliée du col du marteau.

3°. *Ses uſages;* il attire en-dedans, lors de ſa contraction, & l'oſſelet & la membrane; il en augmente par conſéquent la convexité; & ſa convexité ne pouvant être augmentée que ſes fibrilles ne ſoient plus tendues, elle devient capable de vibrations plus promptes & plus rapides, & ſe trouve par-là en raiſon harmonique avec les ſons aigus.

117. Dans le *muſcle troiſieme* ou *interne*, on obſervera,

1°. *Sa ſituation* le long de la paroi interne du canal d'Euſtache.

2°. *Son attache* au-deſſus de l'apophyſe dont je viens de parler.

3°. *Ses uſages :* il produit les mêmes effets que le précédent, & ces deux muſcles s'uniſſant dans leur action, cooperent de maniere que le tympan peut être mû & frémir, ſuivant une multitude infinie de déterminations.

118. *Le muſcle de l'étrier* eſt aſſez conſidérable. On en obſervera,

1°. *La naiſſance* dans le canal de l'os pétreux, preſque dans le fond du tympan.

2°. *Le tendon grêle*, que l'on apperçoit dans la caiſſe.

3°. *L'attache de ce tendon* à la tête de l'oſſelet, du côté de ſa plus groſſe branche.

4°. *L'uſage*, qui eſt aſſez obſcur. Il paroît néanmoins que pouvant élever la partie antérieure de la bâſe de ce petit os, il a la faculté d'étendre la membrane qui ferme la fenêtre ovale.

Des Muscles des Paupieres.

119. L'exécution des mouvemens des paupieres est due à deux muscles, dont l'un est commun aux deux paupieres, & l'autre propre à la paupiere supérieure.

120. On considérera dans le *muscle orbiculaire*, c'est-à-dire, dans le premier,

1°. *Sa composition* : il est formé de fibres qui s'étendent circulairement autour de l'entrée de l'orbite.

2°. *Son attache* à toute la circonférence & à la face interne de la peau.

3°. *Sa terminaison*, toutes ses fibres se réunissant au grand angle de l'œil, & se terminant par un tendon très-court à l'apophyse angulaire.

4°. *Ses usages*, ce muscle fermant, lors de sa contraction, l'ouverture des paupieres, & les rapprochant l'une de l'autre, la paupiere inférieure cependant ne faisant alors aucun mouvement sensible.

121. A l'égard *du muscle propre à la paupiere supérieure*, c'est-à-dire, *du muscle releveur de cette même paupiere*, on observera,

1°. *Son attache* au fond de l'orbite.

2°. *Son trajet* sur le muscle releveur de l'œil.

3°. *Sa terminaison* par une expansion en maniere de patte d'oie à la partie supérieure du tarse.

4°. *Son usage*. Ce muscle éloignant de la paupiere inférieure la paupiere supérieure qu'il releve, c'est de son action que dépend principalement le mouvement de celle-ci.

Des Muscles des Yeux.

122. Les muscles des yeux sont au nombre de sept, non-seulement dans le cheval, mais dans le plus

grand nombre des quadrupedes. On ſait que dans l'homme ils ne ſont qu'au nombre de ſix.

Ces muſcles, dans l'animal dont il s'agit, ſont quatre *droits*, deux *obliques* & un *orbiculaire*.

123. Les quatre muſcles droits reçoivent leur dénomination de leurs uſages.

On en doit conſidérer,

1°. *L'origine* & les attaches dans le fond de la cavité orbitaire.

2°. *Le trajet* de devant en arriere, trajet dans lequel ils s'écartent les uns des autres.

3°. *La terminaiſon* de chacun ſuivant ſa direction, & leur inſertion à la portion antérieure de la cornée opaque près de la cornée lucide par quatre tendons applatis formant une large aponévroſe qui s'étend ſur la partie antérieure de l'œil, au-deſſous de la conjonctive, à laquelle elle eſt auſſi adhérente.

4°. *La ſituation* de celui qui eſt dit *le releveur*, à la partie ſupérieure du globe.

5°. *La ſituation* de celui qui eſt dit *l'abaiſſeur*, à la partie inférieure de ce même globe.

6°. *La ſituation* de celui qui eſt dit *adducteur*, à ſa partie latérale interne.

7°. *La ſituation* de celui qu'on appelle *abducteur*, à ſa partie latérale externe.

8°. *Les uſages*; ces muſcles, lorſqu'ils agiſſent ſéparément, tirant le globe de l'œil en-haut, en-bas, du côté du grand & du côté du petit angle. Si le releveur concourt avec l'abducteur, ou l'adducteur ou l'abaiſſeur avec l'un ou avec l'autre de ceux-ci, l'œil eſt tiré obliquement : enfin les quatre muſcles agiſſant enſemble, le globe eſt tiré vers le fond de l'orbite, & l'œil maintenu dans l'état fixe qui conſtitue le mouvement tonique.

124. Des deux *muſcles obliques*, l'un eſt appelé *le grand oblique* ou le *trochléateur*.

On en obſervera,

1°. *L'attache* au fond de l'orbite.

2°. *Le trajet* le long de la paroi interne de cette cavité juſqu'au grand angle.

3°. *La dégénération* en un tendon qui paſſe dans un anneau ou une eſpece de lentille cartilagineuſe, qui fait office de poulie, & que l'on nomme la *trochlée*.

4°. *Le retour*, au moyen duquel il ſe porte ſous le tendon du muſcle releveur.

5°. *La terminaiſon* à la partie ſupérieure & antérieure de la cornée opaque.

6°. *Les uſages* : ce muſcle entrant en contraction, fait tourner l'œil ſur ſon axe; il le tire en même-tems en-devant, & l'incline en bas.

Le ſecond des *obliques* eſt appelé le *petit oblique*, & par quelques-uns le *muſcle très-court*.

On en conſidérera,

1°. *L'attache* à l'os angulaire, dans la petite foſſette qui eſt près du conduit naſal.

2°. *La marche oblique* vers le petit angle.

3°. *Le paſſage* ſous le tendon de l'abaiſſeur.

4°. *La terminaiſon* à la partie inférieure & antérieure de la cornée opaque.

5°. *Les uſages*, qui ſont de tourner l'œil ſur ſon axe dans un ſens contraire à l'action du grand oblique, de le tirer en même-tems en-devant, & de diriger la pupille en haut; alors le grand & le petit oblique ſont antagoniſtes l'un de l'autre : mais dans leurs mouvemens ſympathiques, c'eſt-à-dire, lorſqu'ils entrent en même-tems en contraction, ils contrebalancent l'action des muſcles droits, ils tirent en-devant l'œil que ces muſcles tirent dans l'orbite, l'orbite, & le tenant comme suspendu sur son axe, ils le soumettrent exactement à leur action.

25. On doit observer dans le *muscle orbiculaire*, autrement appelé par quelques-uns *le suspenseur de l'œil*,

1°. *Son origine*, il naît de la circonférence du trou optique.

2°. *Son trajet* : il accompagne & il embrasse de tout côté le nerf qui porte ce nom.

3°. *Son insertion* à la partie postérieure de la cornée opaque, entre celle des muscles droits & le nerf dont je viens de parler.

4°. *Sa division* en deux, trois ou quatre portions dans certains chevaux, tandis que dans la plupart il ne présente qu'un seul muscle ; cette variation se remarquant au surplus dans l'œil de plusieurs animaux, comme dans celui du mouton, où la division a lieu de même quelquefois en deux, trois & quatre parties, & dans l'œil du chien, où l'on trouve assez fréquemment quatre & cinq petits muscles au lieu d'un, qui ont chacun des insertions distinctes sur la sclérotique.

5°. *Ses usages*. On a pensé qu'ils se bornoient à soutenir & à suspendre le globe dans les animaux qui paissent, & à défendre le nerf optique, qui en est le pédicule & le soutien, des tiraillemens & de la fatigue qu'il pourroit éprouver, la tête de l'animal étant tenue basse pendant un certain espace de tems. D'autres personnes se persuadant que les quatre muscles droits agissant ensemble, peuvent produire en partie le même effet, ont imaginé que ce muscle contractant uniformément la sclérotique à laquelle il est attaché, rend ainsi le globe de l'œil plus ou moins sphérique, selon la distance des objets, tandis que plusieurs autres, vu sa division en plusieurs parties charnues, dont les insertions diverses se trouvent & se rencontrent entre celles des muscles droits, ont cru qu'il est destiné à aider & à faciliter l'action de ces mêmes muscles, selon que ses fibres diverses agissent.

Des Muscles des Levres.

126. Les levres, distinguées en levre antérieure & en levre postérieure, soit qu'elles s'écartent, soit qu'elles se rapprochent l'une de l'autre, soit enfin qu'elles soient portées de divers côtés, exécutent ces différens mouvemens au moyen de dix-sept muscles, dont les uns communs aux deux levres, sont au nombre de sept, trois de chaque côté, connus sous le nom de *muscle molaire interne*, de *muscle molaire externe* & de *muscle cutané* : le septieme, qui forme lui-même les levres, étant appelé *le muscle orbiculaire* de ces parties.

Les dix autres sont propres à chaque levre; il en est cinq de chaque côté, trois particuliers à la levre antérieure, & nommés le *maxillaire*, le *releveur* & le *mitoyen antérieur*, & deux propres à la levre postérieure, qui sont le *releveur propre de cette levre*, & le *mitoyen postérieur*.

127. On observera dans le *muscle orbiculaire*, le plus considérable des muscles communs, & qui est impair,

1°. *Sa composition* : il est formé de fibres qui s'étendent circulairement autour de la bouche; & c'est à la direction de ces fibres qui composent ensemble, ainsi que je l'ai dit, les deux levres, qu'il doit sa dénomination.

2°. *Son adhérence* très-forte à la peau dans toute son étendue.

3°. *Ses attaches*, quoique ce muscle, par sa structure, semble n'avoir pas besoin de point fixe pour agir, l'une au cartilage du nez, ayant lieu par un ligament; l'autre se faisant de même à l'endroit de la mâchoire postérieure, que nous avons nommée la *symphise du menton.*

4°. *Ses usages*, ce muscle serrant & rapprochant, lors de sa contraction, les levres l'une de l'autre, & fermant entiérement la bouche.

28. On doit considérer dans le *muscle molaire externe*, qui peut être comparé à celui qui a le nom de *buccinateur* dans l'homme, & qui d'ailleurs est appelé, ainsi que le muscle suivant, du nom des dents qu'il avoisine :

1°. *Son attache* à la partie antérieure de l'apophyse coronoïde : elle a lieu par un tendon.

2°. *Son trajet* de haut en bas au-dessus du molaire interne, auquel il adhere fortement.

3°. *Son expansion* dans ce même trajet, & son union avec la membrane interne de la bouche.

4°. *Sa terminaison* à la commissure des levres, & par des fibres charnues transversales aux parties latérales de l'une & l'autre mâchoire, à l'endroit qui répond aux barres.

On observera dans le *molaire interne*,

1°. *Sa situation* au-dessous du précédent.

2°. *Ses attaches* d'une part à l'os maxillaire, & de l'autre à la mâchoire postérieure, près des dents molaires.

3°. *Son trajet* de haut en bas en s'unissant à la membrane interne de la bouche.

4°. *Sa terminaison* à la commissure des levres, au-dessous du molaire externe.

Nota. Ces deux muscles contribuent aux mouvemens des levres, en les relevant. Ils aident à la mastication, en ramenant les alimens qui se portent en-dehors & qui s'écartent de dessous les dents, après que la langue les y a poussés. Ils tirent encore la membrane qui tapisse la bouche, de maniere qu'ils la garantissent de l'accident d'être pincée, lorsque la mâchoire postérieure se rapproche de l'antérieure.

129. Il suffit de considérer dans le *muscle cutané*,

1°. *Sa naissance* de la face externe du muscle masseter par une légere aponévrose.

2°. *Son attache* à l'épine zygomatique.

3°. *Son trajet*, au moyen duquel il recouvre le muscle releveur.

4°. *Les deux portions* par lesquelles il se perd quelquefois à la commissure des levres.

5°. *Son usage* : il tire les deux levres de côté, & agissant avec son semblable, il les détermine en haut.

130. Le premier des *muscles propres à la levre antérieure*, est dit *releveur* de cette levre.

On remarquera :

1°. *Son attache fixe* au-dessous de l'orbite, au lieu de la jonction des os angulaire, maxillaire & zygomatique.

2°. *Son trajet* : il descend le long des naseaux.

3°. *Son changement* en un tendon, après un léger espace de chemin.

4°. *La jonction* de l'extrémité de ce même tendon avec celle du tendon du côté opposé.

5°. *La légere aponévrose* qui en résulte, & par laquelle les deux muscles ensemble se terminent au milieu de la levre antérieure.

6°. *Son usage* : il est suffisamment indiqué par le nom même de ce muscle, que les maréchaux ont coupé jusqu'à présent, dans l'espérance de remédier à l'imperfection de la vue, & d'alléger la tête du cheval. Cette opération, qui n'annonce pas beaucoup de lumieres, eſt connue en maréchallerie ſous le nom de *dénerver*.

31. Le ſecond des muſcles propres à la levre dont nous parlons, eſt le *muſcle maxillaire*.

On en conſidérera :

1°. *L'attache ſupérieure* à l'os maxillaire & à l'os angulaire au-deſſus du précédent.

2°. *Le trajet* de haut en bas.

3°. *La diviſion* de ſa partie moyenne en deux portions.

4°. *La terminaiſon* de l'une de ces portions à la levre antérieure près la commiſſure.

5°. *La terminaiſon* de la ſeconde de ces portions à la partie moyenne de cette même levre, après qu'elle a paſſé au-deſſous du muſcle pyramidal des naſeaux.

6°. *Les uſages* : il releve la levre antérieure, & peut être regardé des-lors comme congénere du précédent.

32. Le troiſieme des muſcles propres eſt le *mitoyen antérieur* : il eſt dit *inciſif* dans l'homme.

On en enviſagera :

1°. *Les attaches* au bord alvéolaire, à l'endroit des dents de coin & des mitoyennes.

2°. *La terminaiſon* à la levre antérieure.

3°. *Les uſages* : il approche cette levre de la poſtérieure ; il peut encore aider à la dilatation des naſeaux.

33. Le premier des muſcles propres à la levre poſtérieure, eſt dit *releveur* de cette levre, & il eſt ſemblable par ſa ſtructure au releveur de la levre antérieure.

On conſidérera :

1°. *Son attache fixe* à la partie latérale externe

de la mâchoire postérieure, à l'endroit des dents molaires les plus hautes.

2°. *Le trajet de son tendon* le long de cette mâchoire, sans contracter d'union, comme le releveur de la levre antérieure, avec celui du côté opposé.

3°. *La terminaison*, il se perd dans la peau du menton.

4°. *Les usages* : ils sont suffisamment indiqués par le nom sous lequel on le désigne.

134. Le second des muscles propres à cette levre est nommé *mitoyen postérieur.*

On examinera :

1°. *Ses attaches* au bord alvéolaire, à l'endroit des dents de coin & des mitoyennes.

2°. *Sa terminaison* à la levre postérieure, dans laquelle il se perd.

3°. *Ses usages*, qui sont tels qu'il la rapproche de l'antérieure, ensorte que lors de la contraction des mitoyens antérieurs, des mitoyens postérieurs & de l'orbiculaire, la bouche se trouve exactement fermée.

Des Muscles des Naseaux.

135. Sept muscles, dont trois pairs & un impair, ont le même usage & la même fonction, relativement aux naseaux : ils en relevent la peau, & en dilatent les orifices.

L'impair est appelé *muscle transversal*, attendu la direction de ses fibres.

On en considérera :

1°. *L'attache fixe* à l'épine du nez.

2°. *Le trajet* : il s'étend transversalement & de chaque côté sur toute la plaque cartilagineuse qui acheve de former les naseaux.

Dans le premier des muſcles pairs, nommé *pyramidal*, eu égard à ſa figure.

On obſervera :

1°. *Son attache*, par une portion aſſez grêle, à la partie moyenne & externe de l'os maxillaire au-deſſous de ſon épine.

2°. *Son trajet* de haut en bas en s'élargiſſant & en croiſant une portion du maxillaire.

3°. *Sa terminaiſon* à toute la circonférence externe des naſeaux, depuis le cartilage tranſverſal juſqu'à la portion ſémi-lunaire, quelques-unes de ſes fibres s'étendant ſur l'orbiculaire des levres.

Dans le ſecond des muſcles pairs, c'eſt-à-dire, dans le muſcle que nous appelerons *muſcle court*, attendu la briéveté de ſes fibres,

On conſidérera :

1°. *Son attache* le long de la partie latérale externe des os du nez près de l'épine.

2°. *L'évanouiſſement* prompt & ſubit de ſes fibres dans la peau des fauſſes narines.

Enfin dans le *muſcle cutané*, qui eſt le troiſieme & le dernier des muſcles pairs,

On remarquera :

1°. *Son attache* à l'échancrure du bord antérieur de l'os maxillaire, qui forme l'entrée des naſeaux.

2°. *Son évanouiſſement* total dans la peau des naſeaux & des fauſſes narines.

Nota. Nous n'appercevons point ici de muſcles conſtricteurs ; il n'eſt qu'une certaine quantité de fibres & de linéamens charnus qui peuvent opérer le reſſerrement des naſeaux, & qui ſe diſtribuent à la peau & à la portion ſémi-lunaire du cartilage de ces parties. Ces fibres paroiſſent même dépendre du muſcle orbiculaire des levres.

Des Mufcles de la Mâchoire poftérieure.

136. La mâchoire poftérieure eft la feule qui foit mobile. Les mouvemens principaux dont elle eft fufceptible, l'écartement & la rapprochement de la mâchoire antérieure. Ils font opérés à l'aide de dix mufcles, cinq de chaque côté, appelés le *maffeter*, le *crotaphite*, le *fphéno-maxillaire*, le *ftylo-maxillaire* & le *digaftrique*.

137. Le *maffeter* eft un mufcle fort & applati, dont il faut confidérer :

1°. *La pofition.* Il occupe la face externe de la portion fupérieure & la plus large de la mâchoire dont nous parlons, & cache une partie du crotaphite, particuliérement fon tendon.

2°. *Son attache fixe* à toute l'épine de l'os maxillaire & à celle du zygomatique.

3°. *Sa terminaifon* à la face externe & au bord de la tubérofité de cette mâchoire.

On confiderera, eu égard au mufcle *crotaphite*.

1°. *Sa pofition.* Il occupe la cavité que nous nommons les *falieres*.

2°. *Son attache* à toute la circonférence de cette cavité, enforte qu'il adhere à l'os frontal, au pariétal & à l'occipital.

3°. *La réunion* de toutes fes fibres en un feul & fort tendon enfuite de ces attaches.

4°. *Le trajet* & *le paffage* de ce même tendon dans la finuofité zygomatique.

5°. *L'attache* du mufcle à l'apophyfe coronoïde par ce tendon qui l'embraffe.

6°. *L'aponévrofe* dont ce même mufcle eft recouvert, & qui n'eft point dans l'animal, comme on l'a penfé à l'égard de l'homme, une continuation du péricâne.

En ce qui concerne le *sphéno-maxillaire*, on observera:

1°. *Sa position* à la partie interne de la mâchoire.

2°. *Son attache supérieure* par des fibres très-fortes à l'apophyse palatine & aux petites ailes résultant des deux apophyses appelées *ptérygoïdes* dans l'homme, ainsi qu'à la ligne saillante qui en est une continuation.

3°. *Son attache* forte & *sa terminaison* à toute la face interne de la mâchoire postérieure, à l'opposite du masseter.

Nota. Les usages de ces trois muscles consistent à rapprocher cette mâchoire de l'antérieure. Ils sont très-courts & très-charnus. Cette structure étoit convenable à leur fonction, car la mastication ne s'opéreroit que très-imparfaitement, si la mâchoire dans ses mouvemens étoit dépourvue de la force nécessaire pour rompre, triturer & broyer les alimens.

138. Le muscle *stylo-maxillaire* est le premier & le plus fort des muscles destinés à écarter la mâchoire postérieure de l'antérieure.

On observera,

1°. *Son attache* très-forte à toute l'apophyse styloïde de l'os occipital.

2°. *Sa terminaison* à la tubérosité de la mâchoire qu'il peut mouvoir.

Le *digastrique* tire son nom de sa structure. (*Voyez le chifre* 88).

On en considérera,

1°. *L'attache supérieure* à l'extrémité de l'apophyse styloïde de l'occipital.

2°. *Le trajet* qu'il fait en gagnant la face interne

de la mâchoire, son tendon mitoyen passant dans une ouverture que lui présente le mucle stylo-hyoïdien.

3°. *Sa terminaison* qui a lieu intérieurement le long de la partie tranchante du bord postérieur de la mâchoire.

Nota. Les usages de ces deux muscles sont de tirer la mâchoire postérieure en arriere. Si tous les muscles d'un même côté seulement agissent ensemble, ils font exécuter à cette partie des mouvemens latéraux nécessaires à la mastication, ou de ces mouvemens désagréables qu'on remarque dans les chevaux qui cherchent à dérober les barres, & que nous exprimons en disant que *l'animal fait les forces*.

Des Muscles propres de la Tête, ou qui servent à ses mouvemens.

139. La tête peut être baissée, élevée & portée de côté & d'autre.

Ces divers mouvemens ont leur exécution au moyen de vingt-deux muscles, parmi lesquels la portion du muscle commun de l'encolure ne se trouve pas comprise. Onze muscles de chaque côté completent le nombre que nous venons de fixer, dont huit fléchisseurs, qui sont le *sterno-maxillaire*, le *long*, le *petit* & le *court fléchisseur*, dix extenseurs, nommés *splénius*, *grand complexus*, *petit complexus*, *grand droit* & *petit droit*, & quatre appelés *grand & petit obliques* pour les mouvemens latéraux.

140. Le muscle *sterno-maxillaire* est très-long & très-grêle.

On en doit observer :

1°. *L'attache inférieure* à la pointe du ſternum.

2°. *Le trajet* qu'il fait en montant le long de la partie latérale de l'encolure.

3°. *La terminaiſon* à la tubéroſité de la mâchoire poſtérieure.

4°. *Les uſages.* Ce muſcle, en conſéquence de cette derniere attache, ne pouvant mouvoir la mâchoire ſéparément, mais abaiſſant & fléchiſſant toute la tête en tirant cette même mâchoire.

Il faut conſidérer dans le *long fléchiſſeur* :

1°. *Son attache*, qui a lieu antérieurement aux apophyſes tranſverſes de la troiſieme, quatrieme & cinquieme vertebres cervicales par autant de petits tendons.

2°. *Son trajet* : il monte par-devant la premiere & la ſeconde, ſans s'y attacher.

3°. *Sa terminaiſon* à l'apophyſe cunéiforme de l'occipital.

Eu égard au muſcle *court fléchiſſeur*,

On obſervera :

1°. *Sa longueur*, qui eſt beaucoup moindre, puiſqu'il ne s'étend que depuis la premiere vertebre cervicale juſqu'à l'occipital.

2°. *Son attache* à la partie antérieure du corps de cette premiere vertebre.

3°. *Sa terminaiſon* un peu en arriere du précédent.

En ce qui concerne enfin le muſcle *petit fléchiſſeur*,

On remarquera :

1°. *Son attache* aux parties latérales du corps de la premiere vertebre cervicale.

2°. *Sa terminaiſon* à l'apophyſe ſtyloïde de l'occipital.

Nota. Les uſages de ces trois muſcles ſont indiqués par leur dénomination.

141. Le muscle *splénius* doit son nom à sa figure, infiniment plus approchante de celle de la rate dans le cheval que dans l'homme.

On observera :

1°. *Son attache inférieure* aux apophyses épineuses de la seconde, troisieme, quatrieme & cinquieme vertebres dorsales formant le garot, ainsi qu'au ligament cervical.

2°. *Son attache* aux apophyses transverses des cinq premieres vertebres cervicales, & sa nouvelle union au ligament cervical.

3°. *Sa terminaison* par un aponévrose à l'apophyse de la nuque.

4°. *L'union* d'une portion du muscle dépendante de celui-ci à cette même aponévrose, avec laquelle elle se confond, cette seconde portion venant des apophyses transverses des cinq vertebres cervicales inférieures.

Le grand complexus est ainsi appelé à raison de plusieurs plans de fibres qui le rendent assez fort.

On en considérera :

1° *La position* au-dessous du *splénius*.

2°. *Les attaches* aux apophyses épineuses de la seconde, troisieme & quatrieme vertebres dorsales, formant le garot, aux six premieres apophyses transverses de ces mêmes vertebres, à celles des cinq vertebres cervicales inférieures.

3°. *L'union* au ligament cervical.

4°. *La terminaison* à l'éminence transversale de l'os occipital.

Il faut remarquer, eu égard au *petit complexus* :

1°. *Sa position* au dessous du grand complexus; il est couché le long de la partie supérieure du ligament cervical.

2°. *Son attache* à l'apophyse épineuse de la seconde vertebre cervicale.

3°. *Sa terminaison* à la partie postérieure de l'os occipital.

Le muscle *grand droit* est inférieur au petit complexus.

On considérera :

1°. *Son attache* à la partie supérieure de l'apophyse épineuse de la seconde vertebre cervicale.

2°. *Sa terminaison*, qui a lieu, ainsi que celle du muscle précédent, à la partie postérieure de l'occipital.

On observerá dans le muscle *petit droit* :

1°. *Sa position* directement au-dessous du grand droit.

2°. *Son attache* inférieure à la premiere vertebre & au bord de la cavité articulaire, ensorte qu'il recouvre l'articulation de cette vertebre avec la tête.

3°. *Sa terminaison* au-dessus des condyles de l'occipital.

Nota. Les usages de ces muscles ont été déja désignés ; ils relevent la tête & l'étendent.

142. Il faut considérer dans le muscle *grand oblique* :

1°. *Sa position* entre la premiere & la seconde vertebre cervicale.

2°. *Son attache* à toute l'épine de la seconde.

3°. *Sa teminaison* à l'éminence transversale de la premiere.

Enfin on remarquera dans le muscle *petit oblique* :

1°. *Son attache* à l'apophyse transverse de la premiere vertebre cervicale.

2°. *Sa terminaison* à la partie latérale de l'éminence transversale de l'occipital.

Nota. Les usages du grand & petit obliques sont

d'opérer les mouvemens latéraux & sémi-circulaires de la tête. Quoique le premier de ces muscles ne soit point attaché à cette partie, sa contraction n'en opere pas moins cet effet, parce que les mouvemens dont il s'agit s'exécutent principalement au moyen de la liberté de l'articulation de la premiere vertebre avec la seconde : or ce muscle faisant tourner cette premiere vertebre, fait par conséquent tourner la tête.

J'ajouterai que ces mouvemens latéraux peuvent aussi avoir lieu par l'action des muscles extenseurs, ou par l'action des muscles fléchisseurs d'un seul & même côté.

Des Muscles de l'os Hyoïde.

143. *L'os hyoïde* dans l'homme attaché par un ligament à l'apophyse styloïde du temporal & au cartilage tyroïde, se trouve articulé dans le cheval avec le temporal par ses longues branches, & fixé de plus par une portion charnue remplissant l'espace que ces mêmes branches laissent entre leurs angles & l'apophyse styloïde de l'occipital, où cette même portion s'attache.

Les principaux mouvemens dont cet os, plus stable dans l'animal, est susceptible, sont d'être élevé, abaissé & tiré en avant & en arriere. Ils sont opérés à l'aide & par le moyen de douze muscles, dont dix pairs & deux impairs, ceux-ci étant appelés *mylo-hyoïdien* & *transversal*, & les pairs désignés par les noms de *geni-hyoïdiens*, *hyoïdiens*, *stylo-hyoïdiens*, *sterno-hyoïdiens* & *kerato-hyoïdiens*.

144. On observera dans le muscle *mylo-hyoïdien* :

1°. *Sa forme* qui est applatie.

2°. *Sa position* dans l'auge directement au-dessous de la peau.

3°. *Son attache* de chaque côté à toute la partie interne de la mâchoire, à cette ligne osseuse, qu'on appelle *myloïde* dans l'homme.

4°. *Sa terminaison* à l'appendice de l'os hyoïde.

Dans le muscle *géni-hyoïdien* on remarquera:

1°. *Sa position* au-dessus du précédent.

2°. *Son attache* qui a lieu seulement à la partie inférieure de la concavité de la mâchoire à l'endroit que l'on nomme dans l'homme *apophyse geni.*

3°. *Son trajet* le long du mylo-hyoïdien.

4°. *Sa terminaison* à l'appendice de l'os hyoïde.

Nota. Les usages de ces muscles consistent à tirer cet os en avant & a l'abaisser.

145. Le muscle *sterno-hyoïdien* se confond souvent jusqu'à sa partie moyenne avec le sterno-tyroïdien, de façon que jusques-là l'un & l'autre ne présentent qu'un seul muscle.

On considérera dans ce même *sterno-hyoïdien:*

1°. *Son attache fixe* à la pointe du sternum.

2°. *Son trajet* le long de la trachée-artere.

3°. *Sa terminaison* à la partie antérieure du corps de l'os hyoïde, près du mylo-hyoïdien.

Le muscle *hyoïdien* n'a point d'attache fixe aux os.

On observera:

1°. *Sa naissance* par une légere aponévrose de la face interne du petit pectoral, à l'endroit de la pointe de l'épaule.

2°. *Son trajet de bas en haut* le long de la face interne du muscle commun de l'encolure & du bras; il y adhere fortement par un tissu cellulaire, & il s'en détache ensuite pour se porter sous la ganache.

3°. *Sa terminaiſon* au même lieu que le précédent.

Nota. Les uſages de ces muſcles ſont de tirer l'os hyoïde en arriere.

146. Le muſcle *ſtylo-hyoïdien* eſt un muſcle auquel nous conſervons ce nom, vu ſa reſſemblance avec celui qu'on appelle ainſi dans l'homme.

Il faut conſidérer :

1°. *Son attache* à la pointe ou à l'extrémité ſupérieure des longues branches de l'os hyoïde, & non à l'apophyſe ſtyloïde comme dans le corps humain.

2°. *Sa terminaiſon* aux parties latérales du corps de cet os.

3°. *L'ouverture* dont il eſt percé donnant paſſage au tendon mitoyen du muſcle digaſtrique. (*Voyez le chiffre* 138).

4°. *Ses uſages* étant de tirer en haut & latéralement le corps de l'os dont il s'agit, qui eſt uni avec les grandes branches d'une maniere aſſez lâche pour que ce mouvement ſoit permis ; ce muſcle eſt d'ailleurs aidé dans cette action par le digaſtrigue, qui ſe courbe en paſſant par ſon ouverture ; or la courbure n'exiſte plus lorſque celui-ci entre en contraction, & elle ne peut être effacée que l'extrémité du muſcle ſtylo-hyoïdien ne ſoit tirée, & par conſéquent l'os hyoïde lui-même.

147. On remarquera dans le muſcle *kerato-hyoïdien :*

1°. *Son attache* aux petites branches de l'os hyoïde.

2°. *Sa terminaiſon* au bord de la partie inférieure des grandes branches.

3°. *Son uſage* : il rapproche les grandes branches des petites.

148. Le muſcle *tranſverſal* eſt ainſi nommé parce qu'il

qu'il s'étend tranſverſalement d'une petite branche à l'autre.

On conſidérera :

1°. *Son attache* de chaque côté aux extrémités de ces petites branches près de leur articulation avec les grandes, enſorte que le point fixe réſide dans le milieu du muſcle.

2°. *Ses uſages* qui paroiſſent ſe borner à maintenir dans leur ſituation naturelle ces mêmes petites branches, & à en empêcher l'écartement qui auroit pu avoir lieu dans certaines circonſtances.

Des Muſcles de la Langue.

149. L'exécution des mouvemens de la langue eſt due à ſix muſcles, trois de chaque côté, connus ſous les noms de *génioglоſſe*, de *baſioglоſſe* & d'*hyoglоſſe*.

Il faut conſidérer dans le *génioglоſſe* :

1°. *Sa poſition*. Il eſt directement au-deſſous & dans le milieu de la langue.

2°. *Son attache* au-deſſus du géni-hyoïdien, les à la partie inférieure de la concavité de la mâchoire, au lieu des apophyſes *géni* dans l'homme.

3°. *Le trajet* de ſes fibres qui de-là s'étendent en haut & en bas.

4°. *Leur prolongement* juſqu'à la bâſe de la langue où ce muſcle ſe termine.

5°. *Ses uſages*, qui ſont de tirer la langue hors de la bouche.

Dans le muſcle *baſioglоſſe* on examinera :

1°. *Son attache fixe* à la bâſe, c'eſt-à-dire, au corps de l'os hyoïde.

2°. *Le trajet* de ſes fibres qui ſe propagent à côté & en-dehors du précédent, juſqu'à l'extrémité de la langne où ce muſcle ſe termine.

3°. *Ses usages*, qui sont de tirer la langue en dedans & en arriere.

Le muscle *hyoglosse* est dans son trajet détaché de la langue, à la différence des génioglosse & basioglosse qui s'y dispersent entiérement.

On observera :

1°. *Son attache* à la partie externe & inférieure des grandes branches de l'os hyoïde.

2°. *Son trajet* : il se porte de-là à côté & en-dehors du basioglosse jusqu'à l'extrémité de la langue.

3°. *Son attache mobile* à cette même extrémité, à-peu-près à l'endroit où le précédent se termine.

4°. *Ses usages* : il tire la langue de côté ; & agissant avec son semblable, il la tire en arriere.

Des Muscles du Larynx.

150. Le larynx est la partie supérieure du conduit cartilagineux appelé la *trachée-artere*. Il est composé lui-même de cinq cartilages, qui sont le *tyroïde*, le *cricoïde*, les deux *aryténoïdes* & l'*épiglotte*. De leur forme & de leur jonction résulte une ouverture ovale bien moindre que celle de la trachée-artere. On l'appelle *la glotte*. Elle a la liberté de se dilater & de se resserrer, les cartilages n'étant unis que par des ligamens, & étant plus susceptibles de dilatation & de constriction.

Ces mouvemens sont l'effet de l'action & du jeu de quinze muscles, dont sept pairs & un impair.

Les pairs sont les *sterno-tyroïdiens*, les *hyo-tyroïdiens*, les *crico-tyroïdiens*, les *crico-aryténoïdiens postérieurs*, les *crico-aryténoïdiens latéraux*, les *aryténoïdiens* & les *tyro-aryténoïdiens*.

L'impair eſt l'*hyo-épiglotique.*

151. Il faut conſidérer dans les muſcles *ſterno-tyroïdiens.*

1°. *Leur principe* : ils ne forment d'abord qu'un ſeul muſcle.

2°. *La naiſſance* de ce muſcle à la pointe du ſternum.

3°. *Son trajet* le long de la trachée-artere.

4°. *Sa diviſion,* qui dès-lors en fait deux muſcles.

5°. *Leurs attaches* aux parties antérieures & latérales du cartilage tyroïde.

6°. *Leur communication* à l'endroit de la diviſion, avec les ſterno-hyoïdiens dont ils partent quelquefois, ou avec les fibres deſquels leurs fibres s'entrelacent.

7°. *Leurs uſages* ; ils tirent en bas le larynx en entier.

On conſidérera dans les muſcles *hyo-tyroïdiens,*

1°. *Leurs attaches* aux parties latérales du corps de l'os hyoïde.

2°. *Leur trajet* à côté du cartilage tyroïde.

3°. *Leur terminaiſon* au bord de ce même cartilage.

4°. *Leurs uſages* : ils levent le larynx en entier.

On obſervera dans les muſcles *crico-tyroïdiens :*

1°. *Leurs attaches* à toute la face latérale externe du cartilage cricoïde.

2°. *Leur terminaiſon* au bord inférieur du tyroïde, en arriere du précédent.

3°. *Leurs uſages* : ils rapprochent le cartilage tyroïde du cricoïde.

Dans les muſcles *crico-aryténoïdiens poſtérieurs,* on remarquera :

1°. *Leur poſition* : ils occupent toute la face poſtérieure du cartilage cricoïde.

2°. *Leurs attaches* à cette même face.

3°. *Leur terminaison* à la partie inférieure du cartilage aryténoïde.

4°. *Leurs usages*, qui sont de dilater la glotte.

Les muscles *aryténoïdiens* sont deux petits muscles, dont on remarquera :

1°. *La position*, à la partie postérieure du larynx.

2°. *Leur trajet* d'un cartilage aryténoïde à l'autre.

On considérera dans les muscles *crico-aryténoïdiens latéraux* :

1°. *Leurs attaches* au bord supérieur du cartilage cricoïde.

2°. *Leur terminaison* à la partie latérale externe de l'aryténoïde.

Les muscles *tyro-aryténoïdiens* présentent une bande charnue d'environ un demi-pouce de largeur, dont on peut faire deux muscles séparés.

On observera :

1°. *Leur attache*, qui est la même à la partie interne & moyenne du cartilage tyroïde.

2°. *Leur terminaison*, qui est aussi la même à la partie latérale du cartilage aryténoïde.

Nota. L'usage de ces trois muscles est de fermer entiérement la glotte.

Enfin en ce qui concerne le muscle *hyo-épiglotique*, on observera :

1°. *Son attache* intérieurement au corps & à la bâse de l'appendice de l'os hyoïde.

2°. *Sa terminaison* à la convexité de l'épiglotte.

3°. *Ses usages* : il releve l'épiglotte, & dilate par conséquent la glotte.

Des Muscles du Pharynx.

152. Le pharynx est l'ouverture supérieure de l'œsophage. Cette partie pour la déglutition doit être élevée, abaissée, dilatée & resserrée. Treize mus-

cles, dont ſix pairs & un impair, operent ces mouvemens. Les ſix pairs ſont connus ſous le nom de *pterygo-palato-pharyngiens*, d'*hyo-pharyngiens*, de *tyro-pharyngiens*, de *kerato-pharyngiens*, de *crico-pharyngiens*, & d'*aryténo-pharyngiens*.

L'impair a été appelé *æſophagien*.

153. Dans le muſcle *pterygo-palato-pharyngien* on conſidérera :

1°. *Son attache* à l'apophyſe palatine & à celle appelée dans l'homme *ptérygoïde* du ſphénoïde auprès de la poulie, par où paſſe le tendon du périſtaphylin externe.

2°. *Sa terminaiſon* à la partie ſupérieure du pharynx.

3°. *Ses uſages*, qui conſiſtent à dilater le pharynx, en le tirant en haut & latéralement.

On obſervera dans le *kerato-pharyngien* :

1°. *Son principe* : il naît de la partie interne & moyenne des grandes branches de l'os hyoïde.

2°. *Sa terminaiſon* au pharynx au-deſſus du précédent.

3°. *Ses uſages* : il dilate le pharynx en tirant ſa partie poſtérieure de devant en arriere.

Nota. On trouve quelquefois ici un petit muſcle dont les attaches & les uſages ſont les mêmes que ceux du muſcle dont nous parlons; on pourroit le nommer le *petit kerato-pharyngien*.

Il faut remarquer dans l'*hyo-pharyngien*.

1°. *Son Srincipe* à l'extrémité des parties latérales du corps de l'os hyoïde.

2°. *Sa terminaiſon* à la partie poſtérieure du pharynx.

Eu égard au *tyro-pharyngien* :

On fera attention :

1°. *A ſon principe* au cartilage tyroïde.

2°. *A sa terminaison* à la partie postérieure du pharynx.

En ce qui concerne le muscle *crico-pharyngien*, On observera :

1°. *Son attache* au cartilage cricoïde.

2°. *Sa terminaison* à la partie postérieure du pharynx..

Nota. Les usages de ces trois muscles sont de resserrer le pharynx en l'approchant de ses attaches.

Quant aux muscles *aryténo-pharyngiens*, ils présentent deux paquets de fibres dont on verra :

1°. *Les attaches* à la partie inférieure du cartilage aryténoïde.

2°. *La terminaison* au pharynx, dans lequel ils se perdent.

3°. *Les usages*, qui se bornent à soutenir le pharynx.

Le muscle *œsophagien* est, ainsi que nous l'avons dit, le seul qui soit impair.

On en observera :

1°. *La substance* : il ne présente qu'un amas de fibres charnues & circulaires qui occupent le pharynx.

2°. *Les attaches* de chaque côté à tout le larynx.

3°. *Les usages* : il ferme en se contractant l'ouverture du pharynx, ce qui arrive dans le tems de la déglutition pour favoriser la descente des alimens poussés dans ce même pharynx par l'action de la langue, &c.

Muscles de la Cloison du palais & de la Trompe d'Eustache.

154. Le voile du palais est la partie flotante qui est au fond de la bouche de l'animal. Elle est une continuation de la membrane du palais, de celle

des naseaux & d'une membrane aponévrotique placée entre les deux précédentes.

Cette cloison dans le cheval appuie & porte directement sur l'épiglotte, ensorte que si ce cartilage est levé & dans sa position naturelle, il ferme le peu d'ouverture qui reste entre la cloison & la langue dans le fond de la bouche.

A l'égard de la trompe d'Eustache, elle est la continuation du conduit qui communique de l'arriere bouche dans l'oreille interne. Ce conduit est en partie osseux, en partie cartilagineux & en partie membraneux dans l'homme; dans le cheval la portion membraneuse forme une poche considérable qui enveloppe la portion cartilagineuse dans toute son étendue, cette portion cartilagineuse prenant naissance de l'extrémité de la portion osseuse, descendant le long des parties latérales du sphénoïde, en s'élargissant de plus en plus, & souvent se terminant par une espece de pavillon blanchâtre à la partie supérieure du pharynx, ensorte que le cartilage présente une goutiere qui communique dans la poche membraneuse & dans l'oreille interne.

155. Cinq muscles operent tous les mouvemens du voile du palais & de cette trompe; savoir, deux pairs qui sont les *péristaphylins internes* & *externes*, & un impair nommé le *vélo-palatin*.

Il faut considérer dans le muscle *péristaphylin externe* :

1°. *Son attache* à l'apophyse styloïde du temporal & à la trompe d'Eustache.

2°. *Son trajet* le long des portions latérales de la trompe & sur la sinuosité de l'apophyse palatine & de l'apophyse ptérygoïde dans l'homme, qui font ici office de poulie.

3°. *Sa terminaison* à la partie inférieure du voile du palais dans lequel il se perd.

Quant au muscle *peristaphylin interne*,

On observera :

1°. *Son attache* au même endroit que le précédent.

2°. *Son trajet*, ce muscle se portant de dehors en dedans par-dessus le pavillon avec lequel il contracte adhérence, & passant sous le ptérygo-pharyngien & sous la portion inférieure de son congenere.

3°. *Sa terminaison* à la partie inférieure du voile du palais.

Nota. Les usages de ces muscles sont d'élever le voile du palais & de dilater la trompe.

On doit remarquer dans le muscle *vélo-palatin* :

1°. *Sa position* entre la membrane palatine & l'aponévrotique.

2°. *Son attache* par un tendon très-grêle aux os palatins, au lieu de leur jonction.

3°. *Sa terminaison* à la partie inférieure & moyenne du voile du palais.

4°. *Ses usages* : ce muscle étant auxiliaire des précédens, il éleve le voile du palais & l'applique plus exactement aux arriere-narines.

Nota. Ce même voile est abaissé par plusieurs petits paquets de fibres renfermées dans la duplicature des membranes qui forment les piliers, & se terminent aux parties latérales & inférieures de ce voile.

Muscles de l'Encolure ou du Col.

156. Le col peut être fléchi, étendu & porté de côté & d'autre.

Quatorze mufcles font prépofés à l'exécution de ces mouvemens, fept de chaque côté, dont deux fléchiffeurs & cinq extenfeurs.

Les fléchiffeurs font le *fcalene* & le *long-fléchiffeur.*

Les extenfeurs font le *long* & le *court-épineux*, le *long* & le *court-tranfverfal*, & le *peaucier.*

157. On envifagera dans le mufcle *fcalene.*

1°. *Sa fituation* à la partie antérieure & inférieure de l'encolure.

2°. *Sa compofition* : ce mufcle étant formé de deux portions unies à leur partie fupérieure, & à leur partie inférieure, d'où réfulte une bifurcation donnant paffage aux nerfs & aux vaiffeaux du bras.

3°. *L'attache* de la portion la plus confidérable inférieurement à la face externe de la premiere côte, par une portion affez large.

4°. *Son trajet*, cette portion fe portant delà en diminuant jufqu'à la quatrieme vertebre cervicale inférieure.

5°. *Sa terminaifon* par autant de principes tendineux aux parties latérales antérieures du corps des feptieme, fixieme, cinquieme & quatrieme vertebres cervicales.

6°. *L'attache* de l'autre portion à la même côte & aux apophyfes tranfverfes de ces mêmes vertebres.

7°. *Sa réunion* avec la premiere.

8°. *Les ufages* de ce mufcle qui fléchit l'encolure, ainfi que nous l'avons dit, & qui peut encore fervir à la refpiration en élevant la premiere côte. En ce cas les vertebres cervicales font fon attache fixe.

Il faut confidérer dans le mufcle *long-fléchiffeur* :

1°. *Sa compofition* : il eft formé de plufieurs

plans de fibres semblables à autant de petits muscles réunis, & dont néanmoins il n'en résulte qu'un seul.

2°. *Son étendue* depuis la sixieme vertebre dorsale, jusqu'à la premiere vertebre cervicale.

3°. *Sa jonction* dans ce trajet supérieurement avec celui du côté opposé.

4°. *Son attache fixe* au corps & aux apophyses latérales de toutes les vertebres qu'il recouvre, par des principes tendineux qui se portent obliquement de dehors en dedans.

5°. *Sa terminaison* supérieurement, par un tendon commun aux deux muscles & fort, à l'éminence moyenne & antérieure de la premiere vertebre du col.

6°. *Ses usages* suffisamment indiqués par le nom qu'on lui accorde.

158. Eu égard au muscle *long-tranversal*,

On observera :

1°. *Ses attaches* aux apophyses transverses de la premiere vertebre dorsale & des cinq dernieres vertebres cervicales.

2°. *Sa terminaison* par un tendon qui se confond avec le muscle splénius & le muscle commun, à l'apophyse transverse de la premiere vertebre cervicale.

3°. *Ses usages* : ce muscle extenseur de l'encolure pouvant contribuer aussi aux mouvemens de la tête, & ces mouvemens auxquels il peut contribuer étant des mouvemens latéraux.

Le *court-transversal* tirant de ses attaches son nom, comme le précédent, en differe par son moins de volume.

On remarquera :

1°. *Ses attaches* inférieurement aux apophyses tranverses des cinq premieres vertebres du dos, par autant de petits tendons qui ſe portent obliquement de devant en arriere.

2°. *Sa terminaiſon* aux apophyſes tranſverſes des dernieres vertebres cervicales par de ſemblables tendons, mais qui ſe propagent à contre-ſens des autres, puiſqu'ils ſe portent de derriere en devant, de maniere que le milieu de ce muſcle en eſt la partie la plus large.

Le muſcle *long-épineux* eſt un muſcle aſſez conſidérable, dont on obſervera :

1°. *L'étendue* depuis la treizieme apophyſe épineuſe des vertebres dorſales, juſqu'à la troiſieme apophyſe épineuſe des vertebres cervicales inférieures. Il recouvre preſque toute la face latérale du garot.

2°. *Son attache* à la partie ſupérieure des apophyſes épineuſes des treize premieres vertebres dorſales, par autant de tendons qui ſe confondent dans ſon principe avec ceux du long dorſal.

3°. *Sa terminaiſon* aux apophyſes épineuſes des trois dernieres vertebres cervicales.

En ce qui concerne le muſcle *court-épineux*, on examinera :

1°. *Son attache* inférieurement par des tendons aux apophyſes épineuſes & obliques de la premiere vertebre dorſale & des cinq dernieres cervicales.

2°. *Sa terminaiſon* par un tendon aſſez fort à celle de la ſeconde.

Nota. Les uſages de ces muſcles les ont fait appeler *extenſeurs.*

Le muſcle *peaucier* eſt un muſcle cutané très-mince & aſſez large, en partie charnu & en partie aponévrotique.

On obſervera :

1°. *Son attache* tout le long du ligament cervical.

2°. *Son trajet*, dans lequel il recouvre tous les muſcles de l'encolure, de la tête, & une partie de la face externe de l'omoplate.

3°. *Son adhérence* très-forte ayant lieu avec le muſcle commun (V*oyez* 160) par ſon aponévroſe.

4°. *Son union* avec celui du côté oppoſé, dans lequel il ſe confond, en formant antérieurement une ſeconde portion charnue qui recouvre la trachée-artere, les jugulaires & les carotides.

5°. *Sa terminaiſon* à la pointe du ſternum.

6°. *Ses uſages* paroiſſant ſe borner à opérer la corrugation de la peau comme un pannicule charnu, à ſervir de gaîne à tous les muſcles de l'encolure & de la tête, & à les affermir dans leur ſituation.

159. Outre les muſcles dont nous venons de parler, il en eſt une quantité de très-petits qui forment ce que nous nommons les *muſcles inter-tranſverſaires*, à raiſon de leur ſituation dans l'intervalle de toutes les apophyſes tranſverſes, excepté dans celui qui ſépare la premiere vertebre de la ſeconde.

N*ota*. *Leur uſage* les rend auxiliaires des extenſeurs.

Au ſurplus tous les muſcles extenſeurs dont nous avons fait mention, en ſe contractant, non-ſeulement tirent & font mouvoir les vertebres où ils ſe terminent, mais ils mettent en mouvement toutes celles auxquelles ils s'attachent, & toutes ces vertebres ne peuvent être mues ſans que la tête ne participe de ces mouvemens; & lorſque tous les muſcles d'un côté agiſſent enſemble, ils donnent lieu à des mouvemens latéraux.

160. On ne peut donner d'autre nom que celui de *muſcle commun*, à un muſcle qui ayant des connexions avec trois différentes parties, doit néceſſai-

rement agir sur les unes & sur les autres.

On observera dans celui-ci :

1°. *Sa position* sous le peaucier.

2°. *Son étendue* depuis la partie inférieure & antérieure de l'humérus, jusqu'à la partie postérieure de la tête.

3°. *Son principe*, ce muscle ne presentant alors qu'un corps charnu.

4°. *L'attache* de ce corps à la partie inférieure & antérieure de l'os du bras.

5°. *Son trajet* par-devant la pointe de l'épaule & le long des parties latérales de l'encolure.

6°. *Sa division* en deux portions lorsqu'il est parvenu jusqu'à environ la cinquieme vertebre cervicale.

7°. *L'attache* de l'une de ces portions à la tubérosité de la partie pierreuse du temporal.

8°. *L'attache* de l'autre par plusieurs portions tendineuses à la seconde, troisieme, quatrieme & cinquieme des apophyses transverses des vertebres cervicales, en se confondant avec le tendon du long-transversal.

9°. *La portion charnue* qui se détache de ce muscle au-dessus de la pointe de l'épaule.

10°. *La terminaison* de cette même portion au sternum.

11°. *Les usages* du muscle dont il s'agit, qui sont d'étendre la tête, de mouvoir l'encolure latéralement, de l'étendre quand il agit avec son semblable, & de tirer le bras en avant quand le point fixe est au col.

Du Ligament Cervical.

161. Quoique la tête & l'encolure soient très-affermies dans leur articulation au moyen de ligamens particuliers & de nombre de muscles, il est néan-

moins encore un ligament très-fort que nous nommons *ligament cervical.*

On remarquera :

1°. *Son principe*, dans lequel il eſt double tandis qu'il eſt ſimple dans le reſte de ſon étendue.

2° *Son attache* la plus ſolide aux apophyſes épineuſes des ſix premieres vertebres dorſales.

3°. *Sa diviſion* enſuite de cette attache, en deux lames qui rempliſſent l'intervalle triangulaire réſultant de la ſituation élevée de l'encolure & du garot.

4°. *La réunion* de ces deux lames.

5°. *Leurs attaches* aux apophyſes épineuſes de la quatrieme, troiſieme & ſeconde vertebre cervicale.

6°. *Le prolongement* du ligament par-deſſus la premiere vertebre ſans s'y attacher.

7°. *Son attache* très-forte à la partie poſtérieure de l'occipital & de l'apophyſe cervicale.

8°. *Ses uſages*, qui ſont de ſoutenir l'encolure & la tête indépendamment même de tous les muſcles, ſur-tout lorſque cette derniere partie eſt baſſe, & qu'il faut conſéquemment une plus grande force pour la relever.

Nota. On doit juger au ſurplus par la poſition de ce ligament, que tous les muſcles extenſeurs de l'encolure doivent y adhérer & s'y attacher en partie.

DES MUSCLES DE L'EXTRÉMITÉ ANTÉRIEURE.

Muſcles de l'Omoplate ou de l'Epaule.

162. L'épaule eſt portée en avant, en arriere, en haut, en bas, & elle eſt rapprochée des côtes par l'action de cinq muſcles appelés le *trapeſe*, le *rhomboïde*, le *releveur propre*, le *petit pectoral* & le *grand dentelé*.

163. Le *trapeſe* tire ſon nom de ſa figure qui eſt qua-

drilatere (*Voyez* 88), ayant deux côtés opposés paralleles entr'eux, les deux autres ne l'étant pas. Quelques-uns l'ont appelé *capuchon* dans l'homme. On considérera.

1°. *Sa partie la plus large* qui est tournée du côté de l'épine.

2°. *Son attache* aux apophyses épineuses des douze premieres vertebres dorsales.

3°. *Sa terminaison* aux empreintes musculaires qu'on observe à la partie moyenne de l'épine de l'omoplate, par ses fibres réunies en une pointe.

Dans le muscle *rhomboïde*, assez semblable à un turbot dans l'homme, on observera :

1°. *Sa forme*, qui est celle d'un losange (*Voyez* 88).

2°. *Ses attaches* aux apophyses épineuses qui forment le garot.

3°. *Sa terminaison* à la face interne du cartilage de l'omoplate ; il se confond avec le releveur propre.

Nota. Les usages de ces deux muscles consistent à tirer l'omoplate ou l'épaule en haut du côté de l'épine.

164. On remarquera dans le muscle *releveur propre* :

1°. *Ses attaches* tout le long des parties latérales du bord supérieur du ligament cervical, depuis environ la seconde vertebre cervicale.

2°. *Sa terminaison* à la partie supérieure & interne du cartilage de l'omoplate, ce muscle qui s'élargit alors paroissant se confondre avec le rhomboïde.

3°. *Ses usages* : il releve l'omoplate, en la tirant en avant.

165. Le muscle *petit pectoral* doit le nom par lequel

on le désigne, à sa position sur le poitrail de l'animal.

Il faut en considérer :

1°. *L'attache fixe* aux parties latérales du sternum, & aux cartilages des trois premieres vraies côtes.

2°. *Le trajet* le long du bord antérieur de l'omoplate jusqu'à la partie supérieure.

3°. *La terminaison* à cette même partie aux empreintes musculaires qu'on y observe.

4°. *Les usages* : il tire l'épaule en bas & du côté du poitrail.

166. Le muscle *grand dentelé* est le plus considérable des muscles de l'épaule.

On en observera :

1°. *Les dentelures* ou *digitations* au nombre de huit adhérentes à l'extrémité inférieure des huit premieres côtes, s'entrelaçant avec les digitations antérieures du muscle grand oblique du bas-ventre, & s'étendant tout le long de la partie inférieure & latérale du col.

2°. *Les attaches* aux apophyses transverses des cinq dernieres vertebres cervicales, ainsi qu'aux apophyses transverses des trois premieres vertebres du dos.

3°. *La terminaison* à la partie supérieure & interne de l'omoplate, par un fort tendon résultant de la réunion de ses fibres.

4°. *Les usages*, ce muscle tirant l'épaule en bas & la rapprochant des côtes, il la porte encore en arriere ou en avant lors de l'action de sa portion postérieure ou antérieure.

Muscles du Bras.

167. Le bras se meut en tous sens, attendu son articulation

culation par genou avec l'omoplate. Il peut donc être porté en avant, en arriere, en dedans, en dehors, en rond & en maniere de pivot.

Toutes ces différentes actions sont dues à dix muscles appellés le *muscle commun*, le *grand pectoral*, l'*omo-brachial*, l'*antépineux*, le *postépineux*, le *grand dorsal*, le *sous-scapulaire*, l'*adducteur*, le *long* & le *court abducteur*.

168. Le muscle *commun* peut-être comparé par sa structure au muscle *deltoïde* de l'homme.

On observera,

1°. *Son attache* à tout le bord tranchant du sternum.

2°. *Son trajet* de dedans en dehors.

3°. *Son autre attache* par un tendon applati à la partie inférieure & antérieure de l'humérus.

4°. *Son prolongement* par une aponévrose sur les muscles du bras & de l'avant-bras que cette même aponévrose recouvre, & avec lesquels elle se confond.

5°. *Ses usages*, qui sont d'opérer l'action de *chevaler*, c'est-à-dire, de croiser une jambe l'une sur l'autre : quand il agit avec le grand pectoral, il approche le bras du poitrail.

On doit considérer, eu égard au muscle *grand pectoral*,

1°. *Sa situation* au-dessous du précédent.

2°. *Ses attaches* à la partie inférieure & antérieure de l'aponévrose du grand oblique, au cartilage xiphoïde, à la partie latérale du sternum, & aux cartilages des six dernieres vraies côtes.

3°. *Sa terminaison* à la partie supérieure & latérale interne de l'humérus, en se confondant avec le tendon de l'omo-brachial.

4°. *Ses usages*, ce muscle portant le bras en-dedans, & le muſcle commun concourant au même effet.

169. Le muſcle *antépineux* remplit la foſſe antépineuſe de l'omoplate.

On examinera,

1°. *Son attache* à cette même foſſe.

2°. *Sa terminaiſon* par deux tendons très-courts à la partie ſupérieure des deux éminences antérieures de l'humérus.

3°. *L'ouverture* réſultant de ces deux tendons, & donnant paſſage au long fléchiſſeur de l'avant-bras.

On obſervera, en ce qui concerne le muſcle *omo-brachial*,

1°. *Son attache* à l'éminence qui ſe trouve à la partie latérale interne de la tubéroſité de l'omoplate, éminence appelée *apophyſe coracoïde* dans l'homme.

2°. *Sa terminaiſon* à la partie antérieure & moyenne du corps de l'humérus.

Nota. Les uſages de ces deux muſcles ſont de porter le bras en avant.

170. Dans le muſcle *poſtépineux*,

On enviſagera,

1°. *Sa ſituation* dans la foſſe poſtépineuſe.

2°. *Son attache* à cette même foſſe.

3°. *Sa terminaiſon* à l'éminence externe & ſupérieure de l'humérus.

Le *grand dorſal* eſt un muſcle extrêmement large, qui recouvre preſque toutes les côtes.

On conſidérera,

1°. *Ses attaches* par une aponévroſe à l'angle antérieure des os des îles, & aux apophyſes épineuſes des vertebres lombaires & dorſales.

2°. *Son épanouiſſement* ſur les côtes, ce muſcle devenant charnu juſqu'au-deſſous de l'omoplate.

3°. *La seconde aponévrose* dans laquelle il dégénere ensuite, & qui se confond avec celle du long extenseur de l'avant-bras & de l'adducteur du bras.

4°. *Sa terminaison* à la tubérosité interne de l'humérus.

Nota. Les usages de ces deux muscles sont de porter le bras en arriere.

171. On observera dans le muscle *sous-scapulaire*,

1°. *Sa position* dans la fosse de la face interne de l'omoplate qu'il remplit entiérement.

2°. *Sa terminaison* à la partie supérieure & interne de l'humérus.

Nota. Ce muscle, ainsi que l'antépineux & le postépineux, s'attachant à la circonférence de la tête de l'humérus, & formant une aponévrose commune qui se confond avec le ligament capsulaire de cette articulation; ce même ligament, au moyen de ce méchanisme, est élevé dans l'action de ces muscles, sans être exposé aux risques d'être pincé entre l'humérus & l'omoplate.

On considérera dans le muscle *adducteur*,

1°. *Son attache* à la partie supérieure du bord postérieur de l'omoplate du côté interne.

2°. *Son trajet* : il descend le long de ce même bord.

3°. *Sa terminaison* à la tubérosité interne de l'humérus, en se confondant avec le grand dorsal.

Nota. Les usages de ce muscle & du précédent sont de porter & de serrer le bras contre la poitrine.

172. Il faut observer dans le muscle *long-abducteur*,

1°. *Son attache* à la partie supérieure du bord postérieur de l'omoplate du côté externe.

2°. *Son trajet* : il descend le long de ce même bord.

3°. *Sa terminaiſon* à la tubéroſité externe de l'humérus.

On envisagera enfin dans le muſcle *court-abducteur*,

1°. *Son attache* le long de la partie moyenne du bord poſtérieur de l'omoplate au-deſſous du poſt-épineux.

2°. *Sa terminaiſon* au-deſſous de la tubéroſité externe de l'humérus, entre le poſtépineux & le long abducteur.

Nota. Les uſages de ces deux muſcles ſont de porter le bras en-dehors.

Lorſque tous les muſcles du bras agiſſent enſemble, ils tiennent cette partie roide & dans une même ſituation; agiſſant ſucceſſivement les uns après les autres, ils opéreront des mouvemens de rotation, & l'action ſucceſſive des ſeuls muſcles antépineux, poſtépineux & ſous-ſcapulaire, fera tourner le bras ſur ſon axe.

Muſcles de l'Avant-bras.

173. Le cubitus eſt joint à l'humérus par charniere, & les mouvemens que permet cette articulation ſe bornent à l'extenſion & à la flexion.

Ils ont ici lieu par le moyen de ſept muſcles, nommés le *long* & le *court-fléchiſſeur*, le *long*, le *gros*, le *court*, le *moyen* & le *petit-extenſeur*.

174. Le muſcle *long fléchiſſeur* répond au muſcle que dans l'homme on nomme le *biceps*, quoiqu'il n'ait pas deux tendons ſupérieurement.

On obſervera,

1°. *Son attache* à la tubéroſité de l'omoplate par un tendon extrêmement fort & très-gros.

2°. *L'augmentation* de la groſſeur de ce tendon enſuite de cette attache, & ſon changement en un corps épais & cartilagineux fait en forme de poulie, qui dans les mouvemens de contraction du muscle glisse sur l'éminence moyenne de la partie supérieure & antérieure de l'humérus, & occupe les deux sinuosités : ce tendon fait à l'épaule ce que la rotule fait au grasset, car il roule & glisse immédiatement sur l'os, au moyen de l'humeur synoviale de l'articulation, le ligament capsulaire n'étant point au-dessous, mais s'attachant extérieurement aux environs & au bas de cette articulation.

3°. *La partie charnue* qui succede au tendon, & qui descend le long de la partie antérieure du bras.

4°. *Sa terminaison* par un tendon moins fort que le précédent, à la tubérosité interne du cubitus.

5°. *L'aponévrose* se détachant extérieurement de ce tendon, & s'épanouissant sur les autres muscles de l'avant-bras dans lesquels elle s'évanouit insensiblement.

Il faut remarquer, eu égard au *court-fléchisseur*,

1°. *Son attache* à la partie postérieure & au-dessous de la tête de l'humérus.

2°. *Son trajet* de derriere en devant, ce muscle glissant sur la grande sinuosité de ce même os.

3°. *Sa terminaison* à la tubérosité interne du cubitus au-dessous du précédent.

Nota. Les usages de ces deux muscles sont indiqués par leur dénomination ; ils fléchissent l'avant-bras.

175. On considérera dans le muscle *long-extenseur*,

1°. *Ses attaches* par une aponévrose au bord postérieur de l'omoplate, cette aponévrose recouvrant la face interne du gros-extenseur, & se confondant avec celle du grand dorsal.

2°. *L'origine* de ses fibres charnues naissant de la partie supérieure de ce même bord.

3°. *Leur trajet :* elles descendent en s'élargissant le long du gros-extenseur, & recouvrent toute la face interne de l'articulation.

4°. *Sa terminaison* à la partie latérale interne de l'apophyse olécrâne.

5°. *Son changement* en une aponévrose qui recouvre les muscles du canon.

Il faut observer dans le muscle *gros-extenseur*,

1°. *Sa position* au-dessus de celui-ci.

2°. *Son attache* tout le long du bord postérieur de l'omoplate.

3°. *Son trajet* : il suit le précédent.

4°. *Sa terminaison* à l'apophyse olécrane.

On envisagera dans le muscle *court-extenseur*,

1°. *Sa position* à la partie latérale externe du bras.

2°. *Son attache* au-dessous de la tête, & à la tubérosité externe de l'humérus.

3°. *Sa terminaison* à l'apophyse olécrâne.

Le *petit-extenseur* ne fait pas un grand trajet.

Il faut considérer,

1°. *Son attache* à la partie postérieure & inférieure de l'humérus, dont il occupe une portion de la cavité profonde & postérieure.

2°. *Sa terminaison* par un tendon à la partie postérieure de l'olécrâne.

On observera dans le muscle *moyen-extenseur*,

1°. *Son attache* à la tubérosité interne de l'humérus.

2°. *Son trajet* le long de la partie interne du bras.

3°. *Sa terminaison* à la partie supérieure & interne de l'olécrâne.

Nota. Les usages de ces cinq muscles sont indiqués par leur dénomination ; leur fonction est d'étendre l'avant-bras.

Des Muscles du Canon.

176. Le canon n'est susceptible que des mouvemens de flexion & d'extension. Ils ont ici lieu à contre-sens de ceux de l'avant-bras, puisque le canon se fléchit en arriere, & qu'il s'étend en avant au moyen de cinq muscles, dont trois *fléchisseurs* & deux *extenseurs*.

Les fléchisseurs sont le *fléchisseur-intern*, le *fléchisseur-externe* & le *fléchisseur-oblique*.

Les extenseurs sont le *droit-antérieur* & l'*extenseur-oblique*.

177. On remarquera dans le muscle *fléchisseur-interne*,

1°. *Son attache* supérieurement au condyle interne de l'humérus.

2°. *Son trajet* jusqu'au genou, où il entre dans un ligament annulaire & particulier.

3°. *Sa terminaison* par un tendon applati à la partie postérieure du canon.

Il faut observer dans le muscle *fléchisseur-oblique*,

1°. *Son attache* supérieurement à la partie postérieure du condyle interne de l'humérus.

2°. *Son trajet*, qui est oblique de haut en bas.

3°. *Sa terminaison* à l'osselet du genou, que nous avons nommé l'*os crochu*.

On considérera dans le muscle *fléchisseur-externe*,

1°, *Son attache* supérieurement à la partie postérieure du condyle externe de l'humérus.

2°. *Sa premiere terminaison* à l'os crochu par un tendon.

3°. *Le prolongement* de ce tendon après cette attache le long de la partie latérale externe des os du genou.

4°. *Sa derniere terminaison* à la tête du péroné.

Nota. Les usages de ces muscles sont suffisamment connus par le nom qui les désigne.

178. On observera dans le muscle *extenseur-droit-antérieur*,

1°. *Sa position* à la partie antérieure de l'avant-bras.

2°. *Son attache* supérieurement à la tubérosité & au condyle externe de l'humérus.

3°. *Son trajet* en descendant & en passant sous le tendon de l'extenseur-oblique dans une sinuosité de la partie inférieure du cubitus, où il est recouvert d'un ligament annulaire & particulier.

4°. *Sa terminaison* sans sortir de ce ligament, antérieurement à la tubérosité du canon.

Il faut considérer enfin dans le muscle *extenseur-oblique*,

1°. *Son attache* supérieurement à la partie latérale externe du cubitus, depuis la partie moyenne jusqu'à l'inférieure.

2°. *Son trajet* en se portant obliquement de dehors en dedans par-dessus le tendon de l'extenseur-droit-antérieur, il traverse obliquement l'articulation, & passe dans un ligament annulaire & particulier.

3°. *Sa terminaison* à la partie latérale & interne de la tête du canon.

Nota. Les usages de ces muscles sont exprimés aussi par le nom qu'on leur donne ; l'extenseur oblique peut encore déterminer latéralement le canon.

Muscles du Pied.

179. Nous comprenons dans le pied tout ce qui est au-dessous du canon, c'est-à-dire, le boulet, le

pâturon, la couronne & le pied proprement dit, ces parties faisant leurs mouvemens ensemble, & leurs muscles étant communs. Elles sont articulées par charniere, & ne sont par conséquent capables que d'extension & de flexion.

On compte pour ces deux actions opposées quatre muscles, deux *fléchisseurs* & deux *extenseurs*. Les deux fléchisseurs sont, le *sublime* & le *profond*; & les deux extenseurs, l'*extenseur-antérieur* & l'*extenseur-latéral*, sans parler de deux autres petits muscles nommés *lombricaux* dans l'homme.

180. Le muscle *sublime*, appelé ainsi eu égard à sa situation, & nommé encore *perforé* eu égard à sa structure, occupe la partie postérieure de la jambe depuis le bras jusqu'au pied.

On observera,

1°. *Son attache* supérieurement à la partie postérieure du condyle interne de l'humérus.

2°. *Son trajet* en descendant le long du muscle profond, passant dans l'arcade ligamenteuse qui est derriere le genou, & se portant jusqu'à l'extrémité inférieure du canon où il s'élargit.

3°. *Sa seconde attache* par une expansion ligamenteuse aux os sésamoïdes.

4°. *Son prolongement* le long du pâturon.

5°. *Sa terminaison* de chaque côté à la partie supérieure de l'os de la couronne, par deux branches tendineuses, laissant entr'elles une ouverture qui a donné lieu, ainsi que je l'ai dit, d'appeler encore ce muscle *muscle perforé*, sur-tout dans l'homme, ce tendon étant en lui véritablement percé d'un trou, mais se divisant simplement ici en deux branches.

Le muscle *profond* est au-dessous du muscle sublime, & part du même endroit & de la même attache, ces deux mufcles étant unis à la partie fupérieure.

On en remarquera,

1°. *Le volume*, plus confidérable que celui du fublime.

2°. *La compofition :* il paroît formé de quatre à cinq petits mufcles qui fe réuniffent cependant en un feul & fort tendon, & dont il en eft deux que l'on diftingue & que l'on fépare plus aifément.

3°. *L'attache féparée* du premier de ces deux petits mufcles à la partie poftérieure de l'olécrâne.

4°. *Sa pofition* à la partie interne & concave de cette apophyfe.

5°. *L'union* qui fe fait près du genou de fon tendon, qui eft extrêmement mince, avec le tendon fort & commun dont je viens de parler, cette portion de mufcle ou ce petit mufcle donnant auffi quelquefois un tendon au fléchiffeur oblique du canon.

6°. *L'attache* du fecond de ces deux petits mufcles à la partie poftérieure & moyenne du cubitus.

7°. *L'union* qu'il contracte de même avec le tendon commun.

8°. *Le trajet* de ce même tendon commun dans l'arcade ligamenteufe du genou, au-deffous ou au-devant du fublime, d'où il eft appelé *profond*, ce tendon defcendant jufqu'au bas du pâturon, où il traverfe la fente formée ou l'efpace laiffé par les branches tendineufes du *perforé*, & devenant alors *perforant*.

9°. *Sa terminaifon* à la partie inférieure de l'os du pied, où il s'épanouit en maniere d'aponévrofe.

Nota. Les ufages de ces deux mufcles fe bornent, ainfi qu'on peut le concevoir, à opérer la flexion du pied.

181. Il faut, eu égard au muſcle *extenſeur-antérieur*, conſidérer,

1°. *Son attache* ſupérieurement & antérieurement au condyle externe de l'humérus & au cubitus.

2°. *Son trajet* le long de la partie externe de ce dernier os juſqu'au genou, où il paſſe dans un ligament annulaire & particulier, pour ſe porter obliquement ſur la partie antérieure du canon juſques ſur le boulet.

3°. *Son adhérence* en cet endroit au ligament de cette articulation.

4°. *Sa jonction*, après être encore deſcendu, avec le muſcle ſuivant.

Le muſcle *extenſeur-latéral* eſt ſitué à la partie externe de l'avant-bras.

Il faut en remarquer,

1°. *L'attache* à la partie ſupérieure & externe du cubitus.

2°. *Le trajet* le long de la partie latérale de cet os, & dans un ligament annulaire & particulier de l'articulation du genou, ainſi que le long de la partie antérieure du canon ſur laquelle il chemine obliquement.

3°. *L'adhérence* qu'il contracte avec l'articulation du boulet, où il ſe joint avec le muſcle précédent, & ſe confond avec deux parties ligamenteuſes venant de la partie poſtérieure du canon.

4°. *La forte aponévroſe* réſultant de ces quatre corps réunis.

5°. *Sa terminaiſon* à tout le bord ſupérieur de l'os du pied.

Nota. Les uſages de ces deux muſcles ſont trop ſenſibles pour être obligé d'annoncer qu'ils étendent le pied.

Des Muscles lombricaux.

182. Il est encore deux petits muscles qui peuvent être comparés aux lombricaux de l'homme.

On en verra,

1°. *Le principe* à la partie inférieure du tendon du profond.

2°. *La terminaison* au pâturon.

3°. Quant à *leurs usages*, ils peuvent être regardés comme les auxiliaires des précédens.

DES MUSCLES DU CORPS.

SECTION I.

Des Muscles du Dos & des Lombes.

183. LES muscles du dos & des lombes ayant les mêmes fonctions, ou du moins se prêtant mutuellement des secours, nous les rangerons dans la même classe, & nous les réunirons dans une même & seule description, à l'effet d'éviter toute confusion, & des répétitions inutiles.

Ces muscles sont de chaque côté le *long-dorsal* & le *psoas des lombes*. Il en est de plus d'autres petits, appelés les uns *épineux-transversaires*, & les autres *inter-épineux*.

184. Le muscle *long-dorsal* est un muscle très-considérable & très-composé.

On en observera,

1°. *La naissance* ou le *principe* postérieurement à la crête de l'iléon.

2°. *Les attaches* aux apophyses épineuses & transverses de toutes les vertebres lombaires, ainsi qu'aux cinq dernieres apophyses épineuses des vertebres dorsales.

3°. *Le trajet* qu'il fait ensuite de ces attaches de derriere en devant, le long du bord inférieur du long-épineux du col avec lequel il se confond en partie.

4°. *Ses attaches* dans ce trajet par des portions charnues à la partie supérieure de toutes les côtes, & par des tendons aux apophyses transverses de toutes les vertebres dorsales, ce muscle remplissant presque tout l'intervalle qui est entre les côtes & les apophyses épineuses.

5°. *Sa terminaison*, après avoir insensiblement diminué de largeur, par trois tendons aux deux dernieres vertebres cervicales.

6°. *Ses usages* : les mouvemens qu'opere ce muscle devant être très-forts, car il est composé de beaucoup de plans de fibres, dont chacun a des attaches particulieres : c'est aussi par lui que tout le tronc de l'animal est mû, soit que le cheval fasse une pesade, une courbette, une pointe, ou qu'il éleve le devant de maniere ou d'autre, soit aussi que par une action contraire il rue, il épare ou leve le derriere.

Eu égard aux muscles *épineux-transversaires*, qui doivent leurs noms à leurs attaches, on en considérera,

1°. *Le nombre*, qui est égal à celui des vertebres lombaires & dorsales.

2°. *La position* oblique, tant sur les unes que sur les autres de derriere en devant.

3°. *Les attaches* constantes aux apophyses transverses d'une vertebre, & aux apophyses épineuses de l'autre, & ainsi successivement depuis l'os sacrum jusqu'à la premiere vertebre du dos, tous ces petits muscles se joignant & s'atteignant de maniere qu'ils paroissent n'en composer qu'un seul.

Les muscles *inter-épineux* occupent l'intervalle que laissent les apophyses épineuses entr'elles.

Nota. Les usages de ceux-ci & des précédens sont de concourir avec le long dorsal aux mêmes effets.

On remarquera, en envisageant le muscle *psoas des lombes :*

1°. *Son attache* aux parties latérales du corps des trois dernieres vertebres dorsales, & aux quatre premieres vertebres lombaires.

2°. *Sa terminaison* à la partie inférieure & interne de l'iléon, près de la cavité cotyloïde.

3°. *Ses usages* : ce muscle étant l'antagoniste du long-dorsal, de maniere que quand l'animal leve le devant, comme il a son point fixe à l'iléon, il sert à le baisser ; & lorsque l'animal leve le derrïere, le point fixe devenant le point mobile, entraîne le bassin, & par conséquent le train de derriere. Il aide encore beaucoup au cheval à se relever quand il est couché ; il est alors secondé par les muscles du bas-ventre, qui approchent le bassin des côtes. Il contribue enfin aux mouvemens latéraux, en agissant de concert avec ces mêmes muscles.

Des Muscles de la Respiration.

185. La respiration suppose nécessairement deux mou-

vemens, c'eſt-à-dire, l'inſpiration opérée par l'élevation des côtes, & l'expiration opérée par leur abaiſſement.

L'un & l'autre de ces mouvemens doivent être exécutés au moyen de certains muſcles, indépendamment de l'action de l'air & de la ſtructure des côtes qui y contribuent principalement.

Nous diviſerons ces muſcles en inſpirateurs & en expirateurs, & en communs & propres à chacun de ſes mouvemens.

Les premiers ſont, les *releveurs des côtes*, les *intercoſtaux internes* & *externes*, le *tranſverſal*, & le *muſcle du ſternum.*

Les ſeconds ſont, le *long-dentelé*, l'*intercoſtal commun* & *le diaphragme.*

Les premiers des muſcles propres à l'inſpiration ſont les *releveurs des côtes.*

186. Il faut en conſidérer,

1°. *Le nombre*; on en compte quinze.

2°. *Les attaches*, celle du premier étant à l'apophyſe tranſverſe de la ſeconde vertebre dorſale, celle du ſecond à l'apophyſe tranſverſe de la troiſieme.

3°. *Leur terminaiſon*, celle du premier ſe faiſant à la partie antérieure & ſupérieure de la troiſieme côte, celle du ſecond à la partie antérieure & ſupérieure de la quatrieme, & ainſi de ſuite pour les attaches & les terminaiſons des treize ſuivans.

4°. *Leurs uſages* ſuffiſamment indiqués par leurs noms.

Les muſcles *intercoſtaux* rempliſſent les intervalles de toutes les côtes.

On en obſervera,

1°. *Le nombre.* S'il eſt dix-ſept intervalles entre les côtes, & qu'ils ſoient au nombre de deux dans chaque intervalle, il en eſt trente-quatre de chaque côté, ou ſoixante-huit en tout.

2°. *Leur ſtructure.* Ils ſont compoſés de deux plans de fibres ſéparés & diſpoſés à contre-ſens, d'où réſultent deux muſcles différens, dont l'un eſt interne & l'autre externe.

3°. *Le trajet du plan externe*, ce plan ſe portant de devant en arriere, & obliquement de haut en bas.

4°. *Le trajet du plan interne*, ce plan ſe portant obliquement de bas en haut, de maniere que les fibres de ces deux muſcles ou de ces deux plans ſe croiſent à angles aigus, & ne ſont ſéparées que par un tiſſu cellulaire fort léger.

5°. *Leurs attaches* au bord & à la ſinuoſité de toutes les côtes : il ſemble néanmoins que la plus fixe eſt à leur bord poſtérieur, & la mobile au bord antérieur, ſavoir, de la premiere à la ſeconde, de la ſeconde à la troiſieme, & ainſi ſucceſſivement.

6°. *Leurs uſages* développés par leur poſition, & qui ſont d'élever les côtes, parce que la premiere où commence le premier point d'appui n'eſt pas trop mobile, & convient par conſéquent très-bien pour leur ſervir de point fixe.

Le muſcle *tranſverſal* préſente une bande charnue de la largeur d'environ deux doigts.

On en remarquera,

1°. *Le trajet*, ce muſcle s'étendant tranſverſalement depuis la premiere côte juſqu'à la quatrieme.

2°. *L'attache* à la face externe de la premiere côte.

3°. *La terminaiſon* à la face externe de la quatrieme côte, près des attaches du muſcle droit du bas-ventre, après avoir paſſé par-deſſus la ſeconde & la troiſieme ſans s'y attacher.

4°. *Les uſages*

4°. *Les usages :* la premiere côte servant de point fixe à ce muscle, il tire la quatrieme en avant & la releve.

On observera dans le muscle *du sternum* :

1°. *Sa position* & ses attaches à la face interne de cet os.

2°. *Ses attaches* par des productions tendineuses aux cartilages des vraies côtes.

3°. *Ses usages.* Ces productions étant obliques de devant en arriere, il peut aider ces côtes dans leur mouvement & les élever, quoique le sternum lui-même soit mu dans l'inspiration, attendu qu'il est comme la clef & le point d'union de toutes les côtes.

Nota. Le col & l'épaule présentant un point fixe au muscle grand dentelé & au muscle scalene, ces deux muscles peuvent aider l'action de tous ceux dont nous venons de parler.

187. Le premier des muscles communs à la respiration est le *long-dentelé.*

On en considérera :

1°. *La position* le long du dos, au-dessous du grand dorsal.

2°. *La composition* : il est formé de deux portions, l'une antérieure & l'autre postérieure, qui dans leur entrelacement à la partie moyenne de la poitrine, ne paroissent être qu'un seul & même muscle : mais en voyant la direction de ses fibres, & en faisant attention à son usage, on pourroit en faire deux muscles particuliers.

3°. *Les attaches* de la portion antérieure aux apophyses épineuses des douze premieres vertebres dorsales par une aponévrose.

4°. *La terminaison* de cette même portion, après qu'elle s'est portée de devant en arriere par huit digitations charnues aux quatre dernieres vraies & aux quatre premieres fausses côtes.

5°. *Les attaches* de la portion postérieure par une aponévrose aux apophyses épineuses de toutes les vertebres lombaires, & aux cinq dernieres dorsales.

6°. *La terminaison* de cette même portion, après qu'elle s'est portée obliquement de derriere en devant, au bord postérieur des sept à huit dernieres fausses côtes, par autant de digitations charnues qui s'entrelacent avec les digitations postérieures du muscle grand - oblique de l'abdomen.

Le muscle *intercostal commun* a été ainsi nommé, parce qu'il s'attache à toutes les côtes.

Il faut en observer :

1°. *La position* : il est couché le long de leur partie supérieure, au-dessous du long-dentelé.

2°. *La composition*, ce muscle étant composé de deux plans de fibres réunies.

3°. *Les attaches* du plan externe par trois tendons aux apophyses transverses des trois premieres vertebres lombaires.

4°. *Sa terminaison*, après s'être porté de derriere en devant par autant de tendons à la partie supérieure du bord postérieur de toutes les côtes.

5°. *Les attaches* du plan interne à l'apophyse transverse de la premiere vertebre dorsale.

6°. *Sa terminaison* après qu'il s'est porté de devant en arriere, par autant de tendons moins sensibles que les précédens, à la partie antérieure & supérieure de toutes les côtes, les tendons de ces deux plans de fibres se croisant en maniere d'X.

Nota. Les usages de ces deux muscles sont de servir à l'inspiration & à l'expiration, en élevant & en abaissant les côtes.

Le *diaphragme* eſt un muſcle qui ſépare la poitrine du bas-ventre.

On examinera :

1°. *Sa plus grande largeur* à la partie ſupérieure, qu'à l'inférieure.

2°. *Sa convexité* du côté de la poitrine.

3°. *Sa concavité* du côté du bas-ventre.

4°. *Sa partie charnue.*

5°. *Sa partie aponévrotique.*

6°. *Son attache ſupérieure* par deux parties tendineuſes, appelées les *piliers du diaphragme*, l'un à droite & l'autre à gauche, aux parties latérales du corps des trois premieres vertebres lombaires & des deux dernieres dorſales, à la face interne de toutes les fauſſes côtes, aux deux dernieres vraies, & au cartilage xiphoïde.

7°. *Son centre nerveux* ou *tendineux*, c'eſt-à-dire, la large aponévroſe réſultant à ſa partie moyenne des fibres rayonnées qui viennent ſe rendre de la circonférence au centre, ce centre lui ſervant de point fixe avec les deux piliers.

8°. *Les trois ouvertures* dont ce muſcle eſt percé.

9°. *La premiere* ou *la ſupérieure* étant l'eſpace qui ſépare les deux piliers, elle donne paſſage à l'aorte.

10°. *La ſeconde* qui eſt à droite, donnant paſſage à la veine cave.

11°. *La troiſieme* qui eſt à gauche en offrant un à l'œſophage.

12°. *Les uſages* de ce muſcle. Il augmente, en ſe portant en arriere dans l'inſpiration, la capacité de la poitrine, & facilite la dilatation des poumons. Dans l'expiration au contraire, il diminue la capacité que ſon premier mouvement avoit accrue, ce premier mouvement étant un mouvement actif, dans lequel consiste sa véritable fonction, & le second n'étant qu'un mouvement passif, occasionné par la contraction des muscles abdominaux à laquelle il cede.

Des Muscles de l'Abdomen ou du Bas-ventre.

188. Huit muscles, quatre de chaque côté, entourent & forment la plus grande partie des parois du ventre ou du coffre de l'animal; la direction de leurs fibres en a déterminé la dénomination; ainsi le premier ou le plus extérieur a été appelé *muscle grand-oblique*, le second, *muscle petit-oblique*, le troisieme, *muscle transverse*, & le quatrieme, *muscle droit*.

189. Le muscle *grand-oblique* est le muscle le plus considérable & le plus étendu : il se montre aussitôt qu'on a enlevé les tégumens & le pannicule charnu.

On considérera :

1°. *Ses attaches postérieures* étant à toute la crête des os des îles, c'est-à-dire, le long de l'angle antérieur & à l'os pubis.

2°. *Ses attaches antérieures* ayant lieu extérieurement à la partie inférieure des quinze dernieres côtes par autant d'appendices charnus qui se terminent & finissent par un petit tendon, ces appendices formant des digitations ou dentelures dont les six à sept premieres s'entrelacent avec celles du long-dentelé (*voyez* 187), & sont recouvertes par le grand-dorsal (*voyez* 170).

3°. *La légere aponévrose* étant à sa partie supérieure, n'ayant aucune attache fixe le long de son bord, & adhérant seulement aux muscles qu'elle recouvre.

4°. *L'entiere & forte aponévrose* étant à sa partie inférieure & postérieure, se joignant inférieurement à celle du côté opposé, contribuant par cette jonction à la formation de ce qu'on appelle *la ligne blanche*, & contractant adhérence avec l'aponévrose du petit-oblique.

5°. *L'ouverture ovale* dont cette portion aponévrotique est percée dans le cheval comme dans l'homme, pour le passage des vaisseaux spermatiques, cette ouverture étant appelée communément l'*anneau du grand-oblique* ou *de l'oblique-externe*.

6°. *L'arcade* placée un peu plus postérieurement & nommée *l'arcade crurale;* elle fournit un passage aux vaisseaux cruraux.

7°. *La direction* des fibres de ce muscle étant obliquement de devant en arriere & de haut en bas.

Dans le muscle *petit-oblique* : il faut remarquer :

1°. *Sa position* immédiatement au-dessous du grand-oblique.

2°. *Ses attaches postérieures* étant à tout l'angle antérieur des os des îles & au pubis.

3°. *Son trajet*, ce muscle se portant de ces attaches à contre-sens du grand-oblique, c'est-à-dire, obliquement de haut en bas & de derriere en devant.

4°. *Ses attaches antérieures* par plusieurs tendons au bord des cartilages des fausses côtes, d'où l'on voit qu'antérieurement il n'outre-passe pas & ne se porte pas même si loin que le grand-oblique.

5°. *Sa partie supérieure* n'ayant, ainsi que ce dernier muscle, aucune attache fixe.

6°. *L'aponévrose* plus large dans le milieu qu'à

ſes extrémités, étant à ſa partie inférieure qu'elle termine, & finiſſant à la ligne blanche.

7°. *L'adhérence de cette aponévroſe* avec celle du grand-oblique par ſa face externe, tandis que par ſa face interne elle eſt collée au muſcle droit & adhere fortement à toutes ſes interſections, d'où l'on voit qu'elle differe de l'aponévroſe que l'on rencontre dans le corps humain, en ce qu'elle ne ſe partage point en deux lames pour envelopper & former une gaîne au muſcle droit; ici ce muſcle en eſt ſimplement recouvert.

Nota. Les uſages particuliers de ces deux muſcles conſiſtent à faire faire au corps de l'animal des mouvemens latéraux.

190. Le muſcle *tranſverſe* eſt directement ſitué au-deſſous du précédent, ſes fibres ſe portant de haut en bas depuis les vertebres des lombes juſqu'à la ligne blanche.

On examinera :

1°. *Ses attaches* les plus fixes, ayant lieu ſupérieurement par une aponévroſe aux apophyſes tranſverſes des vertebres lombaires.

2°. *Sa terminaiſon* inférieurement à la ligne blanche par une autre aponévroſe, ce muſcle dégénérant ainſi à quelque diſtance de cette ligne, de charnu qu'il a été enſuite de ſon aponévroſe ſupérieure.

3°. *Son attache poſtérieure* à l'angle antérieur des os des îles & au pubis, par une aponévroſe ſi mince quelquefois qu'on la prendroit pour le péritoine; mais on l'en ſépare aiſément pour peu que l'on y faſſe attention.

4°. *Ses attaches antérieures* au bord interne du cartilage de toutes les fauſſes côtes & de quelques-unes des vraies juſqu'au cartilage xiphoïde.

5°. *Ses usages* particuliers, qui sont de servir comme de sangle, à l'effet de soutenir fortement tous les visceres du bas ventre.

191. *Nota.* Il résulte de cette exposition que la ligne blanche n'est autre chose que la réunion des aponévroses de ces trois paires de muscles. De cette réunion naît un corps un peu plus épais, & qui s'étend depuis le cartilage xiphoïde jusqu'au pubis. C'est dans le milieu de ce corps ou de cette ligne que se trouve le cordon ombilical dans le fœtus & le nœud ombilical ou la cicatrice des vaisseaux ombilicaux dans les poulains. Du reste, les différentes aponévroses des muscles abdominaux forment, par leur réunion à la partie postérieure, un fort tendon passant sur la sinuosité du pubis, traversant le pectinœus, s'insérant dans l'échancrure de la cavité cotyloïde, & se terminant dans l'échancrure de la tête du fémur avec le ligament rond de cette articulation.

Nous ajouterons qu'il se porte une quantité considérable de nerfs à ces muscles, ces nerfs étant une continuation des derniers intercostaux & des lombaires; ils sont volumineux & parfaitement visibles sur la face externe de chacun de ces muscles, spécialement sur le transverse d'où ils vont aboutir au muscle droit.

192. Les muscles *droits* forment la quatrieme paire des muscles abdominaux. On les a ainsi nommés, attendu la direction droite de leurs fibres. On peut se les représenter comme deux bandes larges d'environ un demi-pied, car ils ne s'étendent point, ainsi que les autres, sur la plus grande partie de la circonférence du coffre, & on en examinera :

1°. *La position* à la partie inférieure de l'abdomen, à côté de la ligne blanche, un de chaque côté.

2°. *L'étendue* depuis le pubis jusqu'au sternum.

3°. *L'attache* la plus solide étant au pubis.

4°. *Le trajet*, ces muscles se portant de cette attache en avant, entre l'aponévrose du transverse & celle du petit-oblique, jusqu'à la partie antérieure de l'abdomen.

5°. *Les attaches* au sternum & aux cartilages des six dernieres vraies côtes par plusieurs appendices charnues & aponévrotiques.

6°. *L'écartement* l'un de l'autre à la partie antérieure, tandis qu'à la partie postérieure peu s'en faut qu'ils ne se joignent.

7°. *Les intersections* ou les lignes tendineuses, qui, au nombre de neuf, interrompent la direction de leurs fibres & les divisent en plusieurs parties, ce qui étoit évidemment nécessaire, attendu leur longueur, pour que leur contraction eût plus de force & plus d'effet : ces intersections plus apparentes à la face externe qu'à l'interne, & auxquelles l'aponévrose du petit-oblique adhere fortement, tenant les fibres charnues plus réunies, & empêchant qu'elles ne se divisent & ne s'écartent dans les gonflemens du ventre. Par elles la contraction de ces muscles ne s'opere pas dans un même point, mais elle se fait dans chacune de ces portions, & dès-lors l'action de ces muscles en est moins incommode & plus étendue.

8°. *Les usages propres* étant de contribuer sensiblement à l'expiration en ramenant à eux les côtes & le sternum, & de porter par un sens contraire & en avant le derriere en tirant le bassin.

193. *Nota.* Outre les *fonctions particulieres à chacun des muscles abdominaux*, il en est de *communes* &

de *générales* qui peuvent être déduites de leur position, de leur ſtructure, de leur contraction ou de leur jeu.

1°. En examinant leur force & leur ſituation, on ſera convaincu qu'ils doivent enſemble contenir, maintenir & ſoutenir tous les viſceres du bas-ventre.

2°. En en conſidérant l'action & le jeu, on verra qu'ils ſervent néceſſairement à la reſpiration en tirant les côtes & en ſollicitant leur abaiſſement. Ils diminuent en effet alors l'ampleur ou la capacité de la poitrine : or cette capacité ne peut être diminuée que l'air ne ſoit chaſſé au-dehors & l'expiration accomplie. Il ne faut pas croire au ſurplus que la poitrine diminuant de volume, celui du bas-ventre augmentera : au contraire il diminuera de même, la diminution du volume de la poitrine n'étant occaſionnée que par la contraction de ces muſcles, & ces muſcles ne pouvant ſe contracter ſans preſſer tous les viſceres de l'abdomen, qui ſe logent dès-lors dans l'eſpace que leur offre & que leur fournit le relâchement du diaphragme, qui, au moment de l'expiration, peut ſe prêter & être pouſſé du côté de la poitrine.

3°. C'eſt en conſéquence de cette preſſion alternative que ces mêmes muſcles hatent la digeſtion & la progreſſion des alimens, en premier lieu, de l'eſtomac dans les premiers inteſtins, de ces premiers inteſtins dans les autres, & qu'ils en procurent la déjection par l'anus, comme la ſortie de l'écoulement de l'urine par l'urethre.

4°. C'eſt encore conſéquemment à cette même preſſion qu'ils facilitent l'intruſion du chyle dans les vaiſſeaux lactés, dans le réſervoir, & du réſervoir dans le torrent de la circulation; qu'ils concourent à la sécrétion des différentes liqueurs qui se séparent dans le foie, dans le pancréas, dans les reins & dans tous les autres filtres qui sont en grand nombre dans cette cavité; qu'ils empêchent la stagnation du sang; qu'ils en accélerent la progression dans des parties lâches, dans des vaisseaux remplis de circonvolutions & extrêmement fins, & où conséquemment les liqueurs seroient plus disposées à s'arrêter; ce qui n'arrive que trop fréquemment, pour peu que ces mouvemens soient rallentis par le défaut d'action de la part des solides, ou par le trop grand épaississement de ces mêmes liqueurs, & ce qui donne lieu à presque toutes les maladies des visceres de l'abdomen, que l'on peut par cette raison prévenir, au moyen d'un exercice constant, continuel & réglé.

L'usage de ces muscles, en un mot, est très-marqué & très-nécessaire dans l'expulsion du fœtus.

SECTION II.

Des Muscles de l'Arriere-main.

194. Nous placerons dans la description des muscles de l'arriere-main, les muscles des *testicules*, du *membre*, du *clitoris* dans la jument, de l'*anus* & de la *queue*.

Muscles des Testicules.

195. Le muscle *cremaster* est un faisceau de fibres charnues de la longueur d'un demi-pied & d'un pouce de grosseur.

On en considérera :

1°. *L'origine* au bord poſtérieur du muſcle oblique-interne & à l'aponévroſe du *faſcia-lata*, ainſi qu'à celle du tranſverſe qui en eſt près.

2°. *Le trajet* : ce muſcle paſſant derriere le bord du grand-oblique pour ſe joindre au cordon des vaiſſeaux ſpermatiques, cheminant & deſcendant avec eux juſqu'aux teſticules.

3°. *L'aponévroſe* dans laquelle il dégénere près de ces mêmes teſticules, aponévroſe qui s'épanouiſſant & formant l'eſpece de poche qui les enveloppe, compoſe véritablement dans l'animal la tunique érytroïde.

4°. *Les uſages* qui ſont, lors de ſa contraction, de tirer & d'élever les teſticules.

Muſcles du Membre.

196. Les muſcles du membre ſont au nombre de ſix, trois de chaque côté, ſavoir, deux *érecteurs*, deux *accélérateurs* & deux *triangulaires*.

197. Les muſcles *érecteurs* pourroient, vu leurs attaches, être appelés, comme dans l'homme, *muſcles iſchio-caverneux*.

On en obſervera :

1°. *L'attache* à la partie poſtérieure, ſupérieure & interne de la tubéroſité de l'iſchion.

2°. *Le trajet*, ces muſcles deſcendans obliquement de derriere en devant en embraſſant les deux branches ou les racines du corps caverneux.

3°. *Leur terminaiſon* aux parties latérales de ce même corps.

4°. *Les uſages* : en ſe contractant ils tirent & appliquent le corps caverneux contre l'os pubis.

Les muſcles *accélérateurs* ſe préſentent comme deux petites bandes charnues très-minces, plus fortes néanmoins à l'endroit du bulbe de l'urethre qu'ils recouvrent.

On en remarquera :

1°. *La jonction* aux muscles triangulaires au-dessous des os pubis, jonction ensuite de laquelle ils se couchent sur l'urethre même.

2°. *L'union de l'un & de l'autre* dans le milieu de ce même canal ; union marquée par une ligne blanchâtre & tendineuse qui regne dans toute leur étendue, & ces muscles près de leur terminaison recouvrant encore les ligamens uréthro-coccygiens.

3°. *Les attaches* tout le long de l'urethre au corps caverneux même, depuis le ligament inter-osseux des os pubis jusqu'à environ cinq à six travers de doigt de distance de la tête du membre.

4°. *Les usages* : ces muscles agissant sur l'urethre en commençant depuis le bulbe jusqu'auprès de l'extrémité du membre, déterminent la progression de la semence dans ce canal plus étroit au moment de l'érection, attendu le gonflement du tissu spongieux. Leur action a lieu par secousses, & selon que ces secousses plus ou moins fortes, vives & répétées, la semence est dardée avec plus ou moins de violence.

Les muscles *triangulaires* sont beaucoup plus petits que les autres, & répondent à ceux que dans l'homme on nomme *muscles transverses*.

Il faut en remarquer :

1°. *La position* entre les tubérosités des os ischion.

2°. *Les attaches*, un de chaque côté entre ces mêmes tubérosités.

3°. *Leur trajet* en dedans, en se portant l'un contre l'autre & diminuant de volume, ces muscles recouvrant les petites prostates & s'étendant jusqu'à la grande, en enveloppant le canal de l'urethre.

4°. *Les usages* : ils agissent sur les canaux éjaculatoires & sur les prostates ; ils font avancer la semence dans l'urethre & dégorger l'humeur qui se filtre dans les prostates, & qui se mêle avec la semence. Ils peuvent aussi comprimer en partie & élargir le bulbe de l'urethre auquel ils s'attachent.

Muscles du Clitoris.

198. Il est quatre muscles du *clitoris*, deux de chaque côté.

Il faut considérer dans les muscles *premiers* du clitoris :

1°. *Leur naissance* aux parties latérales du sphincter de l'anus.

2°. *Leur trajet* du haut en bas en recouvrant le corps caverneux.

3°. *Leur terminaison*, un de chaque côté, aux parties latérales du clitoris.

4°. *Leurs usages*, qui peuvent être de relever le clitoris ; & d'une autre part on pourroit encore les envisager comme des muscles constricteurs.

Les muscles *seconds* du clitoris peuvent être comparés aux muscles érecteurs de la verge.

On en remarquera :

1°. *L'attache* à la tubérosité de l'ischion.

2°. *La terminaison* à la racine du clitoris.

3°. *Les usages* : ils font les fonctions des érecteurs de la verge.

Muscles de l'Anus.

199. Les muscles de l'anus sont au nombre de trois, dont un impair & un pair.

L'impair eſt appelé le *ſphincter de l'anus;* il a environ deux doigts de largeur.

Il faut en obſerver :

1°. *La compoſition* : il eſt compoſé de pluſieurs trouſſeaux de fibres circulaires qui entourent l'inteſtin.

2°. *La réunion* de ces fibres qui rentrent les unes dans les autres à la partie ſupérieure & à l'inférieure, ce muſcle ſe confondant au ſurplus d'une part avec la peau & de l'autre avec l'inteſtin même.

3°. *Les uſages* : il ferme l'anus & s'oppoſe à la ſortie involontaire de la fiente; il cede néanmoins à la force ſupérieure des muſcles abdominaux dans le tems des déjections.

Les muſcles pairs de l'anus ſont plats, & de la largeur d'environ deux travers de doigt : on peut dire qu'ils ſont bien moins conſidérables dans l'animal que ceux qu'on appelle les *deux releveurs* dans l'homme.

Il faut en examiner :

1°. *L'attache* à la partie interne & ſupérieure de l'iſchion.

2°. *Leur trajet* de chaque côté le long du rectum.

3°. *Leur terminaiſon* à l'anus, où ils ſe confondent & ſe perdent dans les fibres du précédent.

4°. *Leurs uſages* : ils ſont les agens & les moyens par leſquels l'anus chaſſé & pouſſé en dehors au moment où l'animal fiente, eſt remis dans ſa ſituation naturelle, parce qu'ils operent dans le cheval ſelon une ligne horiſontale de dehors en dedans, tandis que dans l'homme, dont la ſituation eſt perpendiculaire, ils tirent de bas en haut.

Des Muſcles de la Queue.

200. Les différens mouvemens qu'on obſerve dans la queue de l'animal ſont opérés par le moyen de dix muſcles, qui ſont deux *ſacro-coccygiens ſupérieurs*, quatre *ſacro-coccygiens inférieurs*, deux *obliques* & deux *latéraux*.

On en conſidérera dans le muſcle *ſacro-coccygien ſupérieur :*

1°. *Son attache* à la face ou à la partie ſupérieure de l'éminence de l'os ſacrum, à l'endroit où il préſente en quelque maniere des apophyſes épineuſes.

2°. *Sa terminaiſon* par des tendons très-courts à tous les os de la queue.

3°. *Ses uſages* : on comprend que ces muſcles ſont les releveurs de la queue.

Des quatre muſcles *ſacro-coccygiens inférieurs*, deux ſont *internes* & deux ſont *externes*.

Il faut obſerver dans le muſcle *ſacro-coccygien externe* :

1°. *Son attache* à la partie latérale interne de l'os ſacrum.

2°. *Sa terminaiſon* par de forts tendons à la partie inférieure de tous les os de la queue.

On remarquera dans le *ſacro-coccygien inférieur interne* :

1°. *Son attache*, de même que le précédent, à la partie latérale interne de l'os ſacrum.

2°. *Sa terminaiſon* à la partie inférieure des cinq premiers des os de la queue.

Nota. Les uſages de ces muſcles conſiſtent à l'abaiſſer.

On obſervera dans les muſcles *latéraux* :

1°. *Leurs attaches* par des tendons aux parties latérales des apophyſes épineuſes des deux dernieres vertebres lombaires, & aux parties latérales de l'os ſacrum.

2°. *Leur terminaiſon* par de forts tendons à tous les os de la queue.

Enfin on examinera dans les muſcles *obliques* :

1°. *Leurs attaches* par un tendon applati au ligament ſacro-ſciatique.

2° *Leur trajet* ayant lieu obliquement de bas en haut.

3°. *Leur terminaiſon* à la partie inférieure de l'os ſacrum & aux quatre ou cinq premiers des os de la queue.

Nota. *Les uſages* des *latéraux* & des *obliques* ſont de faire faire à cette partie des mouvemens latéraux. Tous les muſcles de la queue agiſſant enſemble, elle eſt tenue roide, fixe & immobile.

Muſcles de l'extrémité poſtérieure.

Muſcles de la Cuiſſe.

201. Le fémur étant articulé par genou avec les os du baſſin, peut être fléchi, étendu, mu latéralement en dedans & en dehors, & même en quelque ſorte circulairement. Ces derniers mouvemens ne ſauroient néanmoins être opérés avec autant de facilité & de liberté que dans l'articulation du bras & de l'épaule, parce que la tête de l'os dont il s'agit reçue dans la cavité cotyloïde y eſt, pour ainſi dire, comme emboîtée.

On compte ſeize muſcles pour la cuiſſe. Ces ſeize muſcles ſont le *petit*, le *grand*, le *moyen feſ-ſier*, *fier*, le *psoas*, l'*iliaque*, le *pectineus*, le *biceps*, le *grêle-interne*, le *fascia-lata*, le *long-vaste*; les quadri-jumeaux, qui sont l'*obturateur-externe*, l'*obturateur-interne*, le *pyriforme* & les *jumeaux*; enfin le muscle *droit*.

Le muscle *petit-fessier* se montre le plus extérieurement.

On en considérera :

1° *Les deux pointes* qu'il présente à sa partie supérieure, dont l'une est antérieure & l'autre postérieur.

2°. *L'attache* de la pointe antérieure à l'angle antérieur de l'os des îles.

3°. *L'attache* de la pointe postérieure à l'angle postérieur de ce même os.

4°. *L'intervalle semi-circulaire* étant entre ces deux attaches & laissant voir le grand-fessier, cet intervalle étant recouvert par l'aponévrose du fascia-lata.

5°. *La terminaison* des deux portions réunies inférieurement, au petit trochanter par un tendon applati.

Dans le muscle *grand-fessier* on remarquera :

1°. *Sa position* au-dessous du précédent.

2°. *Son volume* qui est très-considérable, puisqu'il remplit toute la face externe des os des îles & la partie supérieure des lombes.

3°. *Son attache supérieure* par une pointe charnue à l'aponévrose du long-dorsal, à toute la crête de l'os iléon, & à toute la face externe du même os.

4°. *Sa terminaison* au grand trochanter & à la tubérosité du fémur.

5°. *La portion charnue* qui se détache de ce muscle.

6°. *La terminaiſon* de cette portion par un tendon au petit trochanter.

Il faut enviſager dans le muſcle *moyen-feſſier* :

1°. *Ses attaches* aux empreintes muſculaires qui ſe trouvent au-deſſus de la cavité cotyloïde.

2°. *Son trajet* ſur l'articulation du fémur dans cette cavité.

3°. *Sa terminaiſon* par un tendon au petit trochanter.

Nota. Ces muſcles ſont les extenſeurs de la cuiſſe,

203. Quoique le muſcle *pſoas* ſoit hors du péritoine, il eſt néanmoins contenu dans l'abdomen.

On en conſidérera :

1°. *Les attaches ſupérieures* aux apophyſes tranſverſes & aux parties latérales du corps des deux dernieres vertebres dorſales, des quatre premieres lombaires, & à la derniere fauſſe côte.

2°. *Le trajet* en arriere par-deſſous ou par-devant le muſcle iliaque.

3°. *Sa ſortie* de l'abdomen en paſſant ſur l'arcade crurale.

4°. *Sa jonction* avec le tendon de l'iliaque.

5°. *Sa terminaiſon* à la tubéroſité interne du fémur.

Le muſcle *iliaque* eſt pareillement dans l'abdomen.

On ne peut ſe diſpenſer d'en conſidérer :

1°. *La poſition* ; il remplit toute la face interne de l'os iléon.

2°. *L'attache* à tout le bord interne de la circonférence de cette face.

3°. *Le trajet*, ce muſcle paſſant avec le précédent ſur l'arcade crurale, & ſe joignant avec ſon tendon.

4°. *La terminaiſon* à la tubéroſité interne du fémur.

Le muscle *pectineus* n'est pas aussi considérable; il est totalement hors du bassin.

On en observera :

1°. *L'attache* d'une part au bord antérieur de l'os pubis à sa jonction avec son semblable.

2°. *La terminaison* à la partie moyenne & interne du fémur, au-dessous de la tubérosité interne.

Nota. Ces muscles sont les fléchisseurs de la cuisse.

204. Le muscle *biceps* tire sa dénomination des deux portions charnues ou des deux têtes (*voyez le chiffre* 88) qu'il montre à sa partie supérieure.

Il faut considérer :

1°. *L'attache* de l'une au bord interne de l'os pubis.

2°. *L'attache* de l'autre à la branche antérieure de l'ischion.

3°. *Le trajet* de ces deux têtes simplement unies par un tissu cellulaire jusqu'à la partie moyenne de la cuisse, où elles ne forment alors qu'un seul & même corps.

4°. *La terminaison* de la plus petite ou de la plus courte, un peu plus bas à la partie postérieure du fémur.

5°. *Le prolongement* de l'autre, d'où résulte une ouverture pour le passage des vaisseaux cruraux.

6°. *Sa terminaison* par un tendon applati à la partie supérieure & interne du tibia.

On considérera dans le muscle *grêle-interne* :

1°. *Ses attaches* à la partie inférieure de la tubérosité de l'ischion.

2°. *Son trajet* au-dessous du muscle biceps.

3°. *Sa terminaison* à la partie moyenne & postérieure du fémur, à côté de sa tubérosité interne.

Nota. Ces muscles sont les adducteurs de la

cuiſſe, c'eſt-à-dire, qu'ils la tirent & la portent en dedans.

205. Le muſcle *faſcia-lata* eſt ſupérieurement placé à la partie latérale externe de la cuiſſe.

On en remarquera :

1°. *L'attache fixe* à l'angle antérieur de l'iléon, où il recouvre le bord du muſcle iliaque.

2°. *Le trajet* juſques ſur le grand trochanter.

3°. *La terminaiſon* à la partie moyenne & antérieure de la cuiſſe.

4°. *L'aponévroſe* qui part de ſa portion charnue; cette aponévroſe appelée *faſcia-lata* à cauſe de ſon étendue, recouvrant en arriere une partie des muſcles feſſiers, & ſe propageant enſuite ſur toute la partie externe de la cuiſſe & de la jambe en s'attachant aux muſcles qu'elle cache, enſorte que ce muſcle peut faire mouvoir la cuiſſe & la jambe.

Le muſcle *long-vaſte* doit ſon nom à ſa longueur & à ſon volume.

On en obſervera :

1°. *L'étendue* de l'os ſacrum à la jambe.

2°. *L'attache ſupérieure* à l'éminence de l'os ſacrum, qui eſt compoſée en quelque maniere de cinq apophyſes épineuſes & à la tubéroſité de l'iſchion.

3°. *La poſition* : il occupe tout l'intervalle qui eſt entre ce dernier os & le grand trochanter.

4°. *Le trajet* : il deſcend le long de la partie externe de la cuiſſe, en ſe joignant au biceps de la jambe.

5°. *L'attache* qu'il contracte dans ce trajet par un tendon au petit trochanter.

6°. *Les trois portions* charnues qu'il préſente enſuite.

7°. *La terminaiſon* par une aponévroſe.

8°. *L'attache* de cette aponévrose à la rotule.

9°. *Sa dispersion* sur les premiers muscles de la jambe, toujours dans la partie latérale externe; ainsi ce muscle ne peut mouvoir la cuisse en dehors sans y porter la jambe.

Nota. Il suit donc que le *fascia-lata* & ce dernier muscle sont les abducteurs communs de l'une & de l'autre de ces parties.

On considérera dans le muscle *obturateur-externe* :

1°. *Son attache* à toute la circonférence du trou ovalaire du côté externe.

2°. *Sa terminaison* dans la cavité qui se trouve derriere le grand trochanter.

3°. *Son usage*, qui consiste à faire tourner la cuisse en dedans; action qui peut être aussi aidée par le muscle biceps.

106. Dans le muscle *obturateur-interne* on envisagera:

1°. *Son attache* à toute la circonférence du trou ovalaire du côté interne.

2°. *Son étendue* sur la face interne de l'ischion.

3°. *Son trajet* hors du bassin en passant sur l'échancrure la moins concave de cet os, & son tendon se confondant avec celui du pyriforme.

4°. *Sa terminaison* au même endroit que l'obturateur externe.

On observera dans les deux muscles *jumeaux*, l'un supérieur & l'autre inférieur :

1°. *Leurs attaches* au bord de l'ischion & au pubis près de la symphise.

2°. *Leur trajet* : ils recouvrent l'obturateur-externe.

3°. *Leur terminaison* en se confondant avec ce dernier muscle dans la cavité placée derriere le grand trochanter.

Eu égard au muſcle *pyriforme*, on conſidérera :

1°. *Sa naiſſance* à la partie interne de l'os ſacrum, à l'endroit de ſon articulation avec l'iléon.

2°. *Sa réunion* avec les muſcles précédens.

3°. *Sa terminaiſon* avec eux dans la cavité placée derriere le grand trochanter.

Nota. Ces trois muſcles ſont les antagoniſtes de l'obturateur-externe & du biceps; ils tournent par conſéquent la cuiſſe en-dehors.

Le muſcle *droit* a environ cinq travers de doigt de longueur.

On en examinera :

1°. *La ſituation* à la partie antérieure & ſupérieure de la cuiſſe, au-deſſous du muſcle droit-antérieur de la jambe.

2°. *Son attache* au-deſſus de la cavité cotyloïde.

3°. *Sa terminaiſon* par un tendon aſſez grêle à la partie ſupérieure & antérieure du fémur.

4°. *Son uſage*. Ce muſcle aidé par le tendon des muſcles du bas-ventre, qui va s'inſérer dans la tête du fémur, faiſant tourner la cuiſſe ſur ſon axe.

Nota. L'action ſucceſſive de tous les muſcles de cette partie, peut lui faire faire des mouvemens de rotation.

Muſcles de la Jambe.

207. La jambe étant articulée par charniere avec la cuiſſe, n'eſt capable que des mouvemens d'extenſion & de flexion; la rotule ayant d'ailleurs beaucoup de rapport avec l'action des muſcles, opérant le premier de ces mouvemens.

L'un & l'autre ont lieu par l'action de neuf muſcles, qui ſont le *biceps*, le *demi-membraneux*, le *droit-antérieur*, le *vaſte-externe*, le *vaſte-interne*, le *crural*, le *long*, le *court-adducteur* & *l'abducteur.*

208. Les raifons de la dénomination du mufcle *biceps de la jambe*, font les mêmes que celles de la dénomination du mufcle *biceps* de la cuiffe (*voyez le chiffre* 204).

On en confidérera :

1°. *Les deux têtes* qu'il préfente à fa partie fupérieure.

2°. *L'attache* de la plus longue de ces têtes à l'extrémité de l'os facrum.

3°. *L'attache* de la feconde à la tubérofité de l'ifchion.

4°. *Leur réunion* pour ne former qu'un feul corps de mufcle.

5°. *L'aponévrofe* dans laquelle ce corps de mufcle dégénére.

6°. *Sa terminaifon* par cette aponévrofe à la partie interne & fupérieure du tibia.

7°. *Son adhérence* avec les autres mufcles de la partie poftérieure de la jambe.

Le mufcle *demi-membraneux* a été nommé ainfi de l'aponévrofe qui le termine.

On examinera :

1°. *Son attache* fupérieure aux premiers os de la queue & à la tubérofité de l'ifchion.

2°. *Son trajet* le long de la partie poftérieure de la cuiffe.

3°. *Sa terminaifon* par une forte aponévrofe qui s'attache au condyle interne du fémur & à la partie latérale interne de l'extrémité fupérieure du tibia.

Nota. Ces deux mufcles font les fléchiffeurs de la jambe.

209. On confidérera dans le mufcle *droit-antérieur* :

Son attache fupérieure par deux tendons au-dessus & au-dessous de la cavité cotyloïde de l'os des îles.

Dans le muscle *vaste-externe :*

Son attache à toute la partie externe du fémur depuis le trochanter.

Dans le muscle *vaste-interne* qui est du côté opposé :

Son attache à toute la partie interne du fémur.

Dans le muscle *crural* enfin :

Sa position : il occupe toute la partie antérieure du fémur.

Nota. 1°. que les muscle *vastes* & le *crural* sont tellement adhérens les uns aux autres, qu'il est très-difficile de les séparer. Cette adhérence augmente à la partie inférieure, où le *droit-antérieur* se joint aussi à eux, les tendons de ces quatre muscles se réunissant & formant une forte aponévrose qui garnit toute la partie antérieure de l'articulation, s'attache fortement à toute la face externe de la rotule, & se termine à la tubérosité qui est à la partie antérieure du tibia.

Nota. 2°. que ces quatre muscles sont les extenseurs de la jambe : lors de leur contraction la rotule glisse sur la partie inférieure du fémur; elle éleve par conséquent le tendon de ces muscles, & les éloignant du centre du mouvement, elle donne plus de force à leur action & à leur jeu.

210. Le muscle *long-adducteur* est le même que celui que dans l'homme on appelle le *muscle couturier.*

On en remarquera :

1°. *La naissance* au tendon du psoas des lombes.

2°. *Le trajet* obliquement par-dessus les muscles iliaque & psoas qu'il croise, & le long de la partie interne de la cuisse.

3°. *La terminaison* à la partie latérale & interne

de la tête du tibia, en ſe confondant avec le court-adducteur.

Le muſcle *court-adducteur* eſt un muſcle aſſez large qui recouvre toute la face interne de la cuiſſe.

On conſidérera :

1°. *Son attache* tout le long de la ſymphyſe du pubis & de l'iſchion.

2°. *Sa terminaiſon* inférieurement par une large aponévroſe à la partie ſupérieure & interne du tibia, qu'il recouvre preſqu'entiérement.

Nota. Les uſages de ces muſcles ſont indiqués par le nom qui les déſigne; ils portent la jambe en dedans, pourvu néanmoins que cette partie ſoit fléchie.

211. Le muſcle *abducteur* eſt d'un très-petit volume.

On en obſervera :

1°. *La poſition* ſous l'articulation de la jambe & e la cuiſſe.

2°. *L'attache* à la partie latérale du condyle externe du fémur.

3°. *Le trajet*, dès cette attache, obliquement de haut en bas & de dehors en dedans, depuis la partie interne du tibia juſqu'à environ la partie moyenne.

4°. *La terminaiſon* à cette même partie dans les empreintes muſculaires qu'on y obſerve.

5°. *L'adhérence* dans ce trajet au ligament capſulaire de cette articulation, cette adhérence mettant ce muſcle à portée d'élever ce ligament, de maniere qu'il ne peut être pincé dans les mouvemens de flexion.

6°. *Les uſages* : ils ſont indiqués par ſon nom; il porte donc la jambe en dedans dans le tems de la flexion, & il eſt aidé dans cette action par les abducteurs de la cuiſſe.

Muſcles du Canon.

212. Les mouvemens permis au canon ſe bornent à la flexion & à l'extenſion, & ſont opérés par trois muſcles, dont un *fléchiſſeur* & deux *extenſeurs*.

On envifagera dans le muſcle *fléchiſſeur :*

1°. *Ses deux attaches* ſupérieures ; l'une ayant lieu par un tendon très-fort dans la cavité qui eſt à la partie antérieure & inférieure du condyle externe du femur ; l'autre ne ſe faiſant que par des parties charnues dans la ſinuoſité qui eſt au-dehors de la tubéroſité du tibia.

2°. *La réunion* preſque ſubite de ces deux parties en un ſeul corps.

3°. *Leur trajet* en deſcendant le long de la partie antérieure du tibia.

4°. *Leur terminaiſon* à la tubéroſité de la partie ſupérieure du canon.

5°. *Les deux tendons* ou les deux *productions tendineuſes* partant de cette attache, & ſe portant chacune obliquement dans un ligament annulaire & particulier de chaque côté du jarret.

6°. *L'attache* du tendon ou de la production tendineuſe interne, à la partie latérale & légerement poſtérieure du ſecond des os plats qui entrent dans la compoſition de cette partie.

7°. *L'attache* de la production tendineuſe externe à la partie inférieure & externe du calcaneum.

8°. *Les uſages*, ſur leſquels le nom donné à ce muſcle ne peut laiſſer aucun doute.

213. Le premier des *extenſeurs du canon* forme ce que l'on appelle dans l'homme les *jumeaux*. Ils doivent cette dénomination à leur ſtructure.

On en remarquera :

1°. *Les deux corps charnus* exactement diſtincts qui ſont à leur partie ſupérieure.

2°. *L'attache* de l'un de ces corps à la partie latérale externe de la cavité qui ſe trouve à la partie inférieure du fémur.

3°. *L'attache* de l'autre aux empreintes muſculaires qui ſe trouvent à la partie latérale interne & inférieure de cet os du côté oppoſé.

4°. *La réunion* de ces deux portions en une ſeule, & en un tendon unique très-fort.

5°. *La terminaiſon* par ce tendon à la pointe du jarret, au-deſſous du muſcle ſublime ou perforé qui gliſſe ſur lui.

Le muſcle *extenſeur-latéral* reſſemble au muſcle que dans l'homme on appelle le *muſcle plantaire ;* nous le nommons *extenſeur-latéral*, attendu ſa ſituation.

On remarquera dans ce muſcle très-grêle :

1°. *Ses attaches* à la tête de l'épine du tibia, entre l'extenſeur-latéral du pied & le muſcle profond.

2°. *Son trajet* oblique ſur la partie poſtérieure du tendon des jumeaux.

3°. *Sa terminaiſon* au calcaneum, c'eſt-à-dire, à la pointe du jarret par un tendon très-grêle renfermé dans la gaîne du tendon des jumeaux.

Nota. Les uſages de ces muſcles ſont ſuffiſamment indiqués par leurs dénominations.

Des Muſcles du Pied.

214. Sous la dénomination générale de *pied*, nous comprenons ici, comme dans les extrémités antérieures, le boulet, le pâturon, la couronne & le pied proprement dit.

Toutes ces différentes portions sont fléchies & étendues par le moyen de six muscles, qui sont le *sublime* ou *perforé*, le *profond* ou *perforant*, l'*oblique*, l'*extenseur-antérieur*, le *petit-extenseur* & l'*extenseur-latéral*.

215. Il faut remarquer dans le muscle *sublime* ou *perforé* :

1°. *Son attache* supérieure dans la cavité qui est au-dessus du condyle externe du fémur, au-dessous & entre les deux attaches des jumeaux.

2°. *Son changement* en un tendon assez fort qui se porte au-dessus, & passe sur le tendon des jumeaux pour gagner le calcaneum.

3°. *Son élargissement* en cet endroit.

4°. *L'espece de poulie* qu'il y forme, & qui dans ses mouvemens glisse sur cet os ou sur cette pointe du jarret.

5°. *Les deux expansions* tendineuses qui maintiennent ce tendon dans cette situation.

6°. *Leurs attaches* aux parties latérales du calcaneum.

7°. *Le trajet* de ce muscle, qui quitte ensuite cet os & descend en dessus du tendon du muscle profond.

8°. *Son attache* à la partie inférieure & postérieure de l'os du pâturon, par deux tendons séparés dans l'intervalle desquels passe le second fléchisseur, & de-là son nom de *perforé*.

On envisagera dans le muscle *profond* ou *perforant* :

1°. *Son attache* supérieure à la partie postrieure de la tête du tibia & de son épine.

2°. *Son trajet* le long de cet os jusqu'à la partie interne du calcaneum.

3°. *Son passage* en cet endroit dans une échancrure pratiquée dans cet os, & fermée par un ligament.

4°. *Sa progreſſion* le long de la partie poſtérieure du canon, recouvert alors par le tendon du ſublime, dans lequel il paſſe inférieurement après avoir gliſſé ſur les os ſéſamoïdes pour ſe propager juſqu'au-deſſous du pied.

5°. *Sa terminaiſon* en cet endroit par une aponévroſe qui s'épanouit & qui s'attache à preſque toute la face inférieure de cette partie.

Il faut conſidérer dans le muſcle *fléchiſſeur-oblique :*

1°. *Son attache* ſupérieure à la partie poſtérieure de la tête du tibia, à côté du muſcle profond.

2°. *Son trajet* oblique de haut en bas, ce muſcle gagnant la partie latérale interne de l'articulation du jarret, & paſſant dans un ligament annulaire & particulier.

3°. *Sa réunion* au tendon du profond, à environ la partie moyenne du canon.

Nota. Les uſages de ces muſcles ſont faciles à ſaiſir : ils operent la flexion du boulet, du pâturon, de la couronne & du pied.

216. On conſidérera dans le muſcle *extenſeur-antérieur :*

1°. *Son attache* ſupérieure à la partie antérieure & inférieure du condyle externe du fémur, dans la cavité qu'on y obſerve.

2°. *Son trajet* le long du fléchiſſeur du canon, ce muſcle paſſant ſur la partie antérieure du jarret.

3°. *Le paſſage* de ſon tendon dans un ligament annulaire & particulier.

4°. *Sa progreſſion* antérieurement juſqu'à ſa réunion au tendon des deux muſcles ſuivans.

Eu égard au mufcle *petit-extenfeur*, on remarquera :

1°. *Sa fituation* entre le tendon de l'extenfeur-antérieur & de l'extenfeur-latéral.

2°. *Son attache* à la partie latérale externe du jarret & au ligament de l'articulation.

3°. *Sa réunion* au tendon de l'extenfeur-antérieur.

Le mufcle *extenfeur-latéral* eft un peu plus en dehors que l'extenfeur-antérieur.

On en obfervera :

1°. *L'attache* au condyle externe du fémur, & tout le long de l'épine du tibia.

2°. *Le trajet*, ce mufcle defcendant jufqu'au jarret, où fon tendon paffe auffi dans un ligament annulaire & particulier.

3°. *La réunion* de ce tendon avec les tendons de l'extenfeur-antérieur & du petit-extenfeur.

4°. *Le trajet* de ces trois tendons réunis en un feul : ils fe portent fur l'articulation du boulet, où ils contractent une adhérence avec le ligament capfulaire, & defcendent le long du pâturon où fe joignent à eux deux portions ligamenteufes qui en augmentent la force.

5°. *Leur attache* par une expanfion aponévrotique à tout le bord fupérieur de l'os du pied.

Nota. Les ufages de ces mufcles font connus par leurs noms mêmes.

Les mufcles *lombricaux* font quelquefois abfens : leurs ufages & leur fituation font les mêmes qu'aux extrémités antérieures (*Voyez le chiffre* 182).

RÉCAPITULALION

Des Muſcles compoſans le corps du Cheval.

Muſcles des parties dépendantes de la Tête.

12 Muſcles de l'oreille externe., ſix pour chacune.	premier. ſecond. troiſieme. quatrieme. cinquieme. ſixieme.
8 de l'oreille interne, 4 pour chacune.	premier *ou* externe. ſecond *ou* ſemi-circulaire. troiſieme *ou* interne. de l'étrier.
4 des paupieres, deux pour chacune.	orbiculaire. releveur de la ſuperieure.
14 des yeux, 7 pour chacun.	releveur. abaiſſeur. adducteur. abducteur. grand-oblique. petit-obique. orbiculaire *ou* ſuſpenſeur.
17 des lévres, 7 communs aux 2 levres, & 10 particuliers à chacune.	orbiculaire. molaire externe. molaire interne. cutané. releveur de l'antérieur. maxillaire. mitoyen antérieur. releveur de la poſtérieure. mitoyen poſtérieur.

55 muſcles.

55 muſcles de l'autre part.

7 des naſeaux, 3 pairs & un impair.	tranſverſal. pyramidal. court. cutané.
10 de la mâchoire poſtérieure, 5 de chaque côté.	maſſeter. crotaphite. ſphéno-maxillaire. ſtylo-maxillaire. digaſtrique.

Muſcles propres de la Tête.

22 Muſcles de la tête, 11 de chaque côté.	ſterno-maxillaire. long, petit, court } fléchiſſeur. ſplénius. grand complexus. petit complexus. grand droit. petit droit. grand & petit droit.
12 de l'os hyoïde, 5 pairs & 2 impairs.	milo-hyoïdien. géni-hyoïdien. ſterno-hyoïdien. hyoïdien. ſtylo-hyoïdien. kerato-hyoïdien. tranſverſal.
6 de la langue, 3 de chaque côté.	génioglоſſe. baſioglоſſe. hyoglоſſe.

112 muſcles.

Muſcles

112 muſcles ci-contre.

15 du larynx, 7 pairs & 1 impair.	ſterno-tyroïdiens. hyo-tyroïdiens. crico-tyroïdiens. crico-aryténoïdiens-poſtérieurs. crico-aryténoïdiens-lateraux. tyro-aryténoïdiens. hyo-épiglottique.
13 du pharynx, 6 pairs & 1 impair.	ptérigo-palato-phyarngiens. kérato-pharyngiens. hyo-pharyngiens. tyro-pharyngiens crico-pharyngiens. aryténo-pharyngiens. œſophagien.
5 de la cloiſon du palais & de la trompe d'Euſtache, 2 pairs & 1 impair.	périſtaphylins-externes. périſtaphylins-internes. vélo-palatin.

Muſcles de l'Encolure.

14 Muſcles de l'encolure, 7 de chaque côté.	ſcalène. long-flechiſſeur. long-tranſverſal. court-tranſverſal. long-épineux. court-épineux. peaucier.

12 . . . . .intertranſverſaires, 6 de chaque côté.

1 commun à la tête, à l'encolure & au bras.	muſcle commun.

Muſcles de l'Extrémité antérieure.

10 de l'épaule, 5 pour chacune.	trapèſe. rhomboïde. releveur-propre. petit-pectoral. grand-dentelé.

182 muſcles.

182 muſcles de l'autre part.

20 du bras, 10 pour chacun.	commun. grand-pectoral. antépineux. omo-brachial. poſtépineux. grand-dorſal. ſous-ſcapulaire. adducteur. long & court-abducteur.
14 de l'avant-bras, 7 pour chacun.	long-fléchiſſeur. court-fléchiſſeur. long-extenſeur. gros-extenſeur. court-extenſeur. petit-extenſeur. moyen-extenſeur.
10 du canon, 5 pour chacun.	fléchiſſeur-interne. fléchiſſeur-externe. flléchiſſeur-oblique. extenſeur-droit-antérieur. extenſeur-oblique.
12 du pied, 6 pour chacun.	ſublime ou perforé. profond ou perforant. extenſeur-antérieur. extenſeur-latéral. lombricaux.

Muſcles du Corps.

76 du dos & des lombes.	long-dorſal. pſoas des lombes. épineux-tranſverſaires. inter-épineux.

314 muſcles.

314 muſcles ci-contre.

107 de la reſpiration.	releveurs des côtes. intercoſtaux. tranſverſal. du ſternum. long-dentelé. intercoſtal-commun. diaphragme.
8 du bas-ventre, 4 de chaque côté.	grand-oblique. petit oblique. tranſverſe. droit.

Muſcles de l'Arriere-main.

2 des teſticules, 1 pour chacun.	crémaſter.
6 du membre, 3 de chaque côté.	érecteurs. accélérateurs. triangulaires.
4 du clitoris, 2 de chaque côté.	premier. ſecond.
3 de l'anus.	ſphincter. pairs.
10 de la queue, 5 de chaque côté.	ſacro-coccygiens-ſupérieurs. ſacro-coccygiens-inférieurs-externes. ſacro-coccygiens-inférieurs-internes. obliques. latéraux.

454 muſcles.

454 muſcles de l'autre part.

Muſcles de l'Extrémité poſtérieure.

32 de la cuiſſe, 16 pour chacune.
- le petit, } feſſier.
- le grand, } feſſier.
- le moyen } feſſier.
- pſoas.
- iliaque.
- pectinéus.
- biceps.
- grêle-interne.
- faſcia-lata.
- long-vaſte.
- obturateur-externe.
- obturateur-interne.
- pyriforme.
- jumeaux.
- droit.

18 de la jambe, 9 pour chacune.
- biceps.
- demi-membraneux.
- droit-antérieur.
- vaſte-externe.
- vaſte-interne.
- crural.
- long-adducteur.
- court-adducteur.
- abducteur.

6 du canon, 3 pour chacun.
- fléchiſſeur.
- premier-extenſeur.
- extenſeur-latéral.

12 du pied, 6 pour chacun.
- ſublime ou perforé.
- profond ou perforant.
- fléchiſſeur-oblique.
- extenſeur-antérieur.
- petit-extenſeur.
- extenſeur-latéral.
- lombricaux.

Total des muſcles du corps du Cheval 522.

PRÉCIS ANGÉIOLOGIQUE, OU TRAITÉ ABRÉGÉ DES VAISSEAUX SANGUINS DU CHEVAL EN GÉNÉRAL.

Des Vaiſſeaux ſanguins du Cheval en général.

217. On donne en général le nom de *Vaiſſeaux* à toutes celles des parties de l'animal, qui, formant des tuyaux plus ou moins longs, & d'un diametre plus ou moins étendu, ſervent à faire circuler des liqueurs, & les contiennent.

Les uns & les autres de ces canaux ſont déſignés par des dénominations tirées de leurs différences, & qui y ſont relatives; de-là les noms de *vaiſſeaux ſanguins*, *lymphatiques*, *nerveux*, *laiteux*, *lactés*, *ſécrétoires*, *excrétoires*, &c. &c.

Les premiers, c'eſt-à-dire, ceux qui, contenant le ſang, le portent du centre à la circonférence, & de la circonférence au centre, ſont l'objet de *l'Angéïologie* : c'eſt dans ce mouvement que conſiſte ce que l'on a nommé la circulation, ſans doute pour exprimer le cercle que ſuit & que décrit le ſang dans ſon cours & dans ſa marche.

Le cœur en eſt le principal inſtrument; il eſt le principe & le terme de tous les *vaiſſeaux ſanguins*. Ceux dont il eſt le principe, & par la voie deſquels ce fluide eſt charié dans toutes les extrémités de la machine, ſont ce qu'on appelle *les arteres* : ceux dont il eſt le terme, & par la voie deſquels ce même fluide eſt rapporté au lieu d'où il eſt porté, forment ce qu'on nomme *les veines*.

218. *Les arteres* ſont des canaux élaſtiques & actifs, cédant néceſſairement à l'impulſion qu'ils reçoivent du ſang, ſe reſſerrant lorſqu'ils ont été dilatés, & ſe racourciſſant enſuite de leur alongement.

Il n'en eſt que deux, à proprement parler, dans le cheval comme dans l'homme, *l'artere pulmonaire*, & *l'aorte;* toutes les autres ne ſont que des ramifications, des diviſions & des ſubdiviſions de celles-ci.

219. On n'eſt pas d'accord ſur la forme des *arteres ;* quelques-uns les enviſagent comme des cônes convergens, leur plus grand cercle ou leur bâſe étant au cœur, & leurs pointes aux parties auxquelles elles ſe terminent; d'autres prétendent qu'elles ne préſentent qu'une ſuite de cylindres qui vont en diminuant : ſans nous arrêter à une foule de ſubtilités, nous dirons que dans le cheval la figure en eſt conoïde, en convenant cependant, qu'eu égard aux extrémités des derniers rameaux, elle pourroit être regardée comme cylindrique.

220. Leur ſubſtance ou leur ſtructure eſt un point ſur lequel les anatomiſtes du corps humain ne ſe concilient pas davantage. Les uns en ont multiplié les tuniques à l'infini; les autres les ont reduites à un

très-petit nombre. Ici nous voyons ſimplement une membrane principale très-forte qui en fait le corps & qui les compoſe, cette membrane pouvant être partagée en preſqu'autant de feuillets qu'on le veut; ce qui vraiſemblablement a donné lieu à la multitude de diviſions imaginées par les auteurs. Elle eſt revêtue d'une membrane celluleuſe, bien différente du tiſſu ou de l'enveloppe que l'artere emprunte de la plévre dans le thorax, du péritoine dans le bas-ventre, &c. & elle eſt entiérement tapiſſée d'une tunique auſſi celluleuſe, mais plus fine & infiniment plus liſſe; cette tunique eſt polie par tout & ſans valvules, quoiqu'on voie quelques plis dans certains endroits vers l'origine des rameaux. Du reſte, les fibres de la membrane principale ſont à-peu-près circulaires; car on n'apperçoit pas de vrais cercles entiérement ſéparés les uns des autres; peut-être que le premier cercle fournit au ſecond des filets obliques.

221. Le principe des *diviſions* ou *des branches* eſt différent. Les unes naiſſent plus près, les autres plus loin du cœur; celles-ci partent de la face inférieure de *l'aorte*, celles-là de ſa face ſupérieure, de ſes faces latérales, &c. &c.

222. Nul ordre plus fixe & plus certain dans les angles qui en réſultent. Ici l'angle eſt très-aigu, là il l'eſt moins; en cet endroit il eſt, pour ainſi dire, obtus, &c. &c.

223. Quant à leurs diverſes inflexions, elles ſont en général peu régulieres; néanmoins on les voit aſſez conſtamment ménagées dans les *arteres* de certaines parties, telles que celles de *l'utérus*, des *inteſtins*, *du cordon ombilical*, &c. Elles peuvent être alongées ſans aucune incommodité, attendu leur tortuoſité, & c'eſt ainſi que les premieres s'é-

tendent & ſuivent une ligne droite, quand la matrice eſt élargie & diſtendue par le fœtus; il en eſt de même de celles des inteſtins diſtendus par les vents, ou par les matieres contenues dans le canal inteſtinal; de celles du cordon ombilical dans les diverſes poſitions du fœtus, plus ou moins éloigné du placenta, &c. &c.

224. L'union, ou plutôt la communication d'une *artere* avec l'autre, eſt ce que nous appelons *anaſtomoſe*, ſoit que deux troncs, par exemple, communiquent par un rameau intermédiaire, ſoit que deux *arteres* ſe rencontrent comme la grande & la petite méſentérique, &c. &c.

225. Il faut encore obſerver, que les *arteres* ont leurs artérioles, leurs veinules & leurs nerfs, dont les origines ſont différentes, ſelon ces mêmes *arteres*, & ſelon leur plus ou moins de proximité du cœur.

226. En ce qui concerne leur poſition, ces canaux ſont par-tout à couvert, les troncs les plus conſidérables rempant le long des os & ſe trouvant à l'abri de toute atteinte à la faveur des muſcles & des tégumens. J'ajouterai, qu'il eſt peu d'endroits dans le corps de l'animal où l'on n'en rencontre, & les parties qui en ſont dénuées ſont, l'épiderme, les poils proprement dits, &c. &c.

227. Enfin leur terminaiſon eſt digne d'attention.

1°. Ces tuyaux ſe diviſent très-différemment à chaque partie où ils finiſſent; leurs extrémités forment dans le foie des petits pinceaux; dans les veſſicules bronchiques, un rets admirables; dans les teſticules, des pelotons; dans les reins, des plis & des arcs; dans les inteſtins, des eſpeces de branches d'arbres; dans l'uvée, des anneaux & des rayons; dans le cerveau, des inflexions tortueuſes; dans l'épiploon, un réſeau lâche, &c. &c.

2°. Ces mêmes tuyaux, devenus des *artérioles* qui tendent à leur fin, répandent de fréquens rameaux qui s'amincissent au point de n'être plus susceptibles de divisions, & qui, en cet endroit, se réfléchissent sur eux-mêmes, & se changent en veines; c'est ainsi que les *tuyaux veineux* sont réellement continus aux *tuyaux artériels*.

3°. D'autres canaux de cette nature, émanans des mêmes *arteres*, sont destinés à séparer du sang différens fluides, & se terminent dans des conduits excrétoires, semblables aux *veines*.

4°. Une infinité d'autres vaisseaux, dont, selon plusieurs auteurs, les *tuyaux artériels* sont le principe, se rendent à différentes glandes.

5°. D'autres *arteres*, purement séreuses à leur fin, ne charient que la sérosité, dégénerent en pores exhalans, & se terminent ainsi dans presque toutes les parties du corps, dans la peau, dans les membranes qui forment quelques cavités, dans les ventricules du cerveau, dans les chambres de l'œil, dans les cellules adipeuses, dans les vessicules pulmonaires, dans les cavités de l'estomac, des intestins, de la trachée-artere, &c. &c.

228. Les *veines* ressemblent aux *arteres*, & en different en plusieurs points.

Quelques-uns n'admettent en général que deux *troncs veineux*, comme deux troncs *artériels*, la *veine pulmonaire*, & la *veine cave;* d'autres comptent six troncs, dont quatre de la *premiere de ces veines*, & deux de la *seconde*.

229. La forme en est aussi conoïde, si l'on envisage ces vaisseaux près du cœur, c'est-à-dire, à leur terme ou à leur fin, où ils sont très-considérables; & quand on les suit dans leur dégénération & dans leurs divisions à mesure qu'ils s'en éloignent, on

voit que les extrémités des *veinules* sont pareillement cylindriques.

230. Leur structure est telle qu'ils sont très-minces, même à leurs troncs, & qu'ils s'affaissent quand ils sont abandonnés à eux-mêmes. La membrane principale qui en constitue le corps, est composée de fibres longitudinales & non circulaires, quelquefois très denses en certains endroits; la tunique interne en est lisse, polie; elle prête davantage que celle des *arteres*; elle est moins fragile, & elle devient assez souvent très-dure & très-épaisse dans les animaux, tels que le bœuf & le cheval: la tunique externe est enfin celluleuse. Au surplus le diametre de ces *tuyaux veineux* est plus considérable, leurs troncs plus nombreux, & ils sont susceptibles d'une dilatation plus grande que les *arteres*. Toutes ces différences étoient essentielles & indispensables. La largeur & le nombre de ces canaux suppléent à la lenteur du sang qu'ils charient; car s'il y eût eu égalité de diametre & de tuyaux, ils n'auroient pu fournir au cœur autant de sang qu'il en envoie dans les *arteres*, comme s'il y avoit eu égalité de force dans leurs parois, ils auroient inévitablement opposé trop de résistance à ces mêmes *canaux artériels*.

Nous ne nous livrerons point ici à une infinité de calculs, ni à ce que plusieurs recherches ont pu nous apprendre de la grandeur relative de ces canaux; il suffira de prévenir qu'on pourroit très-aisément errer en tentant de s'en assurer dans le cadavre, parce qu'il doit nécessairement arriver en lui un retrécissement dans les *arteres* susceptibles de contraction, même après la mort, comme une augmentation de capacité dans les *veines*, qui ne sont qu'une sorte de réservoir passif d'une grande partie du fluide artériel; ainsi, l'on comprend qu'il n'est pas possible dès-lors de saisir & de reconnoître d'une maniere certaine & positive la constante portion des diametres.

231. En considérant le principe des *vaisseaux veineux*, on voit que les uns partent des plus petites *arteres* par des rameaux qui s'y inserent, & que d'autres viennent des pores absorbans de toute la superficie du corps, ou des cavités de l'œil, des intestins, de la poitrine, du péritoine, du péricarde, des ventricules du cerveau, &c. &c. Quant aux variétés des angles & des inflexions, elles suggerent à-peu-près les mêmes observations que l'inspection des *canaux artériels*.

232. Les anastomoses sont plus fréquentes & plus visibles dans les grandes *veines*; elles ont lieu, non-seulement entre les petites, mais entre les grandes, entre les veines voisines, entre les droites & les gauches, les antérieures & les postérieures, &c.

233. On a donné le nom de valvules à des membranes fines & transparentes, placées dans leurs cavités d'espace en espace, à distances inégales, & disposées de façon qu'elles s'ouvrent du côté du cœur, & qu'elles se ferment du côté des extrémités. Ces digues singulieres & vraiment sensibles, sont differentes & beaucoup moins épaisses que celles du cœur; mais solitaires ou doubles, elles peuvent occuper tout le canal en se dilatant. Il n'en est ni dans les petites ramifications *veineuses*, ni en général dans celles qui sont dans la capacité de la poitrine & du crâne; elles sont plus fréquentes dans les rameaux éloignés du cœur & dans les gros troncs, où le sang est obligé de remonter perpendiculairement contre son propre poids. On en rencontre dans la *veine porte* du cheval, & dans ses branches capi-

tales ; elles y sont doubles, placées près de l'embouchure des ramifications collatérales, deux au-dessus & deux au-dessous de chaque ouverture. L'usage commun des valvules est au surplus de déterminer vers le cœur toute la pression de quelque côté que les *veines* la reçoivent, tandis qu'elles empêchent le sang, aussi-tôt qu'il a ensilé le tronc, de rétrograder dans les rameaux. Elles soutiennent encore le poids de ce fluide; elles empêchent que la colonne supérieure ne pese sur l'inférieure, & que le sang qui monte par les troncs ne résiste à celui qui s'éleve par les rameaux. Enfin elles étoient évidemment nécessaires dans la *veine porte* du cheval, non-seulement eu égard à la longueur considérable des branches de cette *veine*, qui d'ailleurs sont incapables d'une contraction assez forte pour accélérer le mouvement progressif des fluides, mais encore, attendu leur éloignement de l'action des muscles abdominaux, à laquelle elles ne sont point aussi exposées que dans l'homme, parce que le volume monstrueux des gros intestins amortit l'impression du jeu de ces muscles; ce qui rend ces vaisseaux susceptibles d'engorgemens, qui seroient encore plus fréquens sans la présence de ces valvules.

234. La célérité & la continuité de la marche progressive du sang exigeoient des agens qui secondassent l'action du cœur ; de-là la nécessité de la force contractile (XIII) des *arteres* qui sont dilatées par le fluide que ce viscere pousse & leur envoie au moment où il se contracte lui même, & qui se contractent à leur tour au moment où il se dilate, & où il reçoit ce même fluide, qui revient sans cesse à ce centre ; ainsi, le sang chassé dans les *arteres* agit immédiatement sur elles ; & ces mêmes *arteres*, en se contractant, réagissent immé-

diatement ſur lui ; & c'eſt par cette voie qu'elles perpétuent la force qu'il a reçue & qui l'entraîne.

235. Il n'en eſt pas de même des *vaiſſeaux veineux* continus aux *canaux artériels* qui en ſont le principe, & dans leſquels cependant ce mouvement alternatif, d'ailleurs non eſſentiel à leurs fonctions, ne ſubſiſte point ſenſiblement. Diſperſés dans tous les lieux que parcourent les rameaux de l'aorte, ils reprennent le fluide pour le rapporter, de la circonférence ou des extrémités, au cœur. La ſomme des *arteres* ou des *artérioles*, qui ſont le produit des diviſions & des ſous-diviſions multipliées de cette même aorte, excede certainement par ſa capacité celle du tronc commun, & les aires de tous ces rameaux priſes enſemble, ſeroient plus grandes que l'aire du vaiſſeau principal ; mais ſoient priſes chaque *branche artérielle* en particulier, ces branches diminuant toujours en s'éloignant du tronc, il eſt évident que le fluide porté aux extrémités du corps de l'animal dans le cours de chaque *ramification artérielle*, enfile conſtamment des canaux plus étroits, qui lui oppoſant une plus grande réſiſtance, le contraignent à en forcer les parois ; ces parois, vu la contractilité naturelle des fibres dont elles ſont pourvues, s'exerçant enſuite ſur lui en revenant ſur elles-mêmes, & en ſe reſtituant dans leur état. Les *veines* recevant le ſang immédiatement des *arteres* dont elles ſont une ſuite, & leurs rameaux groſſiſſant à proportion qu'ils approchent du cœur, il n'eſt pas moins certain que le *ſang veineux* eſt pouſſé d'un eſpace étroit dans un eſpace ſucceſſivement plus large, il doit donc rencontrer moins d'obſtacles. Or, comme il n'entre des extrémités des *canaux artériels* dans les *veines* que globule par globule, pour ainſi dire, &

qu'il parcourt toujours dans sa progression vers le centre des diametres plus considérables, où, dès qu'il est arrivé, il se divise encore a une plus grosse masse, il ne sauroit exciter & effectuer une dilatation sensible des vaisseaux qui le contiennent: telle est donc la raison de la diastole & de la systole des *arteres*, & du défaut de ce mouvement dans les veines, dont le tissu, foible & lâche, eût d'ailleurs été incapable de résister aux forces dilatantes. Au surplus, le retour du sang qui chemine bien plus lentement dans ces mêmes canaux que dans ceux dont ils sont une continuation, est incontestablement déterminé par la contraction successive du cœur & des *arteres*, & merveilleusement aidé par les valvules dont ils sont garnis, par leur position dans l'épaisseur des muscles & près des tégumens, &c. &c.

236. Par une exception particuliere, le diametre de la *veine pulmonaire*, ainsi que le nombre de ses divisions, sont bien moins considérables que le diametre & le nombre des ramifications de *l'artere* du même nom, plus petite dans l'adulte que l'aorte, la *veine cave* étant aussi plus vaste que *l'aorte* & *l'artere pulmonaire* ensemble. La raison de cette singularité dans les vaisseaux qui se portent aux poumons, est assez simple. Il n'est aucunes parties du corps de l'animal, comme de l'homme, qui puissent recevoir la moindre goutte arterielle, que cette goutte n'ait été exactement filtrée dans ce viscere. Toutes les liqueurs y passent une fois dans le même espace de tems qu'elles emploient à circuler, à se distribuer & à se répandre dans le reste de la machine. C'est même ici que se prépare d'avance la matiere nourriciere, puisque tout le chyle y est porté. C'est encore principalement ici que le sang

ſe forme, & qu'il eſt parfaitement atténué & diviſé : or nous voyons, 1°. beaucoup plus de foibleſſe dans le ventricule antérieur qui le tranſmet dans les *arteres pulmonaires*, que dans le ventricule poſtérieur, d'où enſuite de ſon élaboration dans le poumon, il ſera envoyé dans *l'aorte*; 2°. Ce ſang, dépoſé par la *veine cave* dans le premier de ces ventricules, y arrive purement *veineux*, c'eſt-à-dire, dépouillé de toutes les différentes humeurs qui le rendoient propre à fournir la matiere des ſécrétions; 3°. Le ventricule gauche ou poſtérieur a réellement moins de capacité que l'antérieur : ainſi, en conſidérant le premier fait, on peut penſer qu'un moindre diametre dans les *arteres* dont il s'agit eût oppoſé trop de réſiſtance aux efforts du ventricule qui ſe trouve avoir moins de force que l'autre. En obſervant le ſecond, on doit préſumer que le ſang dans l'état où il eſt apporté par la *veine cave* dans ce même ventricule, ne chemine qu'avec peine dans les différentes diſtributions artérielles qu'il a à parcourir pour être de nouveau briſé, affiné & ſubtiliſé, & que la multiplicité de ces arteres n'a eu pour objet que d'en faciliter le cours. Enfin, en s'arrêtant au dernier, on peut croire que le ventricule poſtérieur, où le ſang élaboré doit ſe rendre, étant moins ample que l'autre, ni la multitude, ni le calibre des canaux *veineux* qui le lui rapportent, ne devoient point être ſupérieurs au calibre & au nombre des canaux *arteriels;* & peut-être que l'étroiteſſe des *veines* ſert à augmenter les chocs des particules, c'eſt-à-dire, à forcer les molécules du ſang apporté par les *arteres*, à ſe rapprocher davantage, à ſe toucher plus ſouvent ou en plus de points, & à le rendre plus compact.

Des Vaiſſeaux ſangunis en particulier.

Des Vaiſſeaux Pulmonaires.

237. *Les vaiſſeaux pulmonaires* appartiennent ſpécialement & particuliérement aux poumons. On conſidérera :

238. 1°. *L'artere pulmonaire* ſortant du ventricule droit ou antérieur du cœur.

2°. *Sa marche oblique* en haut & en arriere en joignant l'aorte ; ce qui conſtitue le tronc de cette *artere.*

3°. *L'étendue de ce tronc.* Elle eſt de cinq à ſix pouces.

4°. *Sa diviſion en deux branches.* Le volume de la branche gauche étant plus conſidérable que celui de la branche droite, mais la longueur de l'une & de l'autre étant égale dans l'animal.

5°. *Le trajet de ces mêmes branches.* Chacune d'elles ſe rendant de ſon côté aux poumons, dans leſquels elles ſe diviſent & ſe ſubdiviſent à l'infini.

6°. *Le canal artériel*, ou le vaiſſeau de communication entre *l'artere pulmonaire* & *l'aorte* dans le fœtus. Ce canal ayant environ quinze lignes de longueur deux ou trois lignes de diametre, partant du tronc & même de *l'artere pulmonaire*, près de ſa diviſion en deux branches, ſe portant de-là obliquement en arriere, & faiſant une légere courbure pour s'inſérer à la partie latérale de *l'aorte poſtérieure* dès ſon commencement, & à deux doigts de la naiſſance de *l'aorte antérieure*, s'oblitérant dans l'animal né comme le canal veineux, & ſubſiſtant alors ſous la forme d'un ligament qui eſt toujours dans la même ſituation.

239. 7°. *Les veines pulmonaires* étant le produit de la dégénération des vaiſſeaux artériels en veinules, dont le calibre, augmentant inſenſiblement, forme des *veines*, leur diametre devenant moindre que celui des ramifications artérielles qu'elles ſuivent; ces veines ſe montrant enſuite ſous la forme de quatre troncs, qui s'implantent, deux de chaque côté, ou un dans chacun des angles du *ſac gauche*, dit auſſi le *ſac pulmonaire*; tous ces vaiſſeaux, tant artériels que veineux, ayant accompagné au ſurplus les ramifications des bronches, ſur l'extrémité veſſiculaire deſquelles on voit un lacis vaſculeux non moins admirable dans le cheval que dans l'homme.

De L'Aorte.

240. *L'Artere pulmonaire* porte le ſang du ventricule droit ou antérieur du cœur dans les poumons. Ce même ſang, reçu & repris par les *veines pulmonaires*, eſt rapporté dans le ventricule gauche ou poſtérieur; de ce ventricule il eſt porté dans toute l'étendue du corps par un vaiſſeau dont le volume eſt très-conſidérable & qui ſort de ce même ventricule, en ſe montrant au côté droit de *l'artere pulmonaire*. Ce vaiſſeau n'eſt autre choſe que *l'aorte*. On remarquera:

1°. *Le tronc.* Il eſt de la longueur d'environ deux pouces.

2°. *Les arteres coronaires* du cœur ſortant immédiatement de ce tronc, & s'étendant ſur les faces de ce viſcere, l'une à droite & l'autre à gauche.

3°. *L'artere coronaire droite* faiſant, après ſa ſortie du tronc, quelque trajet ſur la bâſe de ce viſcere, & cheminant du côté droit entre la bâſe du ſac & du ventricule du même côté qu'elle couronne jusqu'à la cloison des sacs, où elle se divise en deux branches, la premiere & la principale se portant le long du *septum* des ventricules & du côté droit, en laissant échapper plusieurs ramifications collatérales, qui se dispersent & pénetrent sensiblement dans la substance de cet organe jusqu'à sa pointe : la seconde, dont le volume & le calibre sont moindres, marchant postérieurement en entourant & en embrassant la bâse du sac gauche, ensorte qu'elle est entre cette bâse & celle du ventricule. Elle fournit pareillement nombre de petits rameaux qui se répandent dans l'une & dans l'autre de ces cavités.

4°. *L'artere coronaire gauche* suivant du côté gauche à-peu-près les mêmes divisions, cheminant sur la cloison des sacs, & se bifurquant à deux pouces de son origine; la plus considérable des deux branches resultant de cette bifurcation, fixant là route qu'elle décrit le long de la face gauche du cœur dans la rainure qui répond au *septum-medium*, & parvenant ainsi à la pointe de ce viscere, où elle s'anastomose avec celle de l'autre face; elle produit dans ce trajet une infinité de rameaux qui se plongent dans les ventricules : l'autre branche chemine entre la bâse du sac gauche & celle du cœur qu'elle couronne de ce même côté, ses rameaux collatéraux se perdant également les uns au sac, & les autres au ventricule.

5°. *La division de ce même tronc de l'aorte* en deux branches très-remarquables, l'une d'elles s'élevant, se contournant & se courbant en arriere par-dessus la division des arteres pulmonaires; cette courbure formant ce que l'on nomme la crosse de l'aorte, & cette branche constituant ce que l'on appelle *l'aorte postérieure*, tandis que l'autre, qui ſe porte en avant, ſera nommée avec raiſon *l'aorte antérieure.*

De l'Aorte antérieure.

241. *L'aorte antérieure* peut être comparée à *l'aorte ſupérieure* de l'homme; elle en differe néanmoins en ce qu'elle ſe porte en avant & par un ſeul tronc l'eſpace de trois ou quatre travers de doigt, tandis que dans le ſujet humain elle eſt d'abord fournie par trois branches, c'eſt-à-dire, par la carotide gauche & par les ſouſclavieres.

En recherchant ici les diviſions de cette artere principale, & en la ſuivant dans ſes progrès, on trouvera :

1°. *Les arteres tymiques* partant de ce tronc unique avant ſa diviſion.

242. 2°. *Les arteres axillaires* réſultant de la diviſion de ce même tronc en deux branches à ſon arrivée à l'extrémité antérieure du ſternum, ces arteres étant nommées ainſi, parce qu'elles paſſent ſous les ars. Elles répondent aux ſouſclavieres de l'homme, & ſe diſtribuent dans toute l'extrémité antérieure de l'animal, le diametre de l'axillaire gauche étant infiniment moins étendu que celui de l'axillaire droite, & cette branche donnant d'abord une ramification au péricarde.

243. 3°. *Le tronc des carotides* étant une branche conſidérable qui part de l'axillaire droite.

4°. *La diviſion de ce tronc* en deux branches égales, ayant lieu à environ trois travers de doigt de ſa naiſſance.

5°. *Les carotides* elles-mêmes n'étant autre choſe que ces deux branches & montant dans l'encolure le long de la trachée artere juſqu'à la bâſe du crâne.

6°. *Les ramifications irrégulieres* qu'elles envoient dans ce trajet aux muſcles du col & aux parties voiſines.

7°. *L'artere tyroïdienne* & les autres vaiſſeaux qu'elles fourniſſent au larynx, aux glandes parotides & maxillaires.

8°. *Leur diviſion* en *carotide externe* & en *carotide interne*, cette diviſion s'opérant à quelque diſtance de la baſe du crâne.

244. 9°. *La carotide externe* ſe diviſant en ſix branches, qui ſont, *l'occipitale*, la *maxillaire interne*, la *maxillaire externe*, l'*auriculaire*, la *temporale* & la *maxillaire poſtérieure*.

10°. *L'artere occipitale* ſe portant au-devant de l'apophyſe tranſverſe de la premiere vertebre cervicale, & ſe diviſant en quatre rameaux.

Le premier de ces rameaux paſſant au-deſſous de l'apophyſe ſtyloïde de l'os occipital, & fourniſſant pluſieurs ramifications, dont la plupart vont ſe perdre dans la poche membraneuſe de la trompe d'Euſtache & dans les parties voiſines, une de ces ramifications ſuivant le nerf lingual dans le crâne.

Le ſecond ſe portant par-deſſus cette même apophyſe ſtyloïde, pénétrant par des trous pratiqués dans la ſubſtance de l'os, & ſe diviſant, avant que d'en ſortir, en diverſes ramifications, dont les unes s'échappent au-dehors par de ſemblables trous percés dans le temporal, & ſe diſtribuent au péricrâne & au muſcle crotaphite, tandis que les autres s'introduiſent dans le crâne & ſe répandent dans les ſinus occipitaux, ainſi qu'à la dure-mere; l'une de ces ramifications s'anaſtomoſant au ſurplus avec une pareille ramification de l'artere meningere, & allant ſe perdre dans la roche.

Le troiſieme rameau ſortant par le trou qui eſt

à la partie inférieure de l'apophyſe tranſverſe de la premiere vertébre, s'anaſtomoſant avec un rameau de la vertébrale, & ſe perdant dans les muſcles de la tête.

Enfin le quatrieme rameau envoyant quelques ramifications aux muſcles de la tête, après avoir paſſé par le trou ſupérieur de cette même apophyſe tranſverſe, & pénétrant dans le canal ſpinal par le trou qui eſt à la bâſe de la cavité articulaire; il ſe porte dans le crâne, où il s'anaſtomoſe le plus ſouvent avec celui du côté oppoſé, & quelquefois avec les vertébrales, qu'il ſupplée dans le cas où celles-ci ne s'introduiſent pas dans cette cavité.

11°. *L'artere maxillaire interne* fourniſſant, à un pouce de ſa naiſſance, un rameau qui va ſe diſtribuer au pharynx ſous le nom *d'artere pharyngienne*, en donnant quelques ramifications au voile du palais; cette même artere maxillaire cheminant enſuite le long de la face interne de la mâchoire, & ſe diviſant en deux branches, dont la premiere s'inſinue dans la ſubſtance de la langue ſous le nom *d'artere ranine*. La ſeconde fournit quelques rameaux au muſcle maſſeter, au ſphéno-maxillaire, & une ramification plus notable qui ſe propage tout le long de l'auge juſqu'au menton, en donnant quelques rameaux aux muſcles de l'os hyoïde & de la langue; cette même branche paſſant ſur le bord de la mâchoire en dehors, au-deſſous du muſcle maſſeter; il en part d'abord une ramification qui ſe porte tout le long de cette mâchoire juſqu'à ſon extrémité; elle ſe ramifie enſuite de maniere à former les *arteres labiales*, les *arteres naſales* & les *arteres angulaires*.

12°. *L'artere maxillaire externe* ſe portant ſur la face externe de la mâchoire poſtérieure, pénétrant & ſe diſtribuant dans le muſcle maſſeter, où elle communique & s'anaſtomoſe avec pluſieurs autres vaiſſeaux. Elle donne quelques rameaux au muſcle ſphéno-maxillaire, à la glande parotide, & quelques-unes de ſes branches outrepaſſent la mâchoire, ſe propagent dans la bouche, & ſe diſtribuent aux gencives & au palais.

13°. *L'artere auriculaire* ſe ramifiant à l'oreille externe, & laiſſant échapper dans ſa route quelques rameaux qui vont à la glande parotide.

14°. *L'artere temporale* étant au-deſſous & en dehors de l'apophyſe condyloïde de la mâchoire poſtérieure, & fourniſſant d'abord deux rameaux, dont le premier paſſant au-devant de l'oreille, & laiſſant échapper quelques ramifications qui ſe portent à cette partie, ainſi qu'à la glande parotide, s'évanouit dans les muſcles voiſins, tandis que le ſecond, qui paſſe ſous le pont jugal, ſe diſtribue aux parties qui environnent l'œil, ainſi qu'au muſcle crotaphite; cette même artere temporale chemine enſuite le long de l'épine maxillaire, en s'introduiſant dans le muſcle maſſeter & dans les muſcles voiſins où elle ſe perd.

15. *La maxillaire poſtérieure*, qui, plongeant dans la ſubſtance du muſcle ſphéno-maxillaire, lui fournit pluſieurs rameaux ainſi qu'au voile du palais. Elle pénetre dans le canal de la mâchoire poſtérieure; elle envoie dans ſa route des ramifications aux dents; elle ſort enfin par le trou mentonnier pour ſe ramifier dans les parties voiſines.

245. 16°. *Les nouvelles diviſions de la carotide externe*, qui, après avoir donné les ſix branches principales que nous venons de ſuivre, gagne la partie latérale du ſphénoïde, & laiſſe échapper cinq rameaux.

Le premier formant *l'artere meningere* qui pénetre dans le crâne à la faveur de la fente déchirée, dans l'endroit même de la ſortie du cordon poſtérieur de la cinquieme paire de nerfs, & laiſſe échapper une ramification qui s'anaſtomoſe avec une ramification ſemblable émanant du ſecond rameau de *l'occipitale*, & ſe perd dans la roche; cette même *artere meningere* marchant enſuite entre la dure-mere & le pariétal & ſe diſtribuant & ſe ramifiant ſur cette membrane.

Des quatre autres rameaux, il en eſt deux qui s'évanouiſſent dans le muſcle ſphéno-maxillaire & dans ceux de la trompe d'Euſtache; les autres vont l'un à l'articulation de la mâchoire, l'autre au muſcle crotaphite.

17°. *Le trajet de la même carotide externe, enſuite de cette diviſion* dans le trou ptérygoïdien; cette artere, avant ſa ſortie de ce même trou, fourniſſant *l'artere oculaire*, & celle-ci ſe diviſant en deux branches, dont la premiere laiſſe échapper quantité de ramifications qui ſe diſtribuent aux muſcles & à toutes les parties qui compoſent le globe, ainſi qu'une ramification plus légere qui ſuit le nerf optique juſques dans le crâne; cette premiere branche marche enſuite au-dedans des ſalieres, & ſe perd dans la peau & dans la graiſſe de ces mêmes parties.

La ſeconde fournit quelques ramifications à l'œil, & s'introduit dans le crâne par le trou orbitaire interne. Elle en donne encore quelques-unes qui ſuivent les nerfs olfactifs dans le nez, & elle communique enſuite avec la carotide interne, en en envoyant pluſieurs au cerveau.

246. 18°. *La diviſion de cette même carotide externe en trois rameaux après ſa ſortie de ce même trou;* le

premier de ces rameaux marchant le long de la tubérosité maxillaire, & se perdant dans le muscle molaire, dans les glandes du même nom, dans le masseter & dans la membrane de la bouche; les deux autres étant connus sous la dénomination *d'artere maxillaire antérieure* & *d'artere palatine.*

19°. *L'artere maxillaire antérieure* fournissant un rameau qui chemine le long de la partie inférieure de l'orbite, se distribue dans les muscles, au sac nasal, à la conjonctive, à la paupiere inférieure, &c., & vient s'anastomoser avec l'angulaire; cette même artere pénétrant ensuite dans le conduit maxillaire antérieur, donnant des ramifications aux dents, & sortant enfin par le trou qui répond à ce même conduit, pour s'avanouir dans les parties voisines.

20°. *L'artere palatine* pénétrant par le trou gustatif, ou palatin, pour se distribuer au palais, & donnant, avant son introduction, deux rameaux, dont l'un se porte au voile du palais, & l'autre dans le nez par le trou nasal, pour se répandre dans la membrane pituitaire, sous le nom *d'artere nasale interne;* après quoi cette même artere palatine marchant le long des parties latérales de la voûte du palais, fournit des ramifications à la membrane qui la tapisse, ainsi qu'aux gencives, quelques-unes pénétrant par les fentes incisives pour se perdre dans les fosses nasales, & lorsqu'elle est parvenue à l'extrémité inférieure de la mâchoire, elle s'anastomose avec celle du côté opposé, passe par le trou incisif, & se perd dans les gencives & dans la levre antérieure.

21°. *L'artere carotide interne*, faisant plusieurs inflexions lors de son entrée dans le crâne par la fente déchirée, se plongeant dans le sinus caverneux, communiquant avec celle du côté opposé, fournissant un rameau qui s'anastomose avec la vertébrale, traversant le sinus dans lequel elle s'est plongée, se divisant, après l'avoir traversé, en deux branches dont l'une s'anastomose avec celle du côté opposé & avec *l'oculaire*, née de la carotide externe, tandis que l'autre s'anastomose avec les vertébrales; toutes les deux présentant ensuite une multitude de ramifications irrégulieres, dont les unes se plongent dans la substance du cerveau, les autres rampent dans ses anfractuosités, & s'y trouvent soutenues par la pie-mere, qui reçoit aussi, de même que la dure-mere, quelques-uns de ces vaisseaux. Il est encore un rameau de cette même artere carotide, qui, sortant du crâne, se porte dans le globe de l'œil, & pénetre dans la cornée, en accompagnant le nerf optique. Au surplus, cette même carotide fournit à tous les nerfs des artérioles qui les accompagnent dans leur marche, comme la carotide externe en fournit qui suivent ces mêmes nerfs du dehors au-dedans du crâne.

248. 22°. *L'artere axillaire gauche* fournissant le plus souvent, dès son principe, cinq branches, que nous nommerons *dorsale*, *cervicale supérieure*, *vertébrale*, *thorachique interne* & *thorachique externe*; nous parlerons ensuite des deux rameaux qu'elle donne dès sa sortie du thorax, & que nous distinguerons par les noms d'*artere cervicale inférieure* & *d'artere scapulaire*.

23°. *L'artere dorsale* envoyant d'abord une ramification au médiastin, fournissant la seconde intercostale, donnant bientôt après un rameau, qui, se portant en arriere, produit la troisieme, quatrieme & cinquieme intercostale, & se perd dans les parties voiſines ; cette même dorſale ſortant de la poitrine par l'intervalle que laiſſent entr'elles la ſeconde & la troiſieme côte pour ſe répandre dans les muſcles grand dentelé, ſplénius, complexus, ainſi que dans le ligament cervical, & dans toutes les parties du gârot.

24°. *L'artere cervicale ſupérieure* ſortant de la poitrine entre la premiere & la ſeconde côte, donnant la premiere intercoſtale, paſſant deſſous le muſcle court tranſverſal, marchant tout le long du ligament cervical & de la face interne du complexus, fourniſſant dans ce trajet des ramifications à toutes les parties qu'elle rencontre, & s'évanouiſſant enfin près de la premiere vertebre.

25°. *L'artere vertébrale* s'inſinuant à deux ou trois pouces de ſon origine dans les vertebres cervicales par les trous qui ſont à leurs apophyſes tranſverſes, elle chemine juſqu'à la partie ſupérieure de la premiere vertebre. Là il s'en détache un rameau qui s'anaſtomoſe avec le troiſieme rameau de l'occipitale, & s'évanouit comme lui dans les muſcles de la tête. Le plus ſouvent ces mêmes vertébrales s'y perdent auſſi ; d'autrefois elles pénetrent dans le crâne par le trou vertébral, formé par la premiere & la ſeconde vertebre, & elles s'anaſtomoſent. De cette réunion réſulte le tronc vertébral qui communique avec les deux occipitales ; elles ſe ſéparent enſuite pour ſe réunir bientôt, après quoi elles ſe ſubdiviſent en une multitude de ramifications qui ſe répandent dans la ſubſtance du cervelet, & dont quelques-unes communiquent avec des rameaux de la carotide interne. La plus réguliere eſt celle qui, du tronc vertébral, vient ſe plonger dans le canal de l'épine en faveur de la moëlle épiniere ; celle-ci forme *l'artere ſpi-*

nale qui marche le long de la partie antérieure de cette moëlle, & lui fournit dans ce trajet, ainſi qu'à ſes enveloppes, nombre de petites artérioles. Il eſt encore un petit rameau qui, naiſſant de ce même tronc vertébral, accompagne le nerf auditif dans l'organe de l'ouïe. Quelquefois une ſeule artere *vertébrale* pénetre dans le crâne & s'aſſocie avec l'*occipitale;* mais dans la circonſtance où ni l'une ni l'autre ne s'y introduiſent, les *occipitales* en font les fonctions & fourniſſent *l'artere ſpinale*, au lieu de leur réunion.

26°. *L'artere thorachique interne.* De ſa premiere diviſion, qui a lieu peu de tems après ſa naiſſance, réſulte la *thorachique externe;* elle ſe porte enſuite le long des parties latérales & internes du ſternum, en paſſant ſur les cartilages des côtes. Dans ce trajet elle envoie des ramifications au médiaſtin, & il s'en détache des rameaux très-ſenſibles, dont les uns, s'échappant au-dehors, ſe diſtribuent aux muſcles grand & petit pectoral; les autres gagnent le bord poſtérieur des côtes, & ſe perdent dans les muſcles intercoſtaux. Cette même *artere thorachique interne* parvenue au cartilage xiphoïde, donne un rameau conſidérable qui ſort de la poitrine, chemine le long de la face interne du muſcle droit, & s'anaſtomoſe avec *l'abdominale;* elle pourſuit enſuite ſa route juſqu'à la derniere des fauſſes côtes, à chacune deſquelles on la voit départir des ramifications, ainſi qu'au diaphragme.

27°. *L'artere thorachique externe*, dont la naiſſance eſt, ainſi que nous l'avons dit, due à la *thorachique interne*, mais qui part quelquefois de l'*axillaire gauche;* elle ſe porte le long des parties latérales du thorax, & se distribue dans tous les muscles qui couvrent cette partie.

28°. *L'artere cervicale inférieure* cheminant en-devant & au-dedans de tous les muscles de l'encolure, & fournissant dès son principe une ramification qui marche à la trachée-artere & à l'œsophage.

29°. *L'artere scapulaire* se propageant entre l'épaule & la poitrine, se portant également aux muscles de l'une & de l'autre, soit en-dedans, soit en-dehors de l'omoplate, en envoyant quelques rameaux à l'articulation de cette partie avec le bras & plusieurs autres aux muscles extenseurs de l'avant bras.

249. 30°. *L'artere axillaire droite* ne fournissant que les *carotides* & la *cervicale supérieure*, & non autant de branches que *l'axillaire gauche*.

31°. *L'artere cervicale supérieure* laissant échapper dès son principe deux rameaux, dont le premier accompagne le nerf diaphragmatique jusqu'à sa fin, & envoie quelques ramifications à la trachée-artere, à l'œsophage, au médiastin & au péricarde, tandis que l'autre perce la partie supérieure de cette enveloppe, pour gagner la face concave du poumon, dans lequel elle se ramifie. Cette même artere cervicale fournit encore *la dorsale*, qui, par conséquent, n'émane point de l'axillaire comme la dorsale opposée. Cette branche est d'abord le tronc de la seconde intercostale, & ensuite elle donne la troisieme & la quatrieme; quelquefois aussi cette artere & la cervicale, qui en est le principe, passent par l'intervalle de la premiere & de la seconde côte, & chemine comme la dorsale gauche & la cervicale inférieure.

250. 32°. *L'artere brachiale ou humérale*, qui n'est

autre chose que l'axillaire arrivée à la partie interne du bras où elle prend ce nom; cette artere, dès son principe, laissant échapper quelques branches qui entourent l'articulation de cette partie & de l'épaule, descendant de-là le long de la partie interne de l'humérus jusqu'au coude, où nombre de ramifications s'en détachent pour aller aux muscles voisins, passant ensuite sur la partie antérieure de l'articulation du bras & de l'avant-bras, & donnant une branche qui chemine le long de la partie latérale externe du cubitus jusqu'à l'articulation du genou, & dont plusieurs ramifications, qui se portent aux muscles extenseurs du canon & du pied, sont des émanations. Cette même *artere humérale* se contournant en arriere, gagnant la partie postérieure du cubitus, le long duquel elle se porte en descendant toujours, & fournissant sans cesse des rameaux aux muscles qu'elle rencontre. Lorsqu'elle est parvenue à la partie inférieure de ce même os, elle laisse échapper un rameau qui marche le long de la partie postérieure du canon, & s'anastomose avec les arteres articulaires du boulet, & dans sa marche avec une ramification du tronc principal; les rameaux qui entourent l'articulation du genou étant au surplus nommés *arteres poplitées*, & le tronc de cette même *humérale* passant derriere cette articulation, dans un anneau formé par l'os crochu & par un ligament annulaire. Il rampe postérieurement le long du canon jusqu'au-dessus du boulet.

33°. *Les arteres articulaires* naissant de l'endroit de la bifurcation de *l'humérale*, au-dessus de cette même partie, & se divisant en quatre rameaux, dont deux sont destinés aux parties de l'articulation, & deux autres remontent & s'anastomosent avec ceux dont nous avons parlé.

34°. *Les arteres latérales* résultant de la bifurcation-même, & étant deux branches égales sortant de l'intérieur de la jambe, passant de chaque côté de l'articulation du boulet, quoiqu'un peu en arriere, descendant le long de la partie postérieure du pâturon jusqu'à la couronne, & fournissant des ramifications qui s'anastomosent entr'elles, tant à la face antérieure qu'à la face postérieure de ces parties. Elles envoient aussi chacune une artériole aux talons.

35°. *L'artere plantaire*, qui est une des branches de la division des arteres latérales à la couronne, cette artere cheminant postérieurement à l'autre branche de cette division, & se plongeant dans le pied où elle s'anastomose avec celle du côté opposé, en laissant échapper de chaque côté un rameau qui s'anastomose sur la pince avec celui du côté contraire.

36°. Enfin, les *arteres coronaires du pied* partant aussi de cette même division, cheminant antérieurement à la *plantaire*, & se portant autour de la couronne, leur anastomose étant encore plus sensible sur le contour de cette partie & à sa face antérieure, & leurs nombreuses ramifications pénétrant & se répandant dans toute l'étendue du pied.

De l'Aorte postérieure.

251. *L'aorte postérieure* après sa courbure, ou après la crosse, gagne le corps des vertebres du dos le long duquel elle marche un peu à gauche jusques dans l'abdomen. En la suivant dans sa marche & dans ses différentes divisions, on considérera :

1°. *Les arteres bronchiques* naissant de sa partie supérieure à quelque distance de sa courbure, près de la premiere intercoſtale, qui, le plus ſouvent, naît de cette premiere artere; ces arteres bronchiques comprenant pluſieurs petites branches qui vont aux poumons, & qui accompagnent les vaiſſeaux aériens juſqu'à leurs dernieres diviſions. Elles envoient des ramifications au péricarde & à l'œſophage.

2°. *Les arteres œſophagiennes* envoyées du même lieu par *l'aorte* à l'œſophage, & dont la plus conſidérable marche le long de ſa partie poſtérieure, & s'anaſtomoſe avec un rameau de la gaſtrique, ces arteres naiſſant quelquefois des bronchiques.

3°. *Les arteres intercoſtales*, au nombre de quatorze ou quinze de chaque côté ſeulement, la premiere étant due à la cervicale ſupérieure, la ſeconde, la troiſieme, la quatrieme & la cinquieme à la dorſale gauche, & la ſeconde, la troiſieme & la quatrieme, du côté oppoſé, à la dorſale droite; les autres qui fourniſſent auſſi des artérioles au dos & à la moëlle épiniere, naiſſant de la partie ſupérieure de l'aorte dans le thorax, à l'exception de la ſixieme & de la cinquieme du côté droit, qui émanent de la premiere intercoſtale de ce même côté, après qu'elle a donné une ramification, qui ſe diſtribue à la trachée, à l'œſophage & au péricarde. Il en naît enſuite encore un rameau plus conſidérable, qui va ſe perdre dans les muſcles du dos.

252. 4°. *Le trajet que fait l'aorte* du thotax dans l'abdomen par l'ouverture réſultant de l'intervalle ou de l'écartement des deux pilliers du diaphragme; cette artere continuant ſa marche ſous les vertébres des lombes juſqu'à l'os ſacrum.

5°. *Les arteres diaphragmatiques* émanant de ce tronc à ſa ſortie par le diaphragme, & dès ſon entrée dans le bas-ventre, quelquefois dans ſon paſſage-même, ſouvent par une petite branche qui ſe diviſe en deux ou trois rameaux, ſouvent auſſi par trois rameaux diſtincts & ſéparés, ces arteres s'évanouiſſant dans le muſcle dont il s'agit.

6°. *L'artere cœliaque* formant une branche remarquable donnée par l'aorte, un peu en arriere du lieu de ſa ſortie, & ſe diviſant auſſi-tôt pour fournir l'artere *hépatique*, l'artere *gaſtrique* & l'artere *ſplénique*.

7°. *L'artere hépatique* ſe portant dans le foie, & laiſſant échapper, avant de ſe plonger dans ce viſcere, quelques ramifications qui ſe diſtribuent au pancréas & au canal hépatique : *l'artere gaſtro-épiploïque droite*, qui marche le long de la grande courbure de l'eſtomac, & qui ſe propage dans l'épiploon, lui doit ſa naiſſance, ainſi que l'artere *pylorique*, formée d'un petit rameau qui gagne le pylore.

8°. *L'artere gaſtrique* cheminant dans la petite courbure de l'eſtomac entre les deux orifices, ſous le nom d'*artere coronaire ſtomachique*, ſe diſperſant dans la plus grande partie de ce viſcere, s'anaſtomoſant avec d'autres arteres, & donnant une ramification qui ſe propage le long de l'œſophage & s'anaſtomoſe avec *l'œſophagienne*.

9°. *L'artere ſplénique* gagnant la rate, fourniſſant dans ſon trajet *les arteres pancréatiques*, nommées ainſi, parce qu'elles vont au pancréas, & *les vaiſſeaux courts* auxquels nous conſervons ce nom, quoiqu'il s'en faut bien qu'ils aient ici proportionnément la même brieveté que dans l'homme ; ils vont au grand cul-de-ſac du ventricule ; enfin elle donne la *gaſtro épiploïque gauche*, qui ſe porte à l'épiploon & à ce viſcere, & qui communique le long

long de ſa grande courbure avec *la gaſtro-épiploïque droite.*

10°. *Le tronc de l'artere méſentérique antérieure* partant de la partie inférieure de l'aorte, trois doigts au-deſſous de la *cœliaque;* ce tronc ſe trouvant conſtamment dilaté & tortueux, de maniere qu'on pourroit regarder cette dilatation comme une dilatation anévriſmale ou contre nature, ſi cette ſingularité ne ſe montroit pas également dans tous les chevaux.

11°. *L'artere méſentérique antérieure* naiſſant de ce tronc dilaté, envoyant une branche au pancréas, & ſe diſtribuant au méſentere & aux inteſtins, le plus grand nombre de ces ramifications étant réſervé aux inteſtins grêles, quelques-unes ſe portant à l'épiploon, & quelquefois au ventricule; les autres branches plus notables étant deſtinées aux gros inteſtins, l'une d'elles s'anaſtomoſant, comme dans l'homme, avec une branche de la méſentérique poſtérieure, & deux autres plus conſidérables marchant tout le long des grandes portions du colon, & s'anaſtomoſant à l'endroit de la ſeconde courbure, cette anaſtomoſe eſt des plus marquées.

12°. *Les arteres émulgentes ou rénales*, quelquefois au nombre de deux, venant des parties latérales de l'aorte, en arriere de la méſentérique antérieure, & ſe plongeant ſur-le-champ dans les reins; celle du côté droit étant plus longue que la gauche.

13°. *Les arteres capſulaires ou ſurrénales*, fournies par les *émulgentes* dès leur principe, & ſe diſtribuant aux reins ſuccinturiaux.

14°. *Les arteres adipeuſes* partant des mêmes émulgentes, & ſe diſtribuant dans la graiſſe.

15°. *L'artere mésentérique postérieure* sortant de l'aorte cinq ou six travers de doigt après & en arriere des *émulgentes*. Elle est beaucoup moindre que l'antérieure, & se répand dans les gros intestins; une de ces premieres divisions remonte & s'anastomose avec une branche de la grande mésentérique; les dernieres se portent au rectum & à l'anus.

16°. *Les arteres spermatiques premieres* naissant un peu après celle-ci, & toujours en arriere; ces arteres, dans le cheval, sortant de l'abdomen comme dans l'homme, par l'anneau du muscle oblique externe, faisant plusieurs inflexions, & se divisant à leur arrivée près des testicules en plusieurs branches, les unes allant à l'épididyme, les autres aux testicules mêmes; ces mêmes arteres naissant très-souvent, tant dans le cheval que dans la jument, avant la mésentérique postérieure, & se portant dans la femelle par un trajet plus court aux ovaires dans lesquels elles se distribuent.

17°. *Les arteres lombaires*, au nombre de cinq ou six rameaux seulement, sortant de la partie supérieure de l'aorte & de chaque côté, se perdant dans les lombes, principalement dans les muscles de l'abdomen, & envoyant des ramifications au dos & à la moëlle épiniere.

253. 18°. *La division de l'aorte lors de son arrivée à la derniere vertebre lombaire.* Là elle se partage en quatre branches; les deux premieres sont les *iliaques externes;* les deux autres, les *iliaques internes.* Cette division differe de celle que l'aorte offre ici dans le corps humain; car on n'y voit en effet d'abord que deux branches nommées *iliaques communes*, & qui se subdivisent ensuite plus bas en *externes* & en *internes.*

254. 19°. *L'iliaque interne* fourniſſant à une diſtance d'environ deux pouces de ſon principe, deux branches, gagnant enſuite le long de la partie interne du baſſin, ſe diviſant encore en deux rameaux, & ſe partageant enfin de nouveau en deux branches à l'angle inférieur de l'iléon.

20°. *L'artere honteuſe interne*, née de ſa premiere diviſion, donnant dans ſa marche deux rameaux; le premier conſtituant *l'artere ombilicale* qui paſſe au-deſſous de l'urethre, gagne la partie latérale de la veſſie, & ſe porte ſur le fond de cette poche, où elle ſe confond dans l'ouraque avec celle du côté opposé. On ſait que dans le fœtus ces deux arteres forment le cordon ombilical. Dans le cheval adulte, elles ſe trouvent ſouvent oblitérées; & dans l'homme ces mêmes vaiſſeaux oblitérés, au lieu de ſe terminer à la veſſie, ſe portent très-diſtinctement juſqu'à l'ombilic.

Quant au ſecond des rameaux émanant de cette même artere *honteuſe interne*, il ſe porte aux parties latérales & poſtérieures de la veſſie, & s'y diſtribue, ainſi que dans les véſicules ſéminales & dans les proſtates.

L'artere dont il s'agit pourſuivant enſuite ſa route en-deſſus de la tubéroſité de l'iſchion, laiſſe échapper quelques rameaux allant au rectum & à ſes muſcles; après quoi elle pénetre dans le bulbe de l'urethre où elle s'évanouit. Elle peut être comparée à l'artere honteuſe interne de l'homme. Il faut obſerver que dans la jument, elle fournit *les arteres vaginales* & ſe partage en deux rameaux, dont l'un chemine entre les branches du clitoris, & ſe ramifie ſur les parties extérieures de la génération, tandis que l'autre ſe répand ſur le tiſſu ſpongieux d'où réſulte le corps caverneux, ainſi que dans le vagin.

21°. *L'artere ſacrée* étant auſſi une branche de la premiere diviſion de *l'iliaque interne*, cheminant le long de la partie latérale interne de l'os ſacrum, donnant des rameaux qui paſſent dans les trous de cet os pour ſe diſtribuer dans le canal de l'épine, fourniſſant enſuite *l'artere coccygienne*, qui va ſe perdre dans les muſcles de la queue, & ſortant enfin du baſſin pour ſe jeter & pour s'évanouir dans les muſcles de la cuiſſe & de la jambe.

22°. *Les deux rameaux* émanans de la ſeconde diviſion de cette même *iliaque* dans ſon trajet le long de la partie interne du baſſin, l'un de ces rameaux ſe portant le long de la face interne de l'iléon, & ſe perdant dans cet os & dans les parties voiſines; l'autre formant *l'artere feſſiere*, qui paſſe par l'échancrure ſciatique, & s'évanouit dans les muſcles feſſiers & dans quelques muſcles voiſins.

23°. *Les deux branches* enfin partant de la troiſieme diviſion de *l'iliaque* parvenue à l'angle inférieur de l'iléon; la premiere ſortant du baſſin par l'échancrure crurale, par-deſſus le tendon du muſcle pſoas des lombes & par-deſſus le muſcle iliaque, & ſe perdant dans le muſcle moyen feſſier & dans les muſcles extenſeurs de la jambe; la ſeconde formant *l'artere obturatrice* : celle-ci chemine le long de la face interne du pubis, à côté des véſicules ſéminales & de la veſſie; elle ſort du baſſin par le trou ovalaire, en perçant le muſcle obturateur, & elle ſe diviſe en deux rameaux; le premier va ſe perdre dans le corps caverneux, ſous le nom *d'artere caverneuſe;* le ſecond ſe répand dans les muſcles qui ſont à la partie interne de la cuiſſe. Dans la jument, cette même obturatrice ne laiſſe échapper qu'une légere ramification, qui ſe porte & s'évanouit dans les branches du clitoris.

255. 24°. *L'artere iliaque externe* fourniſſant *l'artere utérine* dans la jument, & *l'artere ſpermatique ſeconde* dans le cheval, ainſi que la *petite iliaque*, qui, après s'être répandue dans le muſcle du même nom, eſt dirigée près de l'angle antérieur de l'iléon, & ſe diviſe en deux rameaux, dont l'un s'évanouit dans les muſcles abdominaux, tandis que l'autre ſort du baſſin pour ſe diſtribuer au faſcia-lata : cette même *iliaque externe* paſſant au ſurplus par-deſſus les muſcles de l'abdomen, & fourniſſant, lors de ſon arrivée à l'arcade crurale, l'artere *abdominale*, dont émane l'artere honteuſe externe, ainſi qu'un rameau qui ſe porte aux muſcles de la cuiſſe.

25°. *L'artere ſpermatique ſeconde* envoyant d'abord pluſieurs ramifications à l'uretere, aux véſicules ſéminales & à la veſſie, gagnant enſuite le cordon ſpermatique auquel elle ſe joint pour ſortir par l'anneau de l'oblique externe avec l'artere *ſpermatique premiere*, elle ne forme point les inflexions qu'on remarque dans celle-ci ; elle marche droit, & ſe plonge ainſi juſques dans le centre du teſticule.

26°. *L'artere utérine* naiſſant comme la *ſpermatique ſeconde* du cheval du côté oppoſé à la *petite iliaque*, elle eſt très-conſidérable dans la jument pleine ; elle marche entre la duplicature des ligamens larges, & ſe diſtribue dans les cornes & dans le corps de la matrice.

27°. *L'artere abdominale* régnant le long des parties latérales du baſſin ſur le bord duquel elle chemine, elle sort de l'abdomen par-devant les os pubis, se porte le long de la face interne du muscle droit, & s'anastomose avec la *thorachique interne*.

28°. *L'artere honteuse externe* sortant par l'arcade crurale, se portant aux parties externes de la génération, aux glandes inguinales, à la peau, & se propageant jusqu'à l'extrémité de la verge, elle se perd dans le tissu spongieux de sa tête. Dans la jument, cette artere se porte entiérement aux mammelles, & elle s'y évanouit; elle y constitue l'*artere mammaire*.

256. 29°. *Les arteres crurales* n'étant que les *iliaques externes*, qui changent de nom dès qu'elles sortent de l'abdomen pour se porter le long de la partie interne de la cuisse.

30°. *Les arteres musculaires*, échappées de l'artere crurale peu de tems après, & se perdant dans cette partie.

31°. *Le nombre des ramifications* que l'artere crurale donne dans sa route à toutes les parties qu'elle rencontre.

32°. *Les arteres articulaires* naissant de l'*artere crurale* qui se contourne à la partie inférieure de la cuisse pour passer derriere le fémur, & qui donne ces mêmes arteres dès qu'elle approche de l'articulation de cet os.

33°. *L'artere tibiale postérieure*, fournie par la même *crurale* bientôt après la naissance des *articulaires*; cette même *artere tibiale postérieure* marchant le long de la partie postérieure & interne du tibia au-dessous du muscle fléchisseur oblique du pied jusqu'à l'articulation du jarret où elle glisse dans la sinuosité du calcanéum, & s'anastomose au-dessous de cette articulation, d'une part, avec la tibiale *antérieure*; & de l'autre, avec des rameaux de l'artere *articulaire* du boulet qu'elle rencontre.

34°. *L'artere tibiale antérieure* émanant de la *crurale* comme la précédente, se contournant de derriere-en-devant, marchant le long de la partie antérieure du tibia au-dessous du muscle fléchisseur du canon, donnant, lorsqu'elle est parvenue au-devant de son articulation, un rameau qui passe entre les os du jarret & la tête du péronné externe; ce rameau gagne la partie postérieure du canon, s'anastomose avec la *tibiale postérieure*, & se perd à cet os. Cette même *artere tibiale* chemine ensuite obliquement sur la partie latérale externe du canon près du péronné : lorsqu'elle touche à sa partie inférieure, elle passe entre ces deux os pour arriver à la portion postérieure du premier d'entr'eux par-dessous le ligament & le tendon fléchisseur du pied; elle se ramifie sur le boulet, & elle se bifurque comme dans l'extrémité antérieure pour fournir les *arteres latérales*. Celles-ci regnent à côté de l'articulation du boulet & le long du pâturon jusqu'à la couronne; elles se divisent ensuite en *arteres coronaires* & en *arteres plantaires*, & les unes & les autres se distribuent & s'anastomosent ainsi que nous l'avons vu dans les pieds antérieurs.

Des Veines.

Les *veines* étant une suite des canaux artériels,
257. le cœur en est le terme. Elles y aboutissent par des troncs composés de la réunion d'une multitude de ramifications, qui venant de différens endroits remplies du sang qu'elles ont reçu des arteres, sont

convergentes à meſure qu'elles approchent de ce viſcere. Tel eſt le nombre de ces ramifications, des rameaux & des branches qui ſucceſſivement en réſultent, que l'on ne peut ſe former une idée ſimple & nette des diviſions & de la diſtribution des *canaux veineux* en les conſidérant dans leur principe; il s'agit donc de les enviſager à leur fin comme ſi les troncs fourniſſoient les diviſions, qui, bien loin d'en émaner & d'en partir, s'y terminent. Cet ordre, qui, relativement aux *arteres*, eſt conforme aux loix que ſuit le ſang dans ſa marche, ſemble, relativement aux *veines*, bleſſer ces mêmes loix; mais il eſt ſuggéré par la néceſſité d'éviter la confuſion qui naîtroit de l'examen qu'on en feroit, ſi on entreprenoit d'en ſuivre la progreſſion en partant de leur origine, & d'ailleurs il eſt aiſé de ſe rappeler toujours que tous ces canaux *veineux* ſont chargés de rapporter ce fluide de la circonférence au centre.

De la Veine cave.

258. *La veine cave* part, d'un côté, de la partie antérieure & ſupérieure du ſac droit, & de l'autre, de la partie poſtérieure de ce même ſac. Le tronc qui ſe propage antérieurement forme ce que l'on appelle la *veine cave antérieure*, & celui qui ſe propage poſtérieurement, eſt ce que l'on nomme la *veine cave poſtérieure*.

De la Veine cave antérieure.

259. La *veine cave antérieure* partant du ſac droit, ainſi que nous venons de l'obſerver, forme un tronc très-conſidérable, qui monte & s'éleve au côté droit de l'aorte antérieure juſqu'auprès de la

division de cette artere en axillaire. On considérera :

1°. *La veine azygos* venant de la partie supérieure de ce tronc, se portant en arriere le long des vertebres dorsales un peu du côté droit, & se terminant environ à la derniere de ces vertébres ; cette *veine* fournissant au surplus toutes les *intercostales postérieures*, qui partent de chaque côté de ce même tronc.

2°. *La veine cervicale supérieure* partant de ce même tronc, fournissant la *premiere intercostale* & la *dorsale*, & celle-ci donnant la 2e. 3e. 4e. & 5e. *intercostale.* Cette même *cervicale* accompagnant l'artere du même nom jusqu'à ses dernieres ramifications.

3°. *La veine dorsale* passant entre la seconde & la troisieme côte, & se distribuant aux muscles de l'omoplate du col & du dos.

4°. *Les veines vertébrales.* La *vertébrale* du côté droit naissant de ce même tronc, accompagnant jusques dans le cerveau l'artere du même nom, passant comme elle dans les trous vertébraux & communiquant avec les *occipitales* ; la *vertébrale* du côté gauche étant fournie par la cervicale supérieure.

5°. *Les veines spinales* dues aux veines *vertébrales* dans leur trajet, & répondant dans la moëlle de l'épine.

6°. *Les veines médiastines & tymiques* se portant, les unes au médiastin, & les autres au tymus.

7°. *Les thorachiques internes* partant de la partie extérieure du tronc, avant sa division en *axillaires*, suivant les arteres du même nom le long des parties internes & latérales du sternum ; elles naissent quelquefois des axillaires.

260. 8°. *La division de la veine cave antérieure à sa sortie du thorax* par-dessus le sternum & au-devant de la division de l'*aorte antérieure* en *axillaires*, cette veine fournissant quatre branches principales, qui sont les *jugulaires* & les *axillaires*.

9°. Le *tronc de la veine jugulaire*, qui, après s'être séparée de la *veine cave*, donne la *cervicale inférieure*, qui suit l'artere du même nom jusqu'à ses dernieres ramifications.

261. 10°. *La veine des ars* partant de la *jugulaire* à un pouce de sa naissance, & formant celle que l'on nomme *céphalique* dans l'homme. Elle descend le long de la face interne du bras : parvenue à l'articulation du coude, elle s'anastomose avec un rameau de la *brachiale interne*, & poursuit son trajet le long de la partie latérale interne. Elle chemine jusqu'à la partie postérieure du cubitus, en laissant échapper des ramifications qui se distribuent dans les muscles qu'elle rencontre : arrivée au genou, elle en donne une autre qui s'anastomose *avec la brachiale interne*, & fournit, en passant sur l'articulation, quelques rameaux d'où resultent les *veines poplitées*; elle suit ensuite sa route le long de la partie postérieure & interne du canon jusqu'au boulet, où elle s'unit de nouveau avec la même *veine brachiale interne*.

11°. *La veine jugulaire*, qui, après avoir fourni ces deux rameaux, s'éleve antérieurement & latéralement le long de l'encolure ; elle suit beaucoup plus extérieurement que les *carotides* les côtés de la trachée-artere, & fournit dans ce trajet quelques ramifications aux parties voisines.

12°. *La veine tyroïdienne* partant de cette même veine avant sa division & se portant au larynx, aux glandes tyroïdes, parotides & maxillaires.

13°. *La veine maxillaire interne* fortant de ce même tronc lorfqu'il eft parvenu près de la tubérofité de la mâchoire, communément à trois ou quatre doigts en-deffous & en arriere de cette tubérofité ; cette veine pouvant être aifément apperçue à l'extérieur, pour peu que la *jugulaire* foit gonflée, & fe portant en dedans de la mâchoire & fous l'auge. Elle répondroit par fa fituation à la veine jugulaire externe de l'homme ; mais les diftributions en font différentes, toutes les veines externes de la tête humaine fe dégorgant dans le feul tronc de la jugulaire externe, tandis que dans l'animal les veines intérieures partent féparément du tronc ou des ramifications *de la jugulaire*.

14°. *Les ramifications* que la *maxillaire interne* fournit aux mufcles maffeter & fphéno-maxillaire.

15°. *La veine ranule* n'étant autre chofe que le premier rameau échappé de la veine dont il s'agit, pénétrant dans la fubftance de la langue, & que l'on ouvre dans certains cas à la portion inférieures de cette partie, s'anaftomofant enfin avec celle du côté oppofé près de l'os hyoïde.

16°. *Le trajet continué de cette veine maxillaire interne* par-deffus le bord poftérieur de la mâchoire, fa divifion en trois branches lorfqu'elle eft parvenue à la face externe de cette même mâchoire ; la premiere de ces branches defcendant le long des mufcles molaires, & formant *les veines labiales ;* la feconde remontant deffous le mufcle maffeter, augmentant confidérablement de volume & s'anaftomofant avec la *maxillaire poftérieure* avant de pénétrer dans le canal de la mâchoire ; la troifieme gagnant l'épine de l'os maxillaire & fe divifant en deux rameaux, dont l'un paffe par-deffous cette même épine, communique avec la *temporale*, & va former *les veines angulaires & nasales externes*; tandis que l'autre monte le long du zigoma en-dessous du masseter, où elle est très-considérable, pénetre dans l'orbite, à la faveur du pont jugal, en fournissant la *veine palatine*, la *nasaleinterne*, la *maxillaire antérieure* & l'*oculaire*, & communique dans le sinus caverneux par le trou qui donne passage au nerf ophtalmique.

17°. *La veine palatine* résultant, ainsi que nous l'avons dit, du second rameau de la troisieme branche de la *maxillaire interne*, pénétrant dans la bouche par le conduit gustatif ou palatin, & se distribuant sur toute la voûte du palais, en formant un lacis ou un réseau admirable sur toute cette partie, au moyen de sa communication avec celle du côté opposé.

18°. *La veine nasale interne*, échappée du même second rameau, s'insinuant par le trou nasal & accompagnant l'artere du même nom.

19°. *La veine maxillaire antérieure* étant aussi une division de ce même rameau, pénétrant par le conduit maxillaire antérieur, & suivant l'artere maxillaire antérieure.

20°. *La veine oculaire* provenant encore du rameau dont nous avons parlé, accompagnant l'artere oculaire dans toutes ses ramifications.

21°. *La seconde branche de la jugulaire* pouvant être comparée à la *jugulaire interne* humaine, accompagnant la *carotide interne* dans le crâne, plongeant dans le sinus caverneux, & fournissant dans sa marche la *veine occipitale*, qui suit l'artere du même nom dans toutes ses divisions.

22°. *La troisieme branche de la jugulaire*, formant le *veine auriculaire* qui se distribue à l'oreille externe & aux parotides.

23°. *La veine maxillaire externe* formant la quatrieme branche de la *jugulaire*, accompagnant l'artere du même nom, & se plongeant dans le masseter.

24°. *La veine temporale*, vulgairement appelée *la veine du larmier*, résultant de la cinquieme & derniere branche de *cette même jugulaire*, traversant le muscle masseter en dessous & en-dehors de l'apophyse condyloïde de la mâchoire, descendant le long de l'épine du zygoma, & communiquant avec la *maxillaire interne*, à l'endroit où elle fournit les *angulaires*; cette veine donnant au surplus, près de l'articulation de la mâchoire, un rameau qui pénetre dans le crâne par le canal qui est à la bâse de l'apophyse mastoïde du temporal.

25°. *Le trajet de la jugulaire*, qui, ensuite de ces cinq branches échappées d'elle, descend le long de la face interne de la mâchoire, fournit des rameaux au pharynx & au muscle sphéno-maxillaire, se plonge dans le canal de la mâchoire postérieure, sous le nom de *maxillaire postérieure*, en s'anastomosant avant que d'y pénétrer avec le second rameau de la *maxillaire interne*, ainsi que nous l'avons observé.

262. 26°. *La veine axillaire* étant une des principales divisions de la veine cave, à sa sortie du thorax, marchant par-devant les arteres axillaires, ces veines étant égales en longueur, parce que la *veine* cave ici ne se divise qu'à sa sortie de la poitrine au-dessus du sternum, tandis que dans l'homme ce vaisseau conservant sa situation à droite, la *sousclaviere gauche* a plus de trajet à faire, & est conséquemment plus longue que la *sousclaviere droite*; cette veine axillaire sortant du thorax en passant sur le bord de la premiere côte, gagnant la partie interne de l'épaule & des ars, & donnant ici la

thorachique externe, la *ſcapulaire*, & peu après la *veine de l'éperon.*

27°. *La veine thorachique externe* ſe portant le long de la partie latérale de la poitrine, accompagnant l'artere du même nom juſqu'à ſes dernieres ramifications.

28°. *La veine ſcapulaire* cheminant en-dedans de l'omoplate entre cette partie & les côtes, & ſe perdant dans tous les muſcles des environs, tant en-dedans qu'en-dehors de l'épaule.

29°. *La veine brachiale ou humérale* n'étant autre choſe que la *veine axillaire*, qui prend ce nom lors qu'après s'être portée ſous la partie interne de l'articulation du bras avec l'omoplate, elle eſt deſcendue le long de la partie latérale de l'humérus : elle envoie près de la partie ſupérieure de cet os quelques ramifications à cette articulation, & ſe diviſe en trois branches, qui ſont la *veine de l'éperon*, la *brachiale interne* & la *cubitale.*

30°. *La veine de l'éperon* cheminant extérieurement & ſous le pannicule charnu le long de la partie latérale de la poitrine & du bas-ventre, & ſe diſtribuant à toutes les parties voiſines.

31° *La veine brachiale interne* fourniſſant à environ cinq à ſix pouces de ſon trajet, un rameau conſidérable qui envoie quelques ramifications aux parties voiſines, & s'anaſtomoſe près de l'articulation du cubitus avec la *veine des ars* : cette même *brachiale interne* cheminant avec l'artere du même nom, s'anaſtomoſant avec la *veine cubitale* & la *veine des ars* quand elle eſt parvenue à cette articulation, & laiſſant échapper dans ſa marche quelques ramifications qui ſe portent aux muſcles qu'elle rencontre.

32°. *La veine cubitale* deſcendant le long de la

partie poſtérieure de l'humérus, paſſant ſur la ſinuoſité de l'olécrane, donnant des ramifications à l'articulation du cubitus & aux parties voiſines, cheminant le long de la partie poſtérieure de la jambe entre les muſcles fléchiſſeurs du canon, s'anaſtomoſant avec la *brachiale interne*, quand elle eſt arrivée à l'articulation de cet os avec le cubitus, & ſe diviſant dès-lors en veines *articulaires*, *muſculaires* & *latérales*.

33°. *Les veines articulaires* naiſſant de l'endroit de la diviſion près du boulet & entourant l'articulation.

34°. *La veine muſculaire* étant un des rameaux qui part de ce même endroit & qui remonte juſqu'auprès du genou, en ſe perdant dans les muſcles du canon.

35°. *Les veines latérales* étant les deux branches de cette diviſion, l'une à droite, l'autre à gauche, chacune d'elles deſcendant le long du pâturon, fourniſſant dans leur trajet pluſieurs ramifications, s'anaſtomoſant ſur la couronne quand elles ſont parvenues aux cartilages, formant dès-lors la *veine coronaire*, ſe répandant dans toute l'étendue du pied, par-deſſous la ſubſtance ſillonnée & la ſole charnue, & compoſant enfin, au moyen de leurs fréquentes anaſtomoſes, le réſeau admirable que l'on remarque dans toute cette partie.

De la Veine Cave poſtérieure.

263. *La veine cave poſtérieure* ſortant du ſac droit à l'oppoſite de la *veine cave antérieure*, ſe porte horiſontalement l'eſpace de quatre ou cinq travers de doigt juſqu'au diaphragme, qu'elle traverſe à la partie latérale droite du centre aponé-

vrotique de ce muſcle. Nous conſidérerons :

1°. *Les veines coronaires.* Celle du côté droit étant fournie par elle peu après ſa ſortie du ſac ; celle du côté gauche partant du ſac du même côté ; l'une & l'autre accompagnant les arteres dans toute leur étendue & communiquant enſemble.

2°. *Les veines diaphragmatiques*, c'eſt-à-dire, les deux ou trois branches qu'elle fournit à cette cloiſon muſculeuſe lors de ſon paſſage ; le trajet de ces veines dans cette partie s'opere d'une maniere particuliere ; elles ſemblent en effet ne réſulter que d'un intervalle dans le centre nerveux, à-peu-près comme les ſinus de la dure-mere ; enſorte qu'on ne peut abſolument point ſéparer les tuniques de ces veines, tuniques qui paroiſſent confondues avec les fibres même du diaphragme.

3°. *Les veines hépatiques* partant immédiatement de cette même veine cave, lorſque ſortant du thorax elle paſſe le long du foie, en pénétrant légérement ſa ſubſtance ; ces *veines hépatiques* ſe plongeant dans ce viſcere, l'une à droite, l'autre à gauche, & la troiſieme dans le milieu.

4°. *Le trajet de la veine cave*, qui, hors du trajet du foie, s'étend de droite à gauche, & de bas en haut, pour atteindre le corps des vertebres des lombes, & pour ſe rapprocher de l'aorte qu'elle accompagne juſqu'à l'os ſacrum, en ſuivant toujours le côté droit.

5°. *Les veines émulgentes* étant les deux vaiſſeaux qu'elle fournit au lieu de la naiſſance des arteres du même nom ; ces deux vaiſſeaux allant l'un à droite, l'autre à gauche, pour ſe diſtribuer à chaque rein, la *veine émulgente gauche* étant plus longue

longue & le chemin qu'elle doit faire étant plus étendu, puiſqu'elle paſſe par-deſſus l'aorte.

6°. *La veine capſulaire* allant aux reins ſuccenturiaux, & partant communément du principe des *émulgentes*, quelquefois auſſi du tronc *de la veine cave*, principalement & plus fréquemment du côté droit.

7°. *Les veines ſpermatiques* naiſſant de la partie inférieure de la *veine cave* à quelque diſtance & en arriere des *émulgentes*, & s'écartant d'abord de leur origine en cheminant obliquement en dehors & en arriere pour joindre les arteres nommées de même. Dans le cheval, elles les conduiſent juſqu'aux teſticules, en ſortant de l'abdomen par l'anneau des muſcles obliques. Dans la jument, elles n'outrepaſſent point la capacité du bas-ventre; elles ſe terminent à l'ovaire; le diametre en eſt auſſi plus conſidérable, ſur-tout dans les jumens qui ont porté. Souvent encore *la veine ſpermatique droite* tire ſon origine *de la veine cave;* tandis que la *ſpermatique gauche* part & naît de *l'émulgente.*

8°. Les veines lombaires ſortant enſuite de chaque côté & de la partie ſupérieure de la *veine cave* pour ſe perdre dans les muſcles de l'abdomen & des lombes.

264. 9°. *Les veines iliaques communes* réſultant de la bifurcation du tronc de la *veine cave poſtérieure* parvenue à la derniere vertebre lombaire, chacune de ſes branches ſe diviſant en *iliaques internes* & en *iliaques externes.*

265. 10°. *Les veines iliaques internes* ſe diviſant en deux rameaux, à environ trois pouces de leur naiſſance, le premier formant la *veine honteuſe interne*, accompagnant l'artere du même nom, & ſe diſtribuant aux parties du baſſin comme à la

Q

veſſie, aux véſicules ſeminales, au bulbe de l'urethre, aux grandes & aux petites proſtates dans le cheval, & dans la jument, au vagin & aux parties extérieures de la génération ; & ce rameau communiquant avec la *caverneuſe*.

11°. *La veine ſacrée* réſultant du ſecond rameau, accompagnant l'artere du même nom, & ſe diſtribuant aux muſcles de la cuiſſe & de la queue.

266. 12°. *Les veines iliaques externes* donnant dès leur commencement & dès leur partie extérieure même la *petite iliaque* ; celle-ci ſe plongeant dans les muſcles iliaques, ainſi que dans les parties voiſines, & ſortant enſuite de l'abdomen par l'arcade crurale.

13°. *Les veines utérines* partant de *ces mêmes veines iliaques*, ſe diſtribuant à l'utérus dans la jument, formant dans le cheval la *veine ſpermatique ſeconde*, & ſuivant les mêmes diſtributions que les arteres du même nom.

14°. *La veine feſſiere* fourniſſant un rameau qui gagne la face interne du baſſin, & ſe diſtribue dans les muſcles pſoas & iliaques ; *cette même feſſiere* ſortant du baſſin par l'échancrure ſciatique, & ſe diſtribuant dans les muſcles feſſiers, ainſi que dans les parties voiſines.

15°. *Le rameau échappé des iliaques externes* ſortant du baſſin par l'arcade crurale pour ſe déployer & ſe ramifier dans le muſcle moyen feſſier, ainſi que dans les muſcles extenſeurs de la jambe.

16°. *La veine obturatrice* accompagnant l'artere du même nom, ſortant du baſſin par le trou ovalaire, fourniſſant la *veine caverneuſe*, ainſi que pluſieurs rameaux, qui vont ſe perdre dans les mufcles de la partie interne de la cuiffe, & s'anaftomofant avec la *tibiale poftérieure.*

17°. Les *veines caverneufes* fe portant au membre de l'animal, paffant fous le ligament qui le foutient, communiquant avec la *honteufe interne*, fe repandant fur le membre, en fourniffant des rameaux au corps caverneux; quelques-uns de ces mêmes rameaux communiquant avec *les veines honteufes externes*, & l'une & l'autre de ces *veines caverneufes* formant un lacis admirable fur toute l'étendue du membre, en donnant des ramifications au tiffu fpongieux de l'urethre, & fe perdant dans la tête de ce même membre.

18°. *La veine abdominale*, fournie par *l'iliaque externe* quand elle eft parvenue à l'arcade crurale; cette même *veine abdominale* envoyant quelques rameaux au membre dans le cheval, & aux mammelles dans la cavale, marchant le long de la face interne du mufcle droit dans lequel elle fe diftribue, & fe plongeant en même-tems dans les parties qui en font les plus voifines.

19°. *Les veines honteufes externes* étant les plus remarquables des branches, qui font le produit de *l'iliaque* lorfqu'elle eft fortie par l'arcade dont j'ai parlé, communiquant entr'elles, s'anaftomofant avec la *veine caverneufe*, fe diftribuant dans les parties extérieures de la génération, & contribuant au réfeau qui rampe fur le membre, & qui fe montre dans les parties voifines.

20°. *Les veines mammaires* étant des ramifications des *honteufes externes* allant aux mammelles dans la jument; d'autres petits vaiffeaux fe portant aux glandes inguinales, à la graiffe & à la peau.

267. 21°. *La veine crurale* n'étant autre chofe que

l'iliaque externe, qui prend ce nom dès qu'elle est arrivée à la cuisse ; cette veine descendant le long de la partie interne, & gagnant obliquement la partie postérieure.

22°. *Les veines musculaires*, fournies par la *crurale* dans ce trajet, & se distribuant aux muscles de cette partie.

23°. *La veine saphéne* répondant dans cette extrémité à celle qu'on nomme *veine des ars*, ou *veine céphalique* dans l'extrémité antérieure, naissant de la partie supérieure de la *crurale*, cheminant en descendant extérieurement le long de la partie interne de la cuisse, laissant échapper près de l'articulation un rameau qui s'anastomose avec la *tibiale postérieure*, poursuivant son trajet le long de la partie externe de la jambe ; laissant échapper, lorsqu'elle est parvenue au jarret, un rameau qui s'anastomose avec des rameaux de la *tibiale antérieure*, cheminant le long de la partie externe du canon en gagnant la partie postérieure, & se joignant avec la *tibiale antérieure*, près de l'articulation du boulet.

24°. *La veine tibiale postérieure* naissant de la *crurale* avant son arrivée à l'articulation du tibia, s'anastomosant avec un rameau de *l'obturatrice*, & accompagnant l'artere tibiale postérieure jusqu'à ses dernieres ramifications.

25°. *La veine tibiale antérieure* n'étant que cette *même crurale*, parvenue au grasset, en gagnant la partie postérieure de cette articulation ; elle se porte à la partie antérieure du tibia ; elle passe sous son épine pour suivre son trajet le long de cet os, & donne dans sa marche des veines aux muscles voisins. Arrivée sur le devant de l'articulation du jarret, elle laisse échapper des rameaux, qui s'anaſtomoſent avec la *ſaphéne ;* elle pénetre entre les os de cette articulation; elle ſe porte poſtérieurement le long du canon, toujours un peu plus du côté interne, & chemine ainſi juſqu'auprès du boulet, où elle ſe joint à la *ſaphéne.*

26°. *Les veines latérales* qui ne different point de celles de l'extrémité antérieure, & d'où naiſſent les *veines coronaires*, qui forment ici de même le lacis curieux que l'on admire dans le pied.

De la Veine Porte.

268. *La veine porte*, ainſi appelée, attendu ſon entrée dans le foie par cet endroit qui donne paſſage à tous les vaiſſeaux de ce viſcere, fait fonction d'artere à l'égard de cette partie, & favoriſe une circulation particuliere, puiſqu'elle ne ſe joint à la *veine cave* que comme les vaiſſeaux artériels ſe joignent aux veines, c'eſt-à-dire, par l'extrémité de ſes ramifications. Il faut en conſidérer :

1°. *Le tronc*, autrement dit, *le ſinus*, placé entre le foie, l'eſtomac & la premiere portion d'inteſtin qui avoiſine ce dernier viſcere.

2°. *Les branches ſortant des deux extrémités de ce tronc*, dont les unes conſtituant ce que l'on nomme la *grande veine porte*, ou la *veine porte ventrale*, ſont comme les racines de cette eſpece d'arbre, tandis que les autres qui répondent au foie ſont comme les rameaux, & forment ce que l'on appelle la *petite veine porte*, ou la *veine porte hépatique.*

269. 3°. *La veine porte ventrale*, ou *la grande veine porte*, recevant le ſang de tous les viſceres abdominaux contenus dans le péritoine, c'eſt-à-dire, de l'eſtomac, du pancréas, de la ratte, de l'épi-

ploon, du mésentere & des intestins; ses ramifications étant d'ailleurs fort irrégulieres. Elles répondent à l'artere cœliaque & aux deux arteres mésentériques, & en rapportent le sang au foie. Il seroit difficile de les distinguer au surplus en *grande & petite meseraïque* comme dans l'homme. On y discerne simplement la *veine splénique*, qui est un rameau assez considérable, sortant le premier du tronc pour se distribuer à la ratte. De ce rameau partent les veines qui vont au fond de l'estomac former les *vaisseaux courts*, ainsi que d'autres branches, qui, régnant le long de la grande courbure, composent les *veines gastro-épiploïques gauches*, veines qui s'anastomosent avec des rameaux dépendans des premieres divisions des *mésentériques*, & connus sous le nom de *gastro-épiploïques droites*. On donne aussi celui de *veines gastriques* à celles de ces branches qui suivent l'artere gastrique dans la petite courbure; mais il est impossible d'assigner pareillement à ces veines une origine constante, à moins que l'on ne dise qu'elles partent toujours & invariablement de la *grande mésentérique*. Le reste de cette *grande veine porte* est destiné à parcourir l'étendue du mésentere, du mesocolon, pour se distribuer aux intestins, à l'anus, &c.

270. 4°. *La petite veine porte*, ou *la veine porte hépatique*, sortant de l'extrémité du sinus à l'opposé de la veine porte ventrale, se plongeant par plusieurs ches dans la substance du foie qu'elle pénetre, à côté du canal hépatique, & s'y ramifiant de maniere que toutes ses subdivisions répondent aux grains pulpeux & glanduleux qui composent ce viscere, ainsi qu'aux extrémités des *veines hépatiques* qui reçoivent le sang de cette veine pour le transmettre dans la *veine cave*, & le conduire dans le torrent de la circulation.

PRÉCIS NÉVROLOGIQUE, OU TRAITÉ ABRÉGÉ DES NERFS DU CHEVAL.

Des Nerfs en général.

271. Les *nerfs* ſont des cordons blancs, connus auſſi ſous la dénomination de *canaux* ou de *tuyaux nerveux*. Nombre de perſonnes appellent fort mal-à-propos encore de ce nom de *nerfs* les tendons, les ligamens & les muſcles de l'animal; cette même erreur, ou cette même confuſion, a eu long-tems lieu à l'égard de ces parties dans le corps de l'homme, lorſque l'anatomie humaine n'étoit pas plus avancée que ne le ſont malheureuſement encore aujourd'hui l'anatomie comparée & la médecine vétérinaire.

Les uns paroiſſent immédiatement fournis par la moëlle allongée, les autres par la moëlle épiniere, leur premiere ſource ou leur origine étant ou dans le cerveau ou dans le cervelet; le tiſſu de la moëlle allongée & de la médule ſpinale, qui eſt une ſuite & un prolongement de celle-ci, naiſſant lui même du concours & de la réunion des fibres médullaires & des ſubſtances de ces deux corps.

Les premiers ſortent par les trous du crâne, les ſeconds par les trous du canal vertébral.

272. Leurs enveloppes ſont produites par celles des viſceres auxquels ils doivent leur naiſſance, la piemere leur offrant, lorſqu'on les voit ſortir de la maſſe moëlleuſe, une gaîne qui eſt l'unique & la ſeule qui les accompagne dans le trajet qu'ils font depuis la moëlle allongée & depuis la moëlle épiniere; & la dure-mere qui ſert de périoſte interne au crâne, & qui ſe continue dans le canal des vertebres, les entourant & les ſuivant avec la piemere dans leurs différentes diviſions au moment où ils ſe propagent hors des cavités oſſeuſes qui les contiennent.

273. Les notions que l'on a de leur fabrication intérieure dans laquelle les uns admettent des fibres médullaires caves, & d'autres des fibres pleines & dénuées de cavités, ne peuvent être regardées comme vraiment exactes & préciſes; ce qu'il y a de plus certain, c'eſt que leur ſubſtance eſt évidemment pulpeuſe avant leur entrée dans la gaîne commune que leur fourniſſent les méninges, & nous voyons qu'à leur terme & en arrivant aux parties dans leſquelles ils ſemblent ſe perdre, & où ils dépoſent ces enveloppes, ils s'épanouiſſent ſous la forme d'une membrane infiniment tenue ou d'une pulpe très-molle. Cette expanſion membraneuſe ou médullaire eſt très-ſenſible : 1°. dans le nerf optique, qui paroît finir par une eſpece de globule, du contour duquel partent des fibrilles ou des filamens dépouillés de leurs gaînes qui tapiſſent tout le fond de la cavité oculaire ſous le nom de *rétine* : 2°. dans le nerf de la ſeptieme paire dont un des rameaux répandu dans le li-

maçon & dans le labyrinthe, eſt, ou paroît être, l'organe immédiat de l'ouie, il eſt déſigné par la dénomination de *portion molle:* 3°. enfin dans les nerfs olfactifs, dont la ſubſtance, depuis leur naiſſance juſqu'à leur fin, n'a rien de dur & de compact.

274. Le trajet des tuyaux nerveux les conduit, comme celui des vaiſſeaux ſanguins, dans toutes les parties; mais ceux-ci dans leur route diminuent toujours proportionnément au nombre de leurs diviſions & à leur éloignement du centre, tandis que le diametre des nerfs augmente ſenſiblement en pluſieurs endroits à une diſtance conſidérable de leur naiſſance. Leur marche s'exécute au travers de parties molles, lâches & ſans ceſſe humectées, qui preſſent leur ſurface, & dans leſquelles ils ſerpentent, ils ſe replient, ils décrivent des courbes, des lignes obliques, ils rétrogradent ou reviennent ſur eux-mêmes, &c.

275. Leurs attaches ſont à différens points, ſur-tout aux angles formés par leurs replis, leurs flexions & leurs contours infinis.

276. Les vaiſſeaux ſanguins ne communiquent que dans leurs rameaux; les communications des nerfs ont lieu à la ſortie du crâne & du canal de l'épine, ou dans ces cavités; les mêmes troncs envoient auſſi des rameaux en différens endroits, & ſouvent ces rameaux ſe joignent à d'autres filets émanans auſſi d'autres troncs; de-là principalement la ſympathie, la correſpondance des unes & des autres parties du corps de l'animal, leur ſentiment, leur affection réciproque & mutuelle lorſque l'une d'elles eſt attaquée de quelques maux.

277. On a donné le nom de *plexus* ou de *lacis* à des eſpeces de rets ou de filets réſultans de leurs entrelacemens divers, tels ſont ceux qui forment les

plexus cardiaque, pulmonaire, ſtomachique, &c. &c.

278. On appelle auſſi du nom de *ganglion* de légeres tumeurs nerveuſes, ou des petits corps durs, nés de leurs dilatations, dont la ſtructure n'eſt pas bien connue; ces petits corps ronds paroiſſent vaſculeux & reçoivent pluſieurs artérioles, comme les tuyaux nerveux, qui ne ſont certainement pas dépourvus de vaiſſeaux ſanguins. *Lanciſi*, qui a examiné les ganglions dans le cheval, & qui du reſte les a enviſagés comme de petits cerveaux, ou comme des ſubſtituts de ce viſcere, a crû y appercevoir trois tuniques, l'une externe vaginale, l'autre moyenne charnue, & la troiſieme tendineuſe. Nous n'avons pas été aſſez heureux pour démêler cet appareil; quoi qu'il en ſoit, il a conclu d'après cette ſtructure muſculeuſe, que les ganglions peuvent brider les fibres nerveuſes & fournir une nouvelle augmentation de mouvement.

Cette deſcription a fait naître à un auteur moderne, très-eſtimable (1), de nouvelles idées. Il en a conclû, que le cerveau étant le filtre du fluide animal, les ganglions ſont le ſecond filtre de ce fluide, & qu'ils n'ont été répandus dans tout le ſyſtême nerveux, que comme autant de glandes deſtinées à ſéparer du fluide nerveux ou ſenſitif général les eſpeces de ce fluide néceſſaires aux différentes ſenſations.

279. En ce qui concerne les uſages généraux des nerfs, on les regarde avec raiſon comme les or-

---

(1) M. Lecat, *Traité de l'exiſtance, de la nature & des propriétés du fluide des nerfs, &c.* Berlin. 1765. *in-8°. page* 225. — *Traité des ſenſations & des paſſions en général, & des ſens en particulier.* Paris, Vallat-la-Chapelle. 1767. in-8°. tome I, page 125 & ſuivantes.

ganes du ſentiment & du mouvement ; mais une foule d'expériences, telles que les compreſſions, les ſections, les ligatures, ont prouvé que ce n'eſt qu'eu égard à leur continuité & à la liberté de leur commerce avec le cerveau, qu'ils ont la faculté de mettre en jeu les reſſorts de toutes les parties, ces canaux n'ayant en eux-mêmes & par eux-mêmes aucune des conditions requiſes pour leur donner de l'activité, & n'étant que des tuyaux de communication prépoſés pour charrier ou pour tranſmettre de la maſſe moëlleuſe à ces mêmes parties, & de ces mêmes parties à cette même maſſe, l'eſprit animal, c'eſt-à-dire, le fluide infiniment ſubtil & pur, d'où dépendent le ſentiment, la force, l'action & la tenſion des fibres & des parties ſolides de la machine. Ce qui eſt ſoumis à nos ſens, ce que toutes nos recherches nous démontrent, dépoſe au ſurplus hautement contre ceux qui ont cru devoir les déclarer des organes actifs & moteurs, & combat toute idée de leurs fonctions conſéquemment à une force & à une poſſibilité de traction, de vibration, d'oſcillation, de trémouſſement & d'ondulation, dont ils ne ſauroient être ſuſceptibles.

DES NERFS EN PARTICULIER.

Nerfs de la moëlle allongée.

80. EN ſoulevant la *maſſe du cerveau*, on découvre ſucceſſivement *vingt nerfs*, dix de chaque côté, qui naiſſent de la bâſe de cette maſſe ou de la production médullaire, que l'on nomme *moëlle al-*

longée. Ces *dix paires de nerfs* ſortent, par des ouvertures différentes, de la cavité oſſeuſe dans laquelle elles ſont renfermées, & ſont autant de troncs ſéparés, qui, diviſés & partagés enſuite en branches, en rameaux, en ramifications, en filets, ſe portent & ſe diſtribuent à diverſes parties. Nous conſidérerons :

281. 1°. *Les nerfs olfactifs, ou de la premiere paire*, naiſſant poſtérieurement de la partie inférieure des corps cannelés, étant réellement caves dans le cheval, leur cavité commençant du côté de leur origine par un principe aſſez étroit, qui augmente à meſure qu'il approche de l'os ethmoïde, & ſe termine par un cul-de-ſac dans le fond de la petite foſſe où cet os eſt logé. On y trouve ſeulement de la ſéroſité comme dans les autres cavités que l'on nomme ventricules; peut-être vient-elle des ventricules antérieurs, auſſi pourroient-ils être appelés *ventricules olfactifs*, eu égard à leurs cavités diſtinctes & remplies de cette humeur limpide; ces mêmes nerfs au ſurplus paroiſſant blanchâtres à l'extérieur & à l'intérieur, & étant évidemment griſâtres dans le milieu de leur ſubſtance, cette même ſubſtance griſâtre ſortant de la partie inférieure des *proceſſus*, paſſant par les trous de l'os cribleux, & s'inſinuant par autant de filets qu'il eſt de trous à la ſuperficie de cet os juſques dans les naſeaux, où ces mêmes filets, qui d'ailleurs ne ſont pas ſenſiblement plus vaſculeux que les autres tuyaux nerveux, ſe répandent en nombre de ramifications dans toute l'étendue de la membrane pituitaire. La dure-mere, qui tapiſſe l'os ethmoïde du côté du crâne, en accompagne toutes les diſtributions en paſſant par les mêmes ouvertures.

282. 2°. *Les nerfs optiques, ou de la ſeconde paire*, venant des éminences du cerveau appelées les *couches ou les lits des nerfs optiques*, ſe portant juſques ſur la foſſe pituitaire où ils s'uniſſent étroitement l'un à l'autre préciſément au bas de la glande dont le ſiege eſt dans cette foſſe, ſe ſéparant auſſi-tôt, paſſant dans les trous optiques de l'os ſphénoïde, entrant dans les cavités orbitaires, ſe plongeant enfin chacun de leur côté dans le globe de l'œil, en ne s'inſérant pas directement vis-à-vis la prunelle, mais légérement & un peu plus du côté interne. Du reſte, la ſubſtance en eſt ſenſiblement pulpeuſe.

3°. *Les nerfs moteurs des yeux, ou les nerfs de la troiſieme paire*, naiſſant de la partie poſtérieure de la moëlle allongée à l'endroit qui répond à la ſelle turchique, accompagnant le cordon antérieur de la cinquieme paire, ſortant par le trou maxillaire antérieur & pénétrant dans l'orbite, où ils ſe diviſent en trois branches, dont deux ſe perdent dans la ſubſtance des muſcles droits, abaiſſeurs & abducteurs de l'œil, & le troiſieme dans le petit-oblique.

4° *Les nerfs obliques*, ou *de la quatrieme paire*, appelés dans l'homme par *Willis*, *nerfs pathétiques*; ces nerfs très-déliés naiſſant de la partie antérieure & latérale de la moëlle allongée entre le cerveau & le cervelet, au-deſſus des tubercules quadrijumeaux, ſe portant obliquement vers l'apophyſe pierreuſe pour atteindre le cordon antérieur de la cinquieme paire, paſſant par le trou maxillaire antérieur, & marchant obliquement, lorſqu'ils ſont parvenus dans l'orbite, au muſcle grand-oblique dans la ſubſtance duquel ils ſe ramifient.

283. 4°. *Les nerfs de la cinquieme paire*, beaucoup plus considérables, prenant naissance des parties latérales de la protubérance annullaire, s'avançant du côté de l'apophyse pierreuse du temporal & se divisant en deux gros cordons, l'un *antérieur*, l'autre *postérieur*, & connus tous les deux sous le nom de *maxillaires*.

Le maxillaire antérieur descendant le long des parties latérales de la selle turchique, sortant du crâne par le trou maxillaire antérieur, & laissant échapper dans ce conduit une branche moins notable & plus légere, que l'on nomme *l'ophtalmique*, cette branche pénetrant par le trou commun qui est dans ce même conduit pour se porter dans l'orbite & fournissant quatre rameaux.

Le premier de ces rameaux formant *le nerf sourcilier* qui passe le long de la voûte de l'orbite, & fournit un cordon qui enfile le trou orbitaire interne, pénetre dans le crâne, s'associe aux nerfs olfactifs, chemine avec eux par les trous de la lame cribleuse de l'ethmoïde & se distribue dans le nez; ce même premier rameau continuant sa route, sortant par le trou sourcilier, s'épanouissant sur le front & se distribuant au muscle releveur de la paupiere, au muscle orbiculaire, au péricrâne & aux autres parties voisines.

Le second rameau n'étant autre chose que le nerf appelé *lachrymal*, parce qu'il se porte en plus grande partie à la glande lachrymale comme à la paupiere supérieure.

Le troisieme se portant au grand angle de l'œil, & se distribuant au sac lachrymal, à la caroncule lachrymale, à la membrane clignotante, au périorbite, &c.

Le quatrieme enfin gagnant la partie externe de

l'orbite, & se ramifiant dans la paupiere inférieure.

Ce même cordon antérieur, avant d'entrer dans l'os maxillaire, fournissant encore deux rameaux, dont le premier, dit *le nerf gustatif* ou *palatin*, avant de pénétrer par le trou palatin, donne un filet qui va s'épanouir dans le voile du palais & dans les muscles de cette partie; ce même *nerf palatin* enfilant ensuite ce trou, & s'épanouissant dans toute la substance de la membrane palatine, tandis que le second rameau, nommé le *nerf nasal*, pénetre dans le nez par le trou nasal, & s'épanouit dans toute la substance de la membrane pituitaire. Il fournit encore des rameaux au voile du palais, ainsi qu'aux glandes & aux muscles de ces parties.

Ce même maxillaire antérieur entrant ensuite dans le conduit maxillaire antérieur, d'où il envoie des filets aux dents de la mâchoire antérieure; sorti de ce conduit par le trou maxillaire externe, il se disperse dans les muscles des naseaux, des levres & dans leurs tégumens.

Le cordon maxillaire postérieur sortant de la bâse du crâne par la portion la plus élargie de la fente déchirée, & fournissant aussi-tôt deux cordons qui vont s'associer à la huitieme paire pour former le *nerf intercostal commun* (*Voyez* 289); s'avançant ensuite de derriere en-devant le long de la face interne de la mâchoire postérieure pour entrer dans le conduit maxillaire postérieur, & fournissant des rameaux à chacune des dents; de-là sortant par le trou mentonnier, & se ramifiant dans les muscles de la levre postérieure, dans le menton, dans les gencives, &c. mais ayant fourni avant d'entrer dans ce conduit quatre cordons très-remarquables.

Le premier, connu ſous le nom de *petit nerf lingual*, parce qu'il ſe répand dans la langue & dans ſes muſcles ; celui-ci deſcendant le long de la portion interne de la mâchoire pour ſe propager dans la ſubſtance de ces parties, & communiquant avec *les nerfs de la neuvieme paire.*

Le ſecond paſſant par l'échancrure ſigmoïde de la mâchoire poſtérieure, & ſe perdant dans le muſcle maſſeter.

Le troiſieme s'épanouiſſant dans la ſubſtance du muſcle ſphéno-maxillaire, & envoyant quelques filets au digaſtrique.

Le quatrieme ſe diſtribuant au muſcle molaire & aux glandes de ces parties.

284. 6°. *La ſixieme paire* prenant naiſſance de la partie poſtérieure de la moëlle allongée au-deſſous de la protubérance annullaire, paſſant avec la *cinquieme paire* par le trou maxillaire antérieur, pénétrant dans l'orbite & venant ſe ramifier dans la ſubſtance du muſcle abducteur de l'œil & dans l'orbiculaire.

285. 7°. *Les nerfs auditifs*, ou *de la ſeptieme paire*, naiſſant des parties latérales & ſupérieures de la moëlle allongée, allant dans le trou auditif de l'os des tempes, ces nerfs étant compoſés de deux ſubſtances d'une conſiſtance différente, leur partie inférieure étant nommée la *portion dure*, parce qu'elle eſt la plus ferme, la ſupérieure étant pulpeuſe & moëlleuſe à-peu-près comme les *nerfs olfactifs*, & diſtinguée par le nom de *portion molle*, celle-ci étant proprement deſtinée à l'organe de l'ouie, pénétrant par les poroſités oſſeuſes qui ſont au fond du canal auditif, & ſe diſperſant dans les cavités de l'oreille interne, l'autre ou la *portion dure* ſortant par le trou ſtyloïdien, ſe diviſant en

en deux cordons, dont l'un ſe ramifie dans la glande parotide, ou dans la glande vulgairement appelée *avive*, dans les muſcles des oreilles, dans le muſcle crotaphite & dans la peau, & dont l'autre ſe joint à deux cordons de la *cinquieme paire*, ſe porte ſur la face externe du maſſeter & va s'épanouir dans la ſubſtance des muſcles des levres & des naſeaux.

286. 8°. *La paire vague*, ou la *huitieme paire*, naiſſant de la partie moyenne de la moëlle allongée, recevant dès ſon origine un cordon de nerfs qui remonte de la moëlle épiniere, entre par le grand trou de l'occipital, & vient s'unir à elle; ce cordon de nerfs étant déſigné par le nom de *nerf ſpinal* ou de *nerf acceſſoire de Willis* dans l'homme, ou d'*acceſſoire de la huitieme paire;* cette même *huitieme paire* unie à ces *nerfs acceſſoires*, ſortant de la bâſe du crâne ſupérieurement, de la partie la plus étroite des trous déchirés, fourniſſant un cordon qui va ſe diſtribuer aux larynx & aux muſcles de l'os hyoïde, & s'aſſociant enſuite avec deux cordons de la *cinquieme paire*, pour ſe diſtribuer, ainſi que nous le dirons, & former le *grand nerf ſympathique*, ou *l'intercoſtal commun* (*Voyez* 289).

287. 9°. *Les grands nerfs linguaux*, ou *hypogloſſes*, ou les *nerfs de la neuvieme paire*, leur origine étant à l'extrémité de la moëlle allongée, ces nerfs ſe montrant d'abord comme pluſieurs petits filets qui ſe réuniſſent & qui ſortent du crâne par les trous condyloïdiens de l'occipital, ſe portant, dès qu'ils ſont hors de cette cavité, dans le canal de la mâchoire, fourniſſant dans ce trajet des filets aux parties voiſines comme aux muſcles de la tête, de la langue, du larynx, du pharynx, aux glandes

jugulaires, & se perdant ensuite dans la substance de la langue, où ils communiquent avec le rameau du *cordon maxillaire postérieur* de la *cinquieme paire*, que j'ai appelé *petit nerf lingual*.

288. 10°. *Les nerfs sous-occipitaux*, ou de la *dixieme paire*, naissant à la suite des précédens au lieu où la moëlle allongée passe par le grand trou de l'occipital, sortant par le trou postérieur pratiqué à l'apophyse transverse de la premiere vertebre cervicale, communiquant avec la *premiere paire cervicale* & se dispersant ensuite dans les muscles de l'encolure & de la tête.

289. 11°. *Le nerf intercostal commun*, ou les *grands nerfs sympathiques*, ainsi appelés d'une part, attendu leur communication avec tous les nerfs intercostaux, & de l'autre, à raison de leur communication fréquente & réitérée avec tous les autres nerfs; ces mêmes nerfs résultant de l'union de la *huitieme paire*, au-devant de la premiere vertebre cervicale avec les deux cordons de la *cinquieme paire*, ou entrelacés avec la *neuvieme* ils se fournissent mutuellement quelques filets. C'est cet entrelacement qui compose le *premier plexus* d'où partent trois cordons considérables; le *principal* gagnant le long des parties latérales des vertebres cervicales, fournissant un cordon notable qui marche dans la substance du muscle sterno-maxillaire jusqu'à environ la sixieme vertebre cervicale, continuant ensuite sa route entre les muscles commun & peaucier, formant des entrelacemens avec les *six premieres paires des nerfs cervicaux*, communiquant avec elles & se ramifiant dans la substance du muscle trapese. *Les deux autres cordons* se perdant dans le voile du palais, dans la glotte & dans les muscles de ces parties, après quoi ces

mêmes *nerfs ſympathiques* pourſuivant leur route le long de l'encolure, en accompagnant l'artere carotide, de même que la *huitieme paire* avec laquelle ils communiquent dans ce trajet ; ils reçoivent, lorſqu'ils ſont parvenus dans la poitrine, un filet de la *derniere paire cervicale ;* ils communiquent avec la *premiere paire dorſale*, & forment un ſecond plexus que l'on nomme le *plexus thorachique ;* les *nerfs de la huitieme paire*, après être entré dans le thorax, donnant au ſurplus de chaque côté un filet qui paſſe par-deſſous l'origine des arteres axillaires, & forme une anſe ou une courbure pour remonter le long de la trachée-artere ; c'eſt ce que l'on appelle les *nerfs récurrens*, qui ſe diſtribuent à la trachée-artere & au larynx.

290. C'eſt principalement dans la poitrine que ces mêmes *nerfs ſympathiques* deviennent très-conſidérables. Auſſi-tôt qu'ils y ſont parvenus, ils forment, avec des filets de la *huitieme paire*, un plexus, nommé le *plexus pulmonaire*, & un peu plus bas, toujours avec cette *huitieme paire*, un lacis appelé *le plexus cardiaque*, le premier de ces plexus pénétrant & ſe plongeant dans la ſubſtance du poumon en laiſſant échapper pluſieurs filets qui vont à la plevre, au médiaſtin, au péricarde, à l'œſophage, ainſi qu'au diaphragme ; le ſecond s'épanouiſſant ſur les oreillettes, ſur le cœur, ſur l'origine des gros vaiſſeaux, & dans toute la capacité du thorax.

De cette même *huitieme paire* partent deux cordons, un de chaque côté, marchant le long des parties latérales de l'œſophage, pénétrant dans la capacité du bas-ventre par l'ouverture du diaphragme qui donne paſſage à ce canal, & formant par leurs entrelacemens fréquens, de concert avec un autre cordon dont nous allons parler, tous les *plexus de l'abdomen*, & notamment le *plexus coronaire stomachique* dû à des filets émanans d'eux, & qui se répandent sur la partie inférieure & supérieure du ventricule.

Ce cordon entrelacé avec eux, part du *plexus thorachique*, marche le long des parties latérales du corps des vertebres, communique avec les *paires dorsales*, & pénetre dans le bas-ventre en enfilant de petites ouvertures qui sont entre les attaches du petit muscle du diaphragme.

Les *plexus de l'abdomen* sont les *plexus semi-lunaires*, un de chaque côté au-dessus des glandes sur-rénales. Des filets qui se détachent du côté gauche composent le *plexus splénique* qui se distribue à la ratte. Celui du côté droit, est le *plexus hépatique*, qui se plonge dans le foie en en enveloppant les vaisseaux, arteres & veines; & de l'union de quelques filets des deux *plexus semi-lunaires* se forme antérieurement le *plexus stomachique*. Quelques branches de celui-ci se portent autour de l'artere cœliaque qu'elles enveloppent, & composent le *plexus cœliaque*. Ensuite des *plexus semi-lunaires*, plusieurs filets se séparent du tronc de chaque intercostal, & se réunissant dans le milieu de l'abdomen, forment le *plexus solaire* ou *le grand plexus mésentérique*, qui se distribue au mésentere, & de-là aux intestins. Quelques filets des *plexus mésentériques* & *semi-lunaires* forment le *plexus rénal*. Plus en arriere de ce plexus & autour du tronc de la petite mésentérique, ou de la mésentérique postérieure, est un autre entrelacement nerveux en maniere de gaine, qui est le *plexus mésentérique postérieur*, & dont les filets accompagnent l'artere mésentérique postérieure, ainsi que ses divisions. Il est produit par les mêmes nerfs, qui se prolongeant encore, se terminent enfin par un autre plexus, que je nomme *plexus abdominal.* Il se distribue, ainsi que le *plexus hypogastrique* dans l'homme, au rectum, à l'anus, à la vessie & aux parties de la génération.

Nerfs de la Moëlle épiniere.

291. Les nerfs de la moëlle épiniere sont aussi nommés *nerfs vertébraux*, vu leur sortie de la moëlle par les trous que forment les échancrures des vertébres en se rencontrant. Il faut en considérer :

292. 1°. *Le nombre*, qui égale celui de ces trous & de ceux de l'os sacrum. On en compte *trente-cinq paires.*

2°. *La division*, par rapport à l'épine, en *sept paires cervicales*, en *dix-huit paires dorsales*, en *six lombaires* & en *quatre sacrées*, à la fin desquelles la moëlle épiniere sort par l'extrémité du canal vertébral qui s'ouvre dans les premiers nœuds de la queue, & se termine par un faisceau de filets nerveux qui se perdent insensiblement dans les parties voisines.

3°. *La position & la sortie* : les uns & les autres de ces nerfs étant postérieurs aux vertébres, *la premiere paire cervicale* sortant du canal par les trous qui sont entre la premiere & la seconde vertebre de l'encolure, & ainsi des autres.

4°. *Le diametre*, qui augmente considérablement lorsqu'ils ont percé & qu'ils se sont fait jour à travers la premiere enveloppe.

5°. *Les ganglions* plus ou moins remarquables qu'ils présentent.

6°. *La communication des sept paires cervicales*, presque toutes les unes avec les autres.

293. 7°. *Les sept paires cervicales*, les *quatre premieres* se portant aux muscles, aux vaisseaux & aux glandes des environs; la *cinquieme* fournissant un filet, qui avec deux rameaux qui se détachent de la *sixieme*, forment un nerf particulier, nommé le *nerf diaphragmatique*, celui-ci passant sur la surface latérale du péricarde & se distribuant au diaphragme; les *trois dernieres paires*, *la premiere dorsale* & quelques filets de la *seconde*, après être sortis par les trous vertébraux, se réunissant à leur passage par la bifurcation du muscle scalene, auquel ils fournissent quelques rameaux & forment un ganglion d'où partent neuf cordons de nerfs, dont les trois plus considérables sont, à proprement parler, les *nerfs brachiaux*, c'est-à-dire, le *brachial externe*, le *brachial interne* & le *cubital*; des six autres cordons le *premier* se distribuant au petit-pectoral, le *second* à l'antépineux, au postépineux, au long-abducteur du bras & à l'articulation de cette partie, de même qu'à la peau & à la graisse; le *troisieme* & le *quatrieme* au muscle sous-scapulaire; le *cinquieme* à l'adducteur du bras, au long & au court-abducteur, au court-extenseur de l'avant-bras, à l'articulation de cette partie, à la portion du pannicule charnu qui lui répond & à la peau; le *sixieme* enfin se portant dans le gros, dans le long & dans le moyen-extenseur de l'avant-bras, & donnant quelques filets au grand-dorsal.

8°. *Le brachial externe* marchant le long de la partie postérieure du bras, se contournant, lorsqu'il est parvenu à la partie inférieure, de dedans en-dehors pour gagner la partie externe de l'humérus, fourniſſant dans ce trajet un nombre infini de filets nerveux qui vont ſe diſtribuer aux muſcles extenſeurs de l'avant-bras, au court-fléchiſſeur, à l'articulation, à la peau & à la graiſſe de ces parties, pourſuivant enſuite ſa route le long de la partie antérieure du cubitus, en donnant des rameaux à tous les muſcles extenſeurs du canon & du pied, dans la ſubſtance duquel ils ſe perdent.

9°. *Le brachial interne* étant le plus conſidéble, recevant du premier ganglion un gros cordon, qui, à quatre travers de doigt de-là, fait avec ce même nerf un entrelacement que l'on pourroit appeler le *ſecond ganglion brachial ;* trois rameaux qui vont ſe diſtribuer aux muſcles fléchiſſeurs de l'avant-bras, à l'omo-brachial, au grand-pectoral & au muſcle commun du bras, partant de ce *ſecond ganglion ;* ce même *brachial interne* ſe portant enſuite le long de la partie interne de l'humérus, fourniſſant, lorſqu'il eſt parvenu à l'articulation du cubitus, un ample filet qui ſe ramifie dans l'articulation, dans les muſcles & dans les parties voiſines; marchant le long de la partie poſtérieure & interne du cubitus, en donnant pluſieurs rameaux aux muſcles fléchiſſeurs du canon & du pied; paſſant avec le tendon du ſublime & du profond dans la ſinuoſité de l'os crochu, cheminant le long de leur partie latérale interne en fourniſſant à toutes les parties qui l'avoiſinent dans ce trajet, & ſe perdant dans le boulet, dans le pâturon, dans la couronne, dans le pied, dans les ligamens, dans les articulations.

10°. *Le nerf cubital* fourniſſant dans ſon principe trois cordons, dont deux ſe rendent au grand-pectoral, & le troiſieme au grand-dorſal, deſcendant enſuite le long de la partie interne du bras, gagnant la partie poſtérieure de l'avant-bras juſqu'à environ la partie moyenne du canon, dans les parties voiſines duquel il ſe perd, ainſi que dans la peau, après avoir donné dans la route qu'il a tenue quantité de filets aux muſcles extenſeurs de l'avant-bras, & aux muſcles fléchiſſeurs du canon & du pied.

294. 11°. *Les nerfs coſtaux, intercoſtaux* ou *dorſaux* étant, ainſi que je l'ai dit, au nombre de dix-huit, ſe portant tous en ſortant du canal vertébral dans l'intervalle des côtes, mais donnant inférieurement à leur origine quelques filets au moyen deſquels il y a une communication établie avec le *nerf intercoſtal commun*; des rameaux qui ſe perdent dans les muſcles du dos, ſe détachant auſſi ſupérieurement, & le cours de chaque nerf ſe déterminant enſuite le long de la face interne des muſcles intercoſtaux dans leſquels ils s'évanouiſſent; les derniers qui cheminent entre les fauſſes côtes ſe diſperſant encore dans les muſcles de l'abdomen.

295. 12°. *Les ſix paires de nerfs lombaires*, communiquant inférieurement, de même que les *nerfs dorſaux*, avec les *nerfs ſympathiques* ou *le nerf intercoſtal commun*, les filets qu'ils fourniſſent ſupérieurement étant portés aux muſcles du dos; leurs troncs ſe diſtribuant en grande partie aux muſcles de l'abdomen; leurs cordons très-réguliers & très-viſibles régnant particulierement ſur le muſcle tranſverſe; pluſieurs filets de la *premiere* & de la *ſeconde paire* ſe diſtribuant dans les muſcles pſoas, iliaque, & dans les parties voiſines; quelques rameaux de la *troiſieme, quatrieme, cinquieme & ſixieme*, formant avec un filet de *l'intercoſtal commun* le *nerf crural*, qui marche le long de la partie interne du baſſin, fournit un nerf conſidérable, nommé le *nerf obturateur*, envoie auſſi des

filets aux muſcles dont je viens de parler, aux vaiſſeaux & aux glandes qui en ſont prochaines; il paſſe enſuite ſous l'arcade crurale, donne un cordon qui ſe ramifie dans le long & dans le court adducteur de la jambe, dans le faſcia-lata, dans l'articulation du fémur, dans les glandes inguinales, &c. ſe porte au-deſſous du muſcle droit-antérieur de la jambe, & ſe perd après s'être diviſé en un nombre infini de filets, dans les muſcles vaſte-interne, vaſte-externe, crural, petit-droit de la cuiſſe, & dans l'articulation de cette partie.

13°. *Le nerf obturateur*, augmenté par un cordon de la *ſixieme paire lombaire*, marchant le long de la face interne du baſſin, paſſant par le trou obturateur, & ſe perdant dans les muſcles obturateur-interne & externe, grêle-interne de la cuiſſe, dans les jumeaux, & dans la graiſſe de ces parties.

14°. *Le nerf ſciatique*, formé par la *ſixieme paire lombaire*, & par la *premiere, ſeconde & troiſieme paire ſacrée*, fourniſſant dès ſon principe un cordon aſſez conſidérable, qui ſe diſtribue dans les muſcles grand & petit-feſſiers, & dans les muſcles de la queue, en envoyant quelques filets aux parties voiſines; ce même *nerf ſciatique* marchant enſuite le long de la partie ſupérieure de l'iléon par-deſſus le ligament ſacro-ſciatique, au-deſſous du grand-feſſier, gagnant le long de la partie poſtérieure de la cuiſſe, & donnant, lorſqu'il eſt parvenu à l'articulation de cette partie, deux cordons, dont l'un ſe perd dans le grêle-interne, dans le biceps de la cuiſſe, dans le demi-membraneux, dans le biceps de la jambe, dans la peau, &c. & dont l'autre s'étendant juſqu'à la portion ſupérieure de cette partie, va & ſe propage dans le muſcle long-vaſte & dans les extenſeurs du canon & du pied, en prêtant quelques rameaux à l'articulation, à la peau, aux parties voisines, &c.

15°. *Le nerf poplité*, étant une continuation du *nerf sciatique* qui poursuit sa route le long de la partie postérieure de la cuisse, & qui, parvenu à la portion supérieure de la jambe, passe entre les deux jumeaux, donne un filet qui s'y ramifie, de même que dans l'abducteur de la jambe, dans l'articulation & dans les fléchisseurs du pied; après quoi il se propage le long de la partie postérieure du tibia, donne dans ce trajet des rameaux à la peau & à toutes les parties qu'il rencontre, passe dans la sinuosité du calcanéum avec le tendon du muscle profond, fournit quelques filets à l'articulation, suit le long de la partie interne du canon & le bord des tendons des fléchisseurs du pied, & se perd dans le boulet, dans le pâturon, dans la couronne, dans le pied, en laissant échapper dans sa route des rameaux qui vont aux ligamens, à la graisse & dans les articulations de cette partie.

296. 16°. *Les nerfs sacrés* sortant par les ouvertures de l'os sacrum, au nombre de quatre ou cinq, si l'on compte la *paire* qui s'échappe entre cet os & le premier nœud de la queue, ces nerfs envoyant, aussi-tôt qu'ils sont hors du canal, quantité de filets au rectum, à l'anus & à ses muscles, à la vessie & aux parties internes de la génération, tandis que plusieurs filets de la *troisieme* & *quatrieme paire sacrée*, & le nerf intercostal commun à sa fin, fournissent un nerf assez considérable qui gagne la partie postérieure de l'ischion, passe dans l'échancrure triangulaire entre les deux branches du corps caverneux, se ramifie dans le membre, & envoie quelques filets dans les muscles, dans les membranes, à l'urethre, à la peau, &c. &c.

PRÉCIS ADÉNOLOGIQUE, OU TRAITÉ ABRÉGÉ DES GLANDES DU CHEVAL.

Des Glandes & des Vaiſſeaux Lymphatiques en général.

297. LES *glandes* ſont des organes particuliers non moins multipliés dans le corps des animaux que dans le corps humain, & que l'on peut ranger également dans l'un & dans l'autre ſous différentes claſſes.

Il eſt des *cryptes*, autrement appelés *follicules*, ou *corpuſcules glanduleux ;* il eſt des *glandes*, dites *conglobées*, ou *lymphatiques ;* il eſt enfin des *glandes* dites *conglomérées*.

298. Les *cryptes*, ou les *follicules glanduleux*, ne méritent pas proprement le nom de *glandes ;* ils ont été néanmoins regardés comme des corps de cette nature, & on en a fait une claſſe de glandes infiniment ſimples.

Ces corpuſcules ſont preſqu'imperceptibles.

Ils ſont placés dans tous les endroits du corps expoſés aux injures de l'air, à des frottemens, &c.

Ils ne ſont le plus ſouvent compoſés que d'une membrane ſimple & cave, au-dedans de laquelle une humeur particuliere eſt filtrée par un émiſſaire.

Ces follicules, au ſurplus, ne changent point la nature de cette humeur dont ils ne ſont que le réſervoir, & elle ne differe, à ſa ſortie de ces lieux de dépôt, de ce qu'elle pouvoit être dans le torrent où le mouvement qu'elle éprouvoit entretenoit ſa fluidité, qu'eu égard à la conſiſtance qu'elle a acquiſe par ſon ſéjour dans le *crypte*, ou par ſon épanchement dans quelque cavité, épanchement qui a lieu quelquefois par le moyen d'un petit vaiſſeau excrétoire, quelquefois auſſi par pluſieurs pores ouverts à la ſuperficie de ces corpuſcules, & qui eſt abſolument ſemblable à l'écoulement inſenſible d'une liqueur qui ſuinte.

299. Les *glandes conglobées*, ou *lymphatiques*, compoſent une ſeconde claſſe de glandes bien moins ſimples.

La forme en eſt tantôt ſphéroïde, tantôt ovalaire ou oblongue.

Les unes ſont petites, les autres le ſont moins; d'autres ſont aſſez conſidérables.

La plupart ſont fermes & réſiſtent à la pointe du ſcalpel.

La ſuperficie en eſt, pour l'ordinaire, unie & égale.

La ſubſtance en eſt continue; chacune d'elles, formée par des lacis, par des circonvolutions de vaiſſeaux de toute eſpece, ne préſente qu'un ſeul & unique corps très-diſtinct.

Une membrane paroît particuliere à chacune

de ces glandes, ou dépendre du tiſſu cellulaire qui les environne, & qui pénetre dans les interſtices de tous ces vaiſſeaux circonvolus.

Elles adherent aux parties voiſines par ce tiſſu cellulaire & par les tuyaux qui les forment, & qui ſont une ſuite du ſyſtême vaſculeux.

Leur miniſtere ſemble borné à l'affermiſſement des vaiſſeaux lymphatiques, à l'égard deſquels elles ſont ce que les ganglions ſont relativement aux tuyaux nerveux. Elles atténuent auſſi, elles préparent, elles élaborent, elles perfectionnent la lymphe, peut-être par l'action de leur membrane capſulaire, comme par celle de tous les petits vaiſſeaux qui s'y rendent.

300. On donne le nom de *vaiſſeaux lymphatiques* à des canaux déliés, tranſparens, qui contiennent & qui charrient une liqueur tenue, claire & preſqu'aqueuſe, qui n'eſt autre choſe que cette même lymphe dont nous venons de parler.

L'origine de ces vaiſſeaux n'a point encore été véritablement développée.

Pluſieurs auteurs ont fixé le lieu de leur naiſſance à l'extrémité collatérale des arteres.

D'autres ont ſuppoſé, 1°. que le diametre de ces canaux diminue à meſure qu'ils s'éloignent de cette extrémité; 2°. qu'ils répondent à d'autres vaiſſeaux de même nature, dont le diametre augmente & s'amplifie toujours inſenſiblement en approchant des veines ſanguines auxquelles ils s'adaptent; de-là la diſtinction qu'ils ont faite de ces canaux en arteres & en veines lymphatiques. Il eſt certain que cette diviſion ne peut ſe ſoutenir ſur le prétexte de ces dégénérations & de ces augmentations de calibres, qu'on n'apperçoit point ici comme dans les vaiſſeaux ſanguins;

nous ſavons ſeulement que les canaux dont il s'agit communiquent enſemble à la maniere des tuyaux qui charrient le ſang, ne different preſque point des veines lactées, ſe rendent la plupart dans des glandes qu'ils ſemblent traverſer, & s'ouvrent immédiatement dans les vaiſſeaux veineux ſanguins, dans le canal thorachique & dans le réſervoir du chile.

Ils ſont viſiblement entre-coupés & ſemés de valvules ſemi-lunaires, conniventes, placées à peu de diſtance les unes des autres, & ſeulement au nombre de deux à chaque nœud ou à chaque dilatation; ce nombre eſt ſuffiſant pour fermer le canal & pour s'oppoſer à la rétrogradation de la liqueur, dont la marche & la progreſſion ſont plutôt aidées par l'action ſyſtaltique des vaiſſeaux voiſins, que par le reſſort & l'élaſticité des membranes de ceux qui les contiennent, & qui néanmoins ſont très-irritables.

Ces nœuds ou ces dilatations valvulaires ſont principalement appercevables aux ſens, lorſque par le moyen de quelque ligature on arrête le cours & la décharge de la lymphe; alors elle reflue ſur les valvules, & cauſe un gonflement très-diſtinct, ſur-tout dans l'animal vivant.

On peut ſuivre aiſément pluſieurs de ces vaiſſeaux dans le cheval, dans le bœuf & dans les animaux d'une certaine taille. *Malpighi* les a conduits juſqu'aux glandes du méſocolon de l'âne, & ſouvent on les accompagne dans le cheval juſqu'au canal thorachique & juſqu'au réſervoir.

Il eſt de plus inconteſtable qu'ils ſont répandus en grande quantité dans la cavité de la poitrine & dans celle du bas-ventre. Ils rampent principalement ſur la ſurface des gros viſceres, tels que le foie, la rate, les reins, l'uterus, &c. Ils suivent encore les grosses veines, par exemple, la veine cave dans la poitrine; les émulgentes, la splénique, les principaux rameaux de la veine porte dans la troisieme cavité.

Hors de ces capacités, il en est qui accompagnent les principales ramifications veineuses, spécialement les jugulaires, la maxillaire interne & externe, les axillaires, la thorachique externe, la scapulaire, l'humérale, l'ars ou la céphalique, la crurale, la saphene, &c.

301. On appelle encore du nom de *vaisseaux lymphatiques*, de petits canaux répondant aux arteres & aux veines sanguines, destinés, vu leur ténuité & l'étroitesse de leur diametre, à ne recevoir & à ne laisser passer que la partie blanche du sang. Ces vaisseaux, plutôt *séreux* que *lymphatiques*, ne doivent point être confondus avec les vaisseaux noueux & valvuleux dont j'ai parlé, & il est plus probable qu'il en est d'artériels & de veineux.

302. Les *glandes composées* ou *conglomerées* forment enfin une troisieme classe de glandes très-différente de la seconde.

Elles résultent de la réunion & de l'assemblage de plusieurs corps glanduleux liés entr'eux par des vaisseaux communs, & renfermés dans une seule & même membrane, qui fait de ce nombre de petits corps un seul & même organe. Tous ces corpuscules, ou quoi que ce soit, chacun de ces grains glanduleux, ne semblent être également qu'un amas de toutes sortes de vaisseaux circonvolus.

Leurs vaisseaux secrétoires ne sont que des vaisseaux collatéraux, partant de l'extrémité des arteres, qui, après plusieurs contours, s'anastomosent avec les tuyaux veineux. Le diametre de ces mêmes vaisseaux est d'une telle ténuité, qu'ils ne peuvent se charger des molécules rouges, qui continuent leur route dans les tuyaux veineux, & ils n'admettent que la liqueur qui doit être séparée.

Le canal excrétoire, ou le tuyau commun, en est tantôt plus & tantôt moins considérable. Il est formé de la jonction & de la réunion des conduits ou vaisseaux secréteurs. Il verse la liqueur qu'il en a reçue dans quelque réservoir particulier, dans quelque cavité commune, ou il la porte & la transmet au-dehors. Il est des glandes qui ont plusieurs canaux excrétoires, comme, par exemple, la glande lachrymale, &c.

Les *glandes conglomerées* sont des organes à la faveur desquels les fluides sont séparés de la masse, & disposés à y rentrer en partie, ou à en être entiérement expulsés.

303. Du reste, nous ne dissimulerons pas que cette matiere, en quelque sorte inextricable, a occupé les plus grands hommes, & a donné lieu à des contestations sans fin; mais lorsque le génie le plus perçant & le plus fécond entreprend d'expliquer ce que la nature affecte de dérober à nos sens, il arrive souvent qu'un plus grand nombre d'erreurs prend la place de la vérité.

La définition des glandes, leurs différences, leur structure, leurs fonctions, tout a été un objet de dispute.

Ici on désigne par ce nom toute partie qui n'est ni graisse, ni muscle, ni viscere, & qui, du premier coup d'œil, est aisément distinguée de toute autre. Là, les glandes sont des parties sphériques, globuleuses, ovalaires, &c. celui-ci les regarde comme

comme une forte de parenchyme, & les présente comme des substances charnues, molles, lâches, fongueuses, &c.; cet autre, comme des organes secrétoires; enfin, celui-là exprime l'idée qu'il en conçoit, en disant qu'elles sont un ensemble de vaisseaux renfermés dans une membrane propre & particuliere, de maniere que nulle définition donnée n'est juste & stricte, puisqu'il n'en est aucune qui convienne parfaitement à toutes les glandes en général, & qui ne puisse être appliquée à d'autres parties.

Quelques-uns n'en ont admis que deux especes, les *conglobées* & les *conglomerées;* plusieurs en adoptant celles-ci, en ont reconnu une troisieme, qui comprend ce que nous avons appelé *les glandes infiniment simples;* d'autres enfin en ont imaginé une quatrieme, résultant de la réunion des émonctoires de plusieurs de ces dernieres en un seul canal, &c. &c.

On n'a pas été plus d'accord sur leur structure; mais il seroit inutile & trop long de rendre compte ici de tous les débats que ce point a occasionnés.

Leurs usages encore n'ont pas été un moindre sujet de dissensions. Selon *Glisson*, une partie de la lymphe est fournie aux glandes par les arteres, & l'autre par les nerfs; *Vieussens* a cru démontrer que des petits filets de nerfs s'adaptoient aux conduits excréteurs, qui en recevoient des esprits capables d'augmenter la fluidité des liqueurs filtrées par les glandes : *Sylvius* a prétendu que les esprits animaux déposoient la lymphe dans les conglobées; & depuis très-peu de tems on a combattu l'opinion générale (1), en soutenant que ces corps

(1) M. LE CAT, *Traité des sensations*, ci-devant cité, tome I. page 132 & suivantes.

particuliers ne ſont point le filtre des liqueurs; qu'ils filtrent les eſprits même; que leur exiſtence n'eſt due qu'à l'épanouiſſement des nerfs à leurs extrémités; qu'ils n'ont rien de commun avec les vaiſſeaux, ſi ce n'eſt leur proximité & leur abouchement à leurs termes, au moyen duquel abouchement ils y verſent le fluide nerveux, ou reçoivent de la liqueur charriée par ces mêmes vaiſſeaux, un alliage précieux, qu'on déclare être une ſubſtance médiatrice & néceſſaire, la lymphe nervale étant trop ſubtile pour pouvoir produire par elle-même aucune des fonctions matérielles.

Préſervons-nous, s'il eſt poſſible, dans la médecine vétérinaire, de tout ce qu'une trop foible raiſon peut enfanter, dans l'eſpoir d'atteindre à ce qu'elle ne peut ſaiſir; ou ſi ſes efforts ſont ſuivis de quelques ſuccès, attendons que ces mêmes ſuccès ſoient avoués par l'élite de ceux qui ſont prépoſés pour les juger, & ne cédons encore enſuite qu'après des travaux réfléchis ſur le corps des animaux qui ſont l'objet de notre étude.

Des Glandes en particulier.

304. L'énumération la plus ſimple des glandes, conſidérées en particulier, nous paroît être celle dans laquelle on ſe propoſe de les ſuivre, en les recherchant dans les différentes parties de l'animal; nous les enviſagerons donc ici ſous ce point de vue.

305. Les glandes de la tête ſont dans le crâne & hors du crâne.

Les glandes qui ſont dans le crâne, ſans parler du cerveau, que pluſieurs anatomiſtes & phyſiologues ont regardé comme une glande conglomérée dont les nerfs forment les tuyaux excréteurs, ſont :

1°. *Des corpuscules* d'une forme irréguliere, unis dans les grands ventricules par un prolongement du plexus choroïde ; ces corpuscules acquérant dans de certaines circonstances, & quelquefois dans celle de la *morve*, un volume considérable ; peut-être séparent-ils ou laissent-ils échapper l'humeur dont ces parties sont abreuvées.

2°. *La glande appelée du nom de pinéale* dans l'homme, & que, par une sorte de délire, on a déclaré être le siege de l'ame, cette glande étant située au-dessus des couches optiques entre les tubercules quadrijumaux. La forme en est conoïde, la substance mollasse, la couleur extérieurement brune, & intérieurement d'un brun plus clair, le volume est égal à celui d'un pois ; ses usages sont totalement inconnus. (*Voyez le chiffre* 384, 20°.)

3°. *La glande pituitaire*, située dans le centre des arteres carotides & des sinus caverneux, d'une forme orbiculaire, & de la grosseur d'une petite châtaigne. On a cru qu'elle recevoit l'humeur pituiteuse du cerveau que l'entonnoir lui porte ; il semble qu'il est plus raisonnable de penser qu'elle filtre & qu'elle sépare une liqueur envoyée au cerveau & à la moëlle de l'épine, dans des vues qu'à la vérité nous ignorons. (*Voyez* idem 24°.)

4°. *Les corpuscules* situés à la partie postérieure de la circonférence des deux lobes latéraux du cervelet au milieu d'un entrelacement considérable de vaisseaux ; ces corpuscules ayant sans doute une fonction semblable à celle des premiers corpuscules dont nous avons parlé.

[illegible]6. Les glandes qui sont hors du crâne, & qui dépendent des parties différentes de la tête, sont :

1°. *La glande lachrymale*, logée intérieurement à la partie supérieure de la fosse orbitaire du côté de l'angle externe, ſes canaux excrétoires, nommés *canaux hygrophtalmiques*, qu'on ne découvre ſenſiblement que par le moyen de la macération, perçant la conjonctive à côté du tarſe de la paupiere ſupérieure, pour verſer ſur la partie antérieure du globe la ſéroſité que nous déſignons par le nom de *larmes* (1).

2°. *La caroncule lachrymale*, placée du côté du grand angle, ſe préſentant dans l'eſpace libre que laiſſent les paupieres comme une maſſe grenue, noire & dure, garnie d'une multitude de petits poils, ſes canaux excréteurs s'ouvrant à ſa ſurface, & verſant une humeur épaiſſe & blanchâtre. Son uſage eſt encore de diriger les larmes vers les points lachrymaux chargés de les abſorber (2).

3°. *Les glandes ſébacées* découvertes dans l'homme par *Meibomius*, verſant à la face interne de l'une & l'autre paupiere par des orifices ou d'étroites lacunes qu'on obſerve vers leurs bords, & qu'on a nommés *points ciliaires*, une humeur huileuſe, & quelquefois très-gluante, qui leur ſert de liniment (3).

4°. *Le corps glanduleux*, aſſez ſolide, qui enveloppe de toutes parts la bâſe du cartilage conſtituant ce que l'on nomme la membrane clignotante; les canaux excréteurs de ce corps s'ouvrant par pluſieurs orifices à la partie ſupérieure de cette membrane, & verſant une humeur limpide, propre à lubréfier cette partie (4).

(1) Voyez *Elémens de l'art vétérinaire. Traité de la conformation extérieure du cheval, &c. Paris*, Vallat-la-Chapelle. 1785. page 21,

(2) Voyez *idem*. page 20.

(3) Voyez *idem*. page 18.

(4) Voyez *idem*, page 19.

5°. *Les follicules rampans* ſur la ſurface convexe de la peau qui tapiſſe le conduit auditif externe, dépoſant une humeur blanchâtre & céracée qui lubréfie ce même conduit, & dont le principal uſage eſt d'abſorber les rayons ſonores & d'arrêter la vivacité de leur impreſſion.

6°. *Les follicules* dont la membrane pituitaire eſt parſemée, laiſſant échapper une humeur muqueuſe qui la défend & la garantit de tout deſſéchement & de toute corrugation que l'air, par ſon paſſage continuel dans la cavité des naſeaux, auroit occaſionnés inévitablement, ſans la précaution qui réſulte de l'abord & de la préſence de cette mucoſité.

7°. *Les parotides*, connues dans le langage des maréchaux ſous le nom d'*avives*, ſituées au-deſſous de l'oreille entre la tubéroſité de la mâchoire poſtérieure & le col; le canal excréteur de cette glande deſcendant derriere la tubéroſité de la mâchoire, ſur laquelle il monte le long du bord inférieur du muſcle maſſeter, perçant le muſcle molaire pour ſe porter dans la bouche & y dégorger la ſalive entre les deux premieres dents molaires.

8°. *Les glandes molaires*, ſituées de chaque côté du bord alvéolaire de l'une & de l'autre mâchoire, & verſant dans la bouche l'humeur qu'elles ont ſéparée.

9°. *Les glandes* formant un paquet au-deſſous de la peau à la partie ſupérieure de l'auge; les vaiſſeaux qui en partent déchargent dans les veines voiſines la lymphe qu'ils charrient; d'autres ſe propagent ſur l'encolure, & ſe rendent à d'autres glandes.

10°. *Les glandes maxillaires* d'environ un pied de longueur, ſituées dans le canal ou l'auge près de la face interne de l'extrémité fupérieure de la mâchoire poftérieure ; ces glandes font au nombre de deux ; leurs canaux excréteurs paffent au-deffous du mufcle milo-hyoïdien, gagnent le long de la partie interne des fublinguales, percent la membrane interne de la bouche, & s'ouvrent à la partie inférieure du canal, à l'endroit où fe montrent les barbillons près des crochets, & verfent dans cette cavité la falive qu'ils charrient.

11°. *Les glandes fublinguales*, fituées à la partie inférieure de l'auge ; leurs canaux excréteurs pénétrant dans la bouche le long des parties latérales & inférieures du canal, & y dégorgeant pareillement une certaine quantité d'humeur falivaire.

12°. *La glande vélo-palatine*, placée entre les membranes qui forment le voile du palais ; elle en occupe toute l'étendue, fes canaux excréteurs dégorgeant immédiatement dans la bouche l'humeur qu'elle a filtrée.

13°. *Les glandes* que l'on pourroit appeler *tonfiles*, fituées entre les deux piliers du voile du palais, une de chaque côté ; elles ont un pouce & demi de longueur, & verfent auffi dans la bouche, par quantité de petits orifices, l'humeur qu'elles ont reçue.

14°. *Les follicules*, que l'on peut obferver à la bâfe de la langue.

15°. *Les glandes labiales* ou *buccales*, réfultant de celles qui font placées entre le mufcle orbiculaire des levres & la membrane qui les revêt.

16°. *Les glandes palatines*, ou les *cryptes*, répandus dans l'épaiffeur de la membrane qui tapiffe le palais.

307. Les glandes du col, ou de l'encolure, font :

1°. *Les glandes tyroïdes*, placées une de chaque

côté, à la partie antérieure de la trachée-artere, immédiatement au-dessous du larynx; ces glandes communiquant l'une à l'autre par le moyen d'une sorte de canal, quelquefois par plusieurs petits tuyaux. L'usage n'en est pas encore connu.

2°. *Les arythénoïdiennes*, les *laryngiennes*, les *épiglottiques* versant une humeur onctueuse qui enduit le larynx, & qui en prévient le desséchement.

3°. *Les glandes pharyngiennes* versant une humeur semblable dans le pharynx.

4°. *Les follicules*, ou les *cryptes*, se manifestant par des pores à la surface interne de la trachée-artere, & fournissant sans cesse un fluide onctueux qui en rend les parois humides, lisses & glissantes. (*Voyez le chriffre* 374, 9°.)

5°. *Les œsophagiennes* résultant de quelques corpuscules glanduleux, qui se montrent quelquefois dans l'œsophage.

6°. *Les glandes gutturales* & *les glandes cervicales*, que l'on apperçoit le long de l'encolure au-dessous de la peau & entre les muscles; celles-ci paroissant être destinées à recevoir la lymphe de toutes les parties du col & de la tête, & les vaisseaux qui en partent la transmettant dans toutes les parties voisines.

308. Les glandes du thorax, ou de la poitrine, sont :

1°. *Les glandes bronchiques*, placées dans le lieu de la bifurcation de la trachée-artere, & dans celui des divisions & des subdivisions de ce canal, & filtrant vraisemblablement une partie de l'humeur épaisse que l'on trouve dans les bronches. (*Voyez ci-après le chiffre* 375, 12°.)

2°. La *glande* appelée *thymus*, & par quelques-uns *fagoue*, située à la partie antérieure & interne de la poitrine, dans le second écartement du médiastin ; cette glande étant très-considérable dans le poulain & dans le veau & presqu'entiérement effacée dans les vieux chevaux. Rien de plus incertain que son usage. On conjecture qu'elle en a un dans le fœtus, puisqu'elle disparoît dans les animaux vieux & dans les adultes. M. *Morand* l'a regardée comme une espece de poumon, qui par sa nature & sans l'action de l'air, donne une préparation au sang encore laiteux. (*Voyez-en la description particuliere ci-après, chiffre* 369).

3°. *Les glandes* formant un paquet considérable à la circonférence de la veine cave & de l'aorte antérieure, & étant du genre des conglobées, les vaisseaux qui en partent vont déposer la lymphe qu'ils charient dans le canal thorachique.

309. Les glandes de l'abdomen, plus nombreuses & plus considérables dans cette cavité que dans toute autre, sont :

1°. *Le foie*, qui est une masse vraiment glanduleuse, située à la partie antérieure & latérale droite de cette capacité ; la plus grande partie de la substance de ce viscere étant formée d'une multitude de grains glanduleux, dont les canaux excréteurs réunis composent le canal hépatique ; ce canal déposant la bile qu'il a reçue des autres petits canaux dans la portion des intestins qui avoisinent le plus le ventricule. (*Voyez ci-après la description détaillée de ce viscere*, 326).

2°. *Le pancréas*, situé au-dessous du corps des dernieres vertebres dorsales, entre les reins & l'estomac ; ce corps, d'une forme triangulaire, étant formé par la réunion de nombre de petites glandes dont les canaux excréteurs vont se rendre dans deux canaux excréteurs communs, l'un d'eux, qui est le principal, s'ouvrant dans le canal hépatique, l'autre versant dans le premier intestin le suc pancréatique, dont l'usage est d'aider à la digestion. (*Voyez ci-après* 327).

3°. *Les cryptes*, vus dans le ventricule des chiens, des porcs, & par l'illustre *Morgagny* dans l'estomac humain, ces cryptes n'étant pas toujours également sensibles dans le cheval.

4°. *Les glandes lymphatiques*, au nombre de deux, & quelquefois d'une seulement, situées le plus souvent à l'entrée des vaisseaux dans la rate, absentes, ou presqu'invisibles dans le plus grand nombre des chevaux, les tuyaux qui en partent déposant la liqueur qu'ils charrient dans le réservoir du chyle.

5°. *Les reins*, situés hors du sac propre du péritoine, à quatre ou cinq travers de doigt des vertebres lombaires, dans l'espace qui est entre les dernieres fausses côtes & la crête des os des îles; ces corps glanduleux séparant du sang la liqueur que nous nommons urine. (*Voyez le chiffre* 330).

6°. *Les reins succenturiaux*, appelés par quelques-uns *glandes sur-rénales*; placés à quatre travers de doigt des premieres vertebres lombaires, un de chaque côté, environ un ou deux doigts au-devant du rein, très-gros & très-apparens dans le fœtus humain, très-petits dans le fœtus du cheval, diminuant de volume dans l'homme, augmentant, au contraire, de volume dans les vieux chevaux. Leur usage est encore inconnu. (*Voyez le chiffre* 329).

7°. *Les glandes lombaires*, situées dans le bassin aux environs des vertebres des lombes, les vaisseaux qui en partent conduisant la lymphe qu'ils ont reçue dans les veines voisines & dans le réservoir du chyle.

8°. *Les glandes iliaques* & les *glandes sacrées*, ayant les mêmes fonctions que les lombaires.

9°. *Les corpuscules glanduleux*, qui n'ont aucun siege fixe & certain, mais dont la vessie est munie, & qui y filtrent l'humeur onctueuse qui défend la quatrieme tunique ou la tunique interne de l'impression des sels urineux.

10°. *Les glandes intestinales*, répandues dans toute l'étendue des intestins entre leur membrane cellulaire & la membrane veloutée, versant dans ce canal une humeur qui le lubréfie, qui le rend plus souple & plus glissant, qui facilite la marche & la descente des alimens, &c.

11°. *Les glandes mésentériques*, très-multipliées à la portion qui répond aux intestins grêles, de même qu'aux gros intestins, & très-sensibles à l'endroit où le mesocolon leur sert d'attache & s'écarte pour les envelopper; ces glandes se montrant & encore plus distinctement sous un volume assez ample près des vertebres lombaires, que partout ailleurs, où elles ne sont, en quelque sorte, apparentes que dans un état contre nature. On peut les ranger sous trois classes, la premiere formée de celles qui sont près des intestins; la seconde, de celles qui en sont un peu plus éloignées; la troisieme, de celles qui sont près des vertebres des lombes. Elles soutiennent & affermissent les vaisseaux lactés & lymphatiques qui les traversent : de-là elles ont été regardées comme des glandes lymphatiques, quoique lors de la digestion elles perfectionnent le chyle qui en pénetre la substance. Dans ce dernier cas, on pourroit les nommer, eu égard à cet uſage, *glandes lactées.*

310. Quelques-uns n'enviſagent point les teſticules comme des glandes; d'autres les ont regardées, attendu leur ſtructure, comme des glandes conglobées; quelle que ſoit la diverſité des opinions, ils ſont ici l'office de glandes conglomérées; ils ſéparent en effet du ſang la ſemence portée enſuite par de petits canaux ſemblables à des tuyaux excréteurs, qui donnent naiſſance aux épididymes; ces mêmes épididymes ſont eux-mêmes le principe des canaux déférens qui charrient & verſent cette même humeur dans les véſicules ſéminales; mais, abſtraction faite de ces parties, nous dirons que les glandes des parties de la génération dans le cheval, ſont:

1°. *La grande proſtate*, ſituée ſur le col de la veſſie, ſes canaux excréteurs, au nombre de dix à douze, s'ouvrant dans le canal de l'urethre, & y verſant une liqueur dont l'uſage eſt de lubréfier le canal & de ſervir de véhicule à la ſemence.

2°. *Les petites proſtates*, appelées dans l'homme les *glandes de Cowper*, ſituées quatre doigts plus bas que la grande proſtate aux parties latérales de l'urethre, leurs tuyaux excréteurs s'ouvrant dans ce canal par dix ou douze mammelons, & y dépoſant une liqueur dont l'uſage eſt le même que celui de la liqueur de la grande proſtate.

3°. *Les cryptes*, ou les *follicules glanduleux*, que l'on apperçoit quelquefois dans les véſicules ſéminales, & qui y filtrent peut-être une humeur qui en empêche l'oblitération dans les chevaux hongres.

4°. *Les cryptes* placés dans le tiſſu ſpongieux de l'urethre, dépoſant dans ce canal par quantité de petits orifices, ou pores répandus dans toute ſon étendue, une humeur onctueuſe, propre à le ſauver des effets de l'impreſſion des ſels urineux.

5°. *Les corpuſcules* formant des glandes odoriférantes placées à la circonférence du prépuce & de la tête du membre de l'animal; & verſant une humeur ſébacée qui facilite le mouvement de ces parties l'une ſur l'autre, & qui prévient toutes les ſuites facheuſes & ordinaires des frottemens. (*Voyez les chiffres* 334; 340, 4°.; 344; 345.)

311. Les glandes des parties de la génération ſont, dans la jument,

1°. *Les cryptes*, formant ce que l'on a appelé dans la femme les *glandes botriformes*, répandus dans l'intérieur du vagin. Ils verſent une humeur qui humecte & lubréfie ce conduit, & qui paroît la même que celle qui annonce la chaleur de la cavale.

2°. *Les corpuſcules*, ou les *lacunes*, appercevables ſur le tiſſu ſpongieux du prépuce, du clitoris, & verſant une humeur glaireuſe qui ſe répand entre les plis & les rides que forme en cet endroit le commencement de la membrane du vagin.

3°. *Les follicules glanduleux* étant à toute la circonférence de la vulve au-deſſous de la peau, ces corpuſcules différant les uns des autres par leur couleur, leur forme, ainſi que par leur volume, & répandant à la ſurface de la peau une humeur ſébacée, propre à entretenir la ſoupleſſe de ces parties, & à prévenir les excoriations qui auroient pu réſulter des frottemens. (*Voyez les chiffres* 349, 6°. & 350, 8°.)

312. Les autres glandes, à conſidérer en différentes parties, ſont:

1°. *Les mammelles*, ſituées dans la jument à

la partie poſtérieure & inférieure de l'abdomen. (*Voyez le chiffre* 317.

2°. *Les corpuſcules glanduleux* placés dans l'épaiſſeur de la peau de ces mêmes mammelles, & à la circonférence du mammelon, & verſant une humeur graſſe & huileuſe, qui obvie ici comme ailleurs aux ſuites des frottemens.

3°. *Les glandes axillaires*, formant un paquet de chaque côté à la partie antérieure & latérale externe de la poitrine, près des veines axillaires, & tranſmettant, par le moyen des vaiſſeaux qui en partent, la lymphe qu'elles ont reçue des parties voiſines dans les vaiſſeaux veineux ſanguins.

4°. *Les glandes ſou-ſcapulaires* étant des glandes du même genre, placées à la ſurface interne de l'omoplate.

5°. *Les glandes inguinales* formant un paquet aux environs du pli de la cuiſſe, les canaux qui en partent verſant la lymphe dans les veines voiſines.

6°. *Les glandes coccygiennes*, de même nature que les inguinales, & placées en petit nombre entre les muſcles de la queue.

7°. Enfin quelques *autres glandes* placées entre des muſcles. Leur nombre, leur ſituation, leur figure, leur volume n'ayant rien de certain & de conſtant, nous croyons pouvoir nous diſpenſer d'en faire mention dans ce *Précis adénologique*.

PRÉCIS SPLANCHNOLOGIQUE, OU TRAITÉ ABRÉGÉ DES VISCERES DU CHEVAL.

PREMIERE PARTIE.

De l'Abdomen en général.

313. L'ABDOMEN eſt une cavité qui ne formeroit avec le thorax qu'un antre ſeul & unique, ſans la cloiſon intermédiaire qui limite antérieurement ſon étendue, & qui borne poſtérieurement la capacité de ce même thorax.

Cette cloiſon, les os du baſſin, les vertebres lombaires, ainſi que l'enceinte muſculeuſe qui tient à ces os & à la charpente de la poitrine, en ſont les parois. Les lombes en conſtituent la partie ſupérieure; les flancs, les parties latérales, le ventre la face inférieure, & nous aſſignons à cette face tout l'eſpace compris entre le cartilage xiphoïde, & le baſſin incluſivement.

314. L'indifpenfable néceffité de marquer exactement la place qu'occupe intérieurement chaque vifcere, demande encore que nous divifions ce même efpace en trois portions.

Suppofons que fa longueur totale foit de trois pieds, car nous ne pouvons ici déterminer une mefure invariable & commune à tous les chevaux, la premiere, ou l'antérieure répondant à celle qui dans l'homme eft appelée la *région épigaftrique*, s'étendra depuis le cartilage xiphoïde, jufqu'à environ cinq pouces en avant de l'ombilic; la feconde ou la moyenne nommée par les anatomiftes du corps humain *région ombilicale*, depuis le terme de celle-ci, jufqu'à environ cinq pouces en arriere du point milieu de leur féparation; la troifieme enfin, ou la poftérieure, qu'ils défignent en général par le terme de *région hypogaftrique*, depuis ces cinq pouces en arriere, jufqu'au fond du baffin.

315. Ces diverfes régions ont été fous-divifées par eux en parties moyennes & latérales, & chacune de ces parties fubdivifées ont encore reçu des dénominations différentes.

Nous conviendrons que cette fcrupuleufe précifion obfervée par rapport au corps de l'homme eft d'une grande reffource, & telle eft la puiffance des fecours qu'elle fournit au praticien, que malgré l'impoffibilité dans laquelle il eft de porter un œil curieux au-delà des enveloppes qui lui celent l'intérieur de la machine, fa vue devient en quelque façon affez perçante pour difcerner d'une maniere pofitive, foit par le fiege de la douleur dont le malade fe plaint, foit par le lieu d'une bleffure quelconque, les organes atteints & endommagés. Nous n'avons garde de vouloir renoncer à ce dernier avantage qui feroit pour nous le feul à nous ménager ; mais attendu l'amplitude des viſceres de l'animal, nous croyons pouvoir nous diſpenſer d'admettre les diſtinctions dont il s'agit. Il ſuffira que la diviſion à laquelle nous nous ſommes arrêtés ſoit toujours préſente à l'eſprit, lorſque nous conſidérerons la ſituation, l'arrangement, le rapport, les connexions, la ſtructure & le tiſſu de chacune des parties renfermées dans la capacité dont il s'agit.

316. Ces parties ſont : 1°. le *ventricule*, les *inteſtins*, le *méſentere*, le *méſocolon*, *l'épiploon*, le *pancréas*, le *foie*, le *canal* ou le *tube biliaire*, la *rate*, les *glandes méſentériques*, les *vaiſſeaux lactés*, le *réſervoir du chile* : 2°. les *reins*, les *glandes ſur-rénales*, les *ureteres*, la *veſſie* : 3°. tous les inſtrumens naturels & internes ſervant à la génération dans le mâle & dans la femelle : 4°. enfin une foule conſidérable de glandes & de vaiſſeaux tant ſanguins que nerveux & lymphatiques qui ſe portent à tous ces différens organes, dont les premiers pourroient être dits *chilopoïetiques*, les ſeconds *uropoïetiques*, & les derniers *ſpermatopoïetiques*, vu les fonctions des uns & des autres.

Mais avant de pénétrer dans la cavité que nous nous propoſons d'enviſager, nous ne ſaurions nous diſpenſer d'arrêter nos regards ſur ce qu'elle nous préſente d'intéreſſant & de curieux au dehors, & nous fuirons le reproche d'avoir laiſſé en arriere les objets que nos éleves rencontreront ſur la route que nous leur traçons, & qu'il eſt important qu'ils conſiderent.

Des Mammelles dans la Jument.

317. Les *mammelles* ſont deux corps peu ſenſibles dans

dans la jument non pleine & formant dans celle qui porte ou qui allaite deux éminences très-apparentes.

Il faut en considérer :

1°. *La situation* : elles sont placées sur l'extrémité postérieure de chaque muscle droit, c'est-à-dire, à la partie antérieure des os pubis, & à la partie postérieure & inférieure de l'abdomen, à laquelle elles sont très-adhérentes. On ignore les raisons de cette position constante dans la cavale, dans d'autres solipedes, comme l'ânesse, & dans les animaux qui ruminent, tels que la chevre, la vache, la brebis, la biche, &c. Si ces corps eussent été situés sur la poitrine de la jument, comme ils le sont sur celle de la femelle de l'éléphant, de la chevre de Lybie, de la femelle du singe, &c. ils n'auroient pas été moins à la portée du poulain, mais la femelle de l'éléphant suce elle-même son lait par le moyen de sa trompe pour le conduire ensuite dans la bouche de l'animal qu'elle doit nourrir ; celle du singe porte son petit sur ses épaules à la maniere des négresses; elle le prend entre ses pattes lorsqu'elle veut l'allaiter, & lui présente le teton à-peu-près comme la nourrice le présente à l'enfant ; or c'en est assez pour que la position de leurs *mammelles* sur le thorax cesse d'être équivoque ; mais au défaut de particularités aussi frappantes dans la jument, & dans les autres femelles dont nous avons parlé, nous devons nous en tenir au fait dont l'inspection dépose, ne pas tenter d'aller plus loin, & éviter de nous livrer à cette sorte de divination qui n'est que trop souvent l'écueil du naturaliste, & l'opprobre du philosophe.

2°. *Le nombre*, moindre que dans les multipares & dans les fissipedes, tels, par exemple, que la lionne, l'ourſe, la chatte, la chienne, la ſouris, l'écureuil, la panthere, &c. en qui deux *mammelles* ſeulement auroient été inſuffiſantes, attendu qu'elles allaitent à la fois pluſieurs petits, & qu'elles ſont obligées de ſe coucher à cet effet, parce que leurs productions ne ſauroient ſe tenir debout dès leur naiſſance; auſſi ces parties ne ſont-elles pas uniquement inguinales en elles, comme dans la jument; la nature les a multipliées, & en a mis un double rang le long de l'abdomen; ſans cette précaution, ces mêmes productions, leurs meres étant couchées, n'auroient pu que très-difficilement ſaiſir le *mammelon* pour prendre leur nourriture.

3°. *La forme* applatie dans la jument qui n'allaite point & qui ne porte pas, & qui, dans la jument pleine & qui nourrit, ſe trouve allongée.

4°. *Le volume* qui dans celle-ci eſt plus ou moins conſidérable ſelon la quantité plus ou moins grande de la liqueur qui ſe ſépare dans leur ſubſtance.

5°. *Le rapprochement* de l'une & de l'autre, ces deux corps étant adoſſés.

6°. *Les papilles* ou les *mammelons* au nombre de deux, un pour chaque *mammelle*, & qui ne ſont autre choſe que la petite éminence cylindrique que l'on obſerve à leur extrémité inférieure, extrémité dont le volume accroît & augmente par la ſuccion, & qui eſt formée d'un tiſſu ſpongieux renfermant l'extrémité des vaiſſeaux mammaires, ſanguins, laiteux & nerveux.

7°. *La ſubſtance* : les *mammelles* étant compoſées d'un aſſembage de corps glanduleux unis les uns aux autres par un tiſſu cellulaire, folliculeux, formant diverſes cloiſons, & accompagnant les tuyaux laiteux juſques à leur fin; pluſieurs glandes plus considérables se trouvant à la circonférence ; les canaux excréteurs de ces mêmes glandes s'ouvrant dans les *mammelles*, & y versant une liqueur blanchâtre mêlée de parties huileuses, tandis que le canal excréteur qui part de chacun des corps glanduleux, se réunissant dans le milieu même de chaque *mammelle*, y forme une espece de sac cellulaire ou de réservoir commun, dans lequel il dépose en même-tems la liqueur destinée à la nourriture du fœtus après sa naissance.

8°. *Le même sinus, ou réservoir commun* présentant plusieurs ouvertures d'une structure singuliere, fermées par une double valvule, l'une inférieure résultant de l'extrémité du canal excréteur de la glande; l'autre supérieure, d'où résulte entre deux un cul-de-sac, & qui recouvre la premiere; ces ouvertures répondant à plusieurs petits tuyaux repliés sur eux-mêmes par des especes de rides, & qui du réservoir se rendent aux *mammelons* où ils s'ouvrent par des orifices imperceptibles à la circonférence des deux trous, dont chacun de ces mêmes *mammelons* est percé; ces mêmes rides ou replis ajoutant encore à l'obstacle que les valvules opposent à la trop libre sortie du lait; obstacle qui ne peut être vaincu qu'autant que l'animal pressant la *mammelle* à coup de nez, donne au lait une telle impulsion que les valvules en sont soulevées & ces petits tuyaux distendus, & qu'autant qu'en tirant à lui le *mammelon*, il détermine la liqueur à couler, comme nous la déterminons nous-mêmes par l'action de traire la cavale.

9°. *Les membranes* consistant principalement dans une tunique particuliere, & en quelque sorte aponévrotique, qui enveloppe & maintient cet ensemble de glandes, de canaux excréteurs & de

T 2

vaiſſeaux, en ſervant comme de poche & de ſac à chaque *mammelle* qu'elle ſépare ; ces ſacs, après les avoir recouvertes, venant s'adoſſer à leur partie moyenne, & formant entr'elles une cloiſon, les tégumens communs les revêtiſſent encore; ils ſont plus fins & plus déliés en cet endroit qu'ailleurs, & garnis dans toute leur épaiſſeur de quantité de follicules glanduleux s'ouvrant par de très-petits orifices à la ſurface de la peau, filtrant une humeur graſſe & huileuſe capable de lubréfier ces parties, & de prevenir les excoriations qui auroient pu réſulter de leur frottement. On trouve des follicules ſemblables à toute la circonférence des *mammelons*.

10°. *Les vaiſſeaux ſanguins, arteres & veines ;* les premiers émanans de l'artere abdominale, & n'étant autre choſe que l'artere honteuſe externe dans le cheval, qui dans la jument conſtitue l'artere mammaire, parce que dès ſa ſortie de l'arcade crurale, elle ſe porte entiérement aux *mammelles* dans leſquelles elle s'évanouit.

Les ſeconds étant d'une part des ramifications de la veine abdominale, & de l'autre des ramifications des veines honteuſes externes ; nous avons donné à celles de ces dernieres ramifications qui ſe portent dans la cavale aux parties dont il s'agit, le nom de *veines mammaires*.

11°. *Les vaiſſeaux nerveux* provenant de quelques filets échappés du nerf crural, & de quelques-uns de ceux qui ſont envoyés par le nerf conſidérable qui naît de la troiſieme ou quatrieme paire ſacrée, & par l'intercoſtal commun aux parties extérieures de la génération.

12°. *Les uſages.* Heureuſement que l'opinion de *Galien* & de *Bauhin* qui ſurement n'a pas été fondée ſur l'analogie, ne ſauroit nous ſéduire ici. Le premier prononça décisivement que les *mammelles* des femmes n'ont été exposées aux regards de l'homme, que pour irriter & pour enflammer ses desirs, comme si la concupiscence de celui-ci ne demandoit pas plutôt un frein qu'un aiguillon. Le second ne craignit pas d'avancer que la proximité du cœur importoit à la parfaite élaboration du lait : pour nous qui ne voulons admettre dans les vues de la nature, que celles qu'elle nous manifeste, nous nous contenterons de regarder les parties dont il s'agit, comme l'organe naturel de la sécrétion de ce suc chyleux qui est le premier & le plus salutaire aliment des corps qui ne sont point formés, dont l'estomac est trop foible, & en qui les parties & les liqueurs nécessaires à la dissolution des autres substances nutritives n'ont point encore assez de force & d'activité, pour extraire de ces mêmes substances la portion chyleuse qu'ils contiennent.

Les Muscles de l'Abdomen.

(Voyez *le Précis myologique* (188, jusques à 194.)

318. ## *Des Visceres Abdominaux.*

Des Visceres Chylopoïetiques.

Du Péritoine.

319. Les tégumens, le pannicule charnu & les muscles abdominaux ouverts & détruits, on apperçoit d'abordune membrane d'un tissu mince, mais serré. Cette membrane est le *péritoine* ; il garnit tout l'intérieur des parois de l'abdomen, & revêt pres-

que tous les viſceres que cette cavité renferme.

On conſidérera :

1°. *Sa forme*; il repréſente un ſac clos & fermé de toute part.

2°. *Le tiſſu cellulaire* dont toute ſa face externe, d'ailleurs cotoneuſe & inégale, eſt pourvue ; ce tiſſu folliculeux eſt compoſé de pluſieurs fibres dont l'arrangement n'a rien de régulier; ellès s'élevent de la ſurface même de cette membrane, & forment une eſpece de ſubſtance réticulaire : il eſt plus délié & moins abondant en certains endroits que dans d'autres ; il unit le *péritoine* à chaque viſcere que cette membrane entoure; il ſe trouve par conſéquent non-ſeulement dans ſa circonférence, mais dans tous les replis que ce ſac fait audedans de lui-même.

3°. *Ses adhérences*, toujours moins intimes aux lieux où le tiſſu cellulaire eſt en plus grande quantité : c'eſt ainſi qu'à la partie ſupérieure de l'abdomen, on le voit éloigné des aponévroſes des muſcles tranſverſes. Il en eſt de même dans le fond du baſſin : c'eſt ainſi qu'il adhere davantage dans le reſte de l'étendue de ces mémes muſcles, & à la portion charnue du diaphragme : c'eſt ainſi enfin que les adhérences en ſont beaucoup plus fortes à leur portion aponévrotique, directement à l'endroit des muſcles droits, & au centre nerveux du diaphragme qu'il ne revêt pas entiérement, le foie étant immédiatement attaché à la portion droite de ce même centre, & le *péritoine* étant forcé de ſe replier à la circonférence de cette attache & de cette jonction.

4°. *Les prolongemens du tiſſu cellulaire* qui n'accompagne pas les vaiſſeaux ſpermatiques comme dans l'homme, la tunique vaginale étant ici formée par la vraie lame du *péritoine*, & son tissu cellulaire ne la suivant, ainsi que les vaisseaux spermatiques, que jusques aux testicules. Il est important de suivre les deux prolongemens suivans; l'un qui entoure la vessie & l'autre qui suit l'intestin rectum; la vraie lame du *péritoine* se bornant dans la partie postérieure de l'abdomen à la cloison par laquelle elle termine dans le fond du petit bassin la cavité propre du bas-ventre; n'accompagnant pas le rectum jusques à son extrémité, & ne couvrant de la vessie que la partie antérieure, toute la face supérieure & la face inférieure, jusques à trois travers de doigt au-devant des os pubis, cette poche étant pleine; car quand elle est vuide, sa rentrée dans le bassin nous dérobe ce fait; ce qui reste du rectum & de la vessie au-dessous de cette cloison n'est par conséquent enveloppé que du tissu cellulaire, d'où résultent les deux prolongemens dont il s'agit, l'un d'eux se bornant à la face interne des muscles de l'anus, l'autre se terminant également à ces mêmes muscles, mais accompagnant jusques-là le col de la vessie.

5°. *L'ouverture de ce même sac* ensuite d'une grande incision cruciale; de grosses masses intestinales se montrant d'abord, recouvrant, cachant toutes les autres parties & résultans des intestins colon & cœcum, qui seuls reposent sur les muscles abdominaux, & le sac ne renfermant ni les reins, ni les ureteres, ni le tronc de l'aorte, ni celui de la veine cave, mais fournissant des enveloppes aux intestins, au foie, à l'estomac, à la rate, à l'épiploon, &c.

6°. *Ses enfoncemens*, qui ont lieu sur lui-même de dehors en dedans, & au moyen desquels chaque viſcere ſe trouve logé, entouré & niché, ſans être néanmoins contenu dans la cavité du ſac, puiſqu'ils ne ſont revêtus que par ſa face externe, cette membrane ſe prolongeant à l'effet de les recevoir & de les envelopper : c'eſt ainſi que le *péritoine*, après avoir couvert le diaphragme, excepté dans le lieu de l'adhérence du foie, ſe replie, comme je l'ai dit, autour de cette adhérence, s'étend ſur ce viſcere & l'enveloppe : c'eſt ainſi qu'à l'endroit de l'œſophage il ſe prolonge pour revêtir l'eſtomac : c'eſt ainſi que près des vertebres lombaires, il s'enfonce conſidérablement pour former le méſentere, & ceindre tout le canal inteſtinal : c'eſt ainſi qu'il revêt la rate & la matrice, &c.

7°. *Les duplicatures ou replis* qui n'admettent aucun intervalle entr'eux que celui qui eſt néceſſaire pour loger le tiſſu cellulaire; ces duplicatures formant, par exemple, le méſentere juſques au lieu où le *péritoine* s'écarte pour envelopper les inteſtins, & conſtituant des ligamens tels que les deux ligamens latéraux du foie, ſon ligament falciforme, les deux ligamens qui aſſujettiſſent le colon, les ligamens larges de la matrice, ceux qui accompagnent les arteres ombilicales & la veine de ce nom qui ſe trouve dans le ligament falciforme.

8°. *Sa face interne* liſſe, polie & ſans ceſſe lubréfiée par une humidité vaporeuſe, qui tranſude dans toute ſon étendue au moyen de nombre de poroſités répondant aux extrémités des artérioles ſéreuſes ou ſanguines, & dont le diametre ne peut admettre que cette vapeur; ſéroſité repompée par des pores ſemblables, dépendans des veines ſanguines & ſéreuſes, de maniere que le renouvellement continuel en prévient la perversion & tout dépôt, tant que les pores exhalans & absorbans sont dans un état naturel. Cette rosée étoit d'ailleurs aussi nécessaire au *péritoine* que par-tout ailleurs, attendu les frottemens que cette membrane éprouve.

9°. *Les vaisseaux sanguins & nerveux :* le *péritoine* participant de ceux qui l'avoisinent au moyen de quelques ramifications des diaphragmatiques, des lombaires, des iliaques, des sacrées, des mésentériques, &c. & des filets qu'il reçoit des nerfs lombaires, de la premiere paire des sacrées & des différens plexus de l'abdomen.

10°. *Ses usages :* son tissu cellulaire unissant, ainsi que je l'ai dit, la vraie lame avec toutes les parties qu'elle touche, garnissant des espaces, maintenant quelques portions dans leur position, la vraie lame étant l'enveloppe & la membrane commune de tous les visceres qu'elle recouvre, &c.

De L'Epiploon.

320. *L'épiploon* nommé *reticulum*, *omentum* par les latins, est une membrane moins graisseuse dans le cheval que dans l'homme, & qui dans l'animal ne s'étend & ne se propage pas assez pour former la sorte de hernie que l'on appelle *épiplocele*.

Il faut considérer :

1°. *Sa situation ;* il est en quelque maniere replié & comme entassé entre l'estomac, les gros intestins & les intestins grêles : ici il ne se montre donc pas d'abord à l'ouverture de l'abdomen, & ne se répand pas comme dans l'abdomen humain sur les replis du canal intestinal.

2°. *Ses connexions*, d'abord au ventricule, tout le long de la grande courbure depuis le grand cul-de-sac jusques au pylore, à une portion du duodenum du côté droit, au pancréas, à toute la scissure de la rate du côté gauche, ensuite, & après un prolongement de la longueur d'environ un pied entre les intestins, à l'arc que fait le colon en passant sous l'estomac & à la portion de la veine cave qui régne tout le long du foie; là est une ouverture ovalaire par laquelle il est très-facile d'introduire de l'air dans cette poche.

3°. *Sa figure*, qui est celle de l'espece de filet que les pêcheurs nomment *épervier :* quelquefois il se prolonge en formant autant de poches & d'entrelacemens en forme d'ance autour des intestins, & en adhérant aux muscles transverses du bas-ventre.

4°. *Sa substance* qui est membraneuse; l'*épiploon* étant composé de deux, lames qui toutes deux prennent leur origne de l'estomac, c'est-à-dire, que le péritoine qui est la premiere tunique de ce viscere après l'avoir recouvert, se propage de dessous la grande courbure pour former la membrane dont il s'agit. Le tissu cellulaire qui unit ces deux lames est si fin & si délié, qu'elles sont comme indivisibles, excepté dans les intervalles où il se trouve garni de graisse, & où il présente ce que nous nommons les *bandelettes graisseuses.*

5°. *Le prolongement* d'où résulte *le petit épiploon* ; celui-ci étant de la largeur d'environ un demi-pied, & s'étendant du côté gauche depuis la partie moyenne de la grande courbure de l'estomac, jusques auprès de son orifice antérieur; il est formé par l'adossement des deux lames dont j'ai parlé; ensorte que quoiqu'il ne paroisse que sous la forme d'une membrane, il est néanmoins composé de quatre lames unies par le tissu cellulaire qu'on peut séparer, soit par le moyen du souffle, soit par le moyen du déchirement des lames. Il est au surplus couché sur la rate; ses connexions sont à cette partie, à la courbure du colon qui lui répond, au pancréas, & au grand *épiploon* dont il est, ainsi que je l'ai observé, une production.

6°. *Ses vaisseaux*, qui sont principalement les gastro-épiploïques droites & gauches, arteres & veines, & ses nerfs étant des filets émanans des plexus hépatiques & stomachiques.

Du reste les vaisseaux adipeux, dont quelques anatomistes du corps humain ont supposé l'existence, & qu'ils ont cru nécessaires à la circulation de la graisse, sont encore à découvrir. D'ailleurs on peut & l'on doit présumer que dans *l'épiploon*, comme par-tout ailleurs, la graisse suinte & sort des porosités ou des extrémités des arteres : déposée ensuite dans les cellules du tissu cellulaire, elle y acquiert une certaine consistance par son séjour, & peut ensuite être absorbée & repompée par de semblables pores veineux, & gagner ainsi le torrent de la circulation.

7°. *Ses usages*, qui, vu sa situation, ne sauroient être ici comme dans l'homme, d'adoucir les frottemens que la résistance du péritoine fait essuyer au ventricule. Ils semblent se borner dans l'animal à aider & à favoriser la préparation de la bile par la partie grasse qu'il fournit, & qui est portée par les ramifications de la veine porte dans le foie; à temperer l'acrimonie des humeurs; à fournir au sang dépouillé de beaucoup de sérosités, ensuite de toutes les sécrétions exécutées dans l'abdomen, des parties huileuses capables de le rendre plus fluide; à prévenir enfin les obstructions & les engorgemens que son trop d'épaississement pourroit occasionner dans le foie.

De l'Œsophage.

321. Quoiqu'il n'y ait qu'une très-petite portion de *l'œsophage* dans la cavité que nous examinons, nous ne pouvons nous dispenser de décrire ici ce tube cave, membraneux & charnu répondant au pharynx, c'est-à-dire, à un sac musculeux & membraneux qui en est le commencement & comme le pavillon, & qui répond lui-même à la bouche.

Nous en considérerons donc :

1°. *La longueur*, qui est d'environ trois pieds & demi dans un cheval ordinaire; ce canal depuis son principe, s'étendant le long de l'encolure & de la poitrine jusques à l'estomac, auquel il se termine dès son entrée dans le bas-ventre.

2°. *Le volume* ou le *diametre* qui est de deux ou trois pouces, lorsque néanmoins il ne contient aucun aliment, son élasticité étant telle qu'il est resserré au point de n'admettre aucun vuide dans son milieu; mais il n'en est pas moins susceptible de dilatation, puisqu'il peut donner passage à des pelottes de fourage qui sont communément de la grosseur d'un œuf, & qui pourroient être encore plus considérables.

3°. *La couleur*, rougeâtre au-dehors & semblable à celle des chairs, & blanchâtre au dedans, au moyen de la membrane aponévrotique qui en revêt l'intérieur.

4°. *Le trajet*, le long de l'encolure directement au-devant des vertebres cervicales, en arriere de la trachée artere, entre les carotides & les jugulaires, un peu plus néanmoins à gauche qu'à droite, comme dans l'homme (car il paroît que l'illustre M. *Morgagny* est le seul qui l'ait vu descendre du côté droit), ce que l'on apperçoit aisément, & même à l'extérieur dans le tems de la déglutition, malgré la peau & les autres parties qui garnissent en cet endroit l'encolure; on peut suivre de l'œil la descente des alimens solides & même liquides dans ce canal, & elle n'est sensible que quand on la considere du côté gauche; ce même canal entrant ensuite dans le thorax par l'intervalle que laissent les deux premieres côtes & le sternum, ayant alors (sa situation devenant horisontale d'oblique qu'elle étoit) la trachée-artere au-dessous de lui, jusqu'à ce qu'elle se termine en bronches & se perde dans les poumons : il poursuit ensuite sa route, en suivant toujours la colonne osseuse des vertebres du dos, & d'ailleurs enveloppé du tissu cellulaire du médiastin, dans lequel il chemine jusques à l'ouverture oblongue placée dans le centre du petit muscle du diaphragme, ouverture qui lui livre un passage, & deux travers de doigt, après laquelle il se termine au ventricule.

5°. *La substance*, véritablement charnue & membraneuse; ce viscere étant revêtu d'une membrane extrémement mince, qui n'est qu'un tissu cellulaire qui lui sert d'enveloppe; sa portion principale étant composée de fibres musculeuses dont la direction est telle qu'elles sont rangées sur deux plans; les unes & les plus nombreuses n'étant pas absolument circulaires, mais légérement spirales; les autres s'étendant d'une extrémité à l'autre, marchant un peu obliquement depuis la partie supérieure du canal, & suivant une direction vraiment longitudinale à l'extrémité inférieure où elles sont plus fortes & plus apparentes; elles ne paroissent avoir d'autres usages que de soutenir les premieres, soit dans leur situation, soit dans leur contraction; une membrane cellulaire, semblable à celle que l'on trouve dans l'estomac, s'unissant d'une maniere très-lâche à cette tunique charnue, & adhérant étroitement à la tunique aponévrotique qui est blanche, comme nous l'avons dit, & d'un tissu très-fort & très-serré. Cette derniere tunique n'ayant aucune force élastique, & étant privée par conséquent de la faculté de se contracter après avoir été distendue, conservant toujours plus d'ampleur que ne lui en permet la cavité de l'œsophage quand il est resserré, étant par une suite nécessaire plissée dans toute son étendue, & ses plis s'effaçant lorsque, dans la déglutition, les alimens forcent & ouvrent le canal. Elle est au surplus intérieurement tapissée d'une membrane très-déliée, qui est la même que la membrane épidermoïde de l'estomac, & qui n'en differe en rien. Une matiere mucilagineuse qui paroît principalemeut due au pharynx & à l'arriere-bouche, où l'on trouve une quantité de cryptes qui peuvent la fournir, l'enduit encore & rend le passage plus glissant. On doit croire que cette humeur coule toujours spécialement de cette source dans le canal dont il s'agit, & plus particuliérement quand elle y est entraînée avec les alimens, & nous ne pensons pas qu'ici les sucs œsophagiens soient des sucs digestifs, comme ils le sont dans les oiseaux granivores, dans l'aigle, dans le castor, &c.

6°. *Les vaisseaux sanguins*; les artériels, naissant immédiatement de l'aorte dans le thorax, & quelquefois des bronchiques, quelques rameaux dépendans des carotides se portant aussi le long de l'encolure à ce canal; quant aux veines, celles qui ſe trouvent dans le thorax ſe rendent dans la veine azygos ; & celles qui ſe trouvent le long de l'encolure, dans les veines jugulaires.

7°. *Les vaiſſeaux nerveux* lui étant fournis par la huitieme paire, par l'intercoſtal & par les cervicaux.

8°. *Les uſages.* Ce canal ſervant à la déglutition au moyen de la contraction de ſes fibres charnues, contraction ſucceſſive & toujours opérée en arriere des alimens à chaſſer du côté du ventricule, contraction en même-tems très-forte, & qui aide ſouvent la marche des matieres forcées de monter perpendiculairement, car l'animal herbivore paiſſant la tête baſſe, n'eſt point obligé de la relever pour en faciliter la deſcente dans l'eſtomac, où d'ailleurs dans l'homme même elles ne ſe précipitent point par leur propre poids, ainſi que pluſieurs anatomiſtes l'ont prétendu, puiſque quand il eſt couché, elles n'en parviennent pas moins dans le ventricule, & que l'on voit tous les jours des farceurs manger, boire & avaler, leur corps étant poſé perpendiculairement ſur leur tête.

Du Ventricule ou de l'Eſtomac.

322. L'eſtomac eſt un ſac membraneux contenu dans l'abdomen.

On en examinera :

1°. *La ſituation* directement en arriere du diaphragme, aſſez près des vertebres des lombes, & dans la partie moyenne & latérale gauche de cette cavité, de maniere que la portion droite eſt recouverte par le foie, la portion gauche par la rate, toute la face inférieure étant cachée par les gros inteſtins ſur leſquels il repoſe.

2°. *Les connexions* ou les *attaches* par le moyen

de l'œsophage, d'une autre part par des vaisseaux sanguins communs à ce viscere, ainsi qu'au foie & à la rate; du reste, il est maintenu par toutes les parties qui l'environnent, principalement par le diaphragme & par les intestins.

3°. *Le volume*, qui varie dans les différens individus; cette poche d'ailleurs vuide ayant environ un pied de circonférence, & trois ou même quatre lorsqu'elle est pleine, sa longueur qui est en travers augmentant en volume dans cette proportion.

4°. *La figure*, qui est presque ronde & qui approche de celle d'un rein.

5°. *Les faces*, qui sont un peu plus planes que le reste, & qui sont tellement obliques dans leur situation, qu'elles ne sont ni totalement en-dessus & en-dessous, ni totalement en-avant & en-arriere. L'inférieure qui se présente la premiere regardant légerement le diaphragme qui est en-devant, & les gros intestins qui sont en-dessous; la supérieure ne regardant pas moins la partie postérieure de l'abdomen que les vertebres des lombes, ces diverses positions variant au surplus, selon que le viscere est plein ou vuide.

6°. *Les courbures* formées par l'intervalle des deux faces; la grande comprenant la convexité de *l'estomac*, & s'étendant en longueur d'une extrémité à l'autre; la petite qui lui est opposée étant concave, & comprenant seulement l'intervalle qui est entre les deux orifices.

7°. *Les extrémités* dont la grosse appelée aussi le *grand cul-de-sac*, est à gauche, & la petite à droite.

8°. *Les orifices* au nombre de deux, l'un antérieur & l'autre postérieur; le premier répondant

à

à l'œsophage, terminant ce canal & formant le commencement de *l'estomac*; l'œsophage faisant en cet endroit une courbure qui résulte de sa direction & de celle du *ventricule*, & cet orifice étant garni d'un nombre considérable de fibres extrêmement fortes, qui le resserrent étroitement; elles ne sont que la continuation de celles de l'œsophage qui viennent se confondre avec celles de *l'estomac*.

Le second orifice, ou *l'orifice postérieur* offrant un passage aux alimens qui doivent sortir du viscere, comme l'orifice antérieur leur en offre un pour leur entrée, & n'étant éloigné de celui-ci que de cinq à six pouces; il forme le commencement du canal intestinal; il paroît extérieurement fort & épais au toucher, attendu qu'il est grossi par le rapprochement de toutes les fibres des membranes du viscere en cet endroit, & par les fibres circulaires de la membrane musculeuse qui y forment une espece de sphincter; ainsi elles le tiennent resserré de façon qu'il s'oppose à la trop grande facilité de la sortie des alimens : c'est eu égard à cet usage que cet orifice a été appelé *pylore*; quoiqu'il soit étroit & resserré, il l'est cependant beaucoup moins que l'antérieur : on le distingue extérieurement du canal intestinal, non-seulement par la dureté que l'on sent en le touchant, mais par une légere dépression qui est directement où commence l'intestin.

9°. *La substance* : ce viscere paroissant d'un tissu extrêmement fort, quoiqu'en plus grand partie membraneux.

10°. *Les membranes* au nombre de quatre & même de cinq. *La premiere & l'externe* étant la moins forte, & étant fournie par le péritoine, d'où elle eſt appelée *tunique commune*, parce qu'elle eſt la même que celle qui revêt la plupart des autres viſceres de l'abdomen ; ſa face externe étant tres-unie, ſa face interne étant cellulaire, & ce tiſſu cellulaire, s'inſinuant dans l'intervalle des fibres muſculaires dont je vais parler.

La ſeconde étant la plus forte, charnue plutôt que membraneuſe, & formant principalement le corps du *ventricule* : dans pluſieurs chevaux, elle ne préſente pas des fibres longitudinales, elles ſemblent toutes ſpirales ou circulaires : il eſt deux plans très-ſenſibles de celle-ci *dans le grand cul-de-ſac* ; le plan extérieur paroiſſant être la continuation des fibres ſpirales de l'œſophage, dont une partie parvenue à *l'eſtomac*, s'étend ſur toute l'étendue de la *petite courbure*, ſe porte circulairement ſur les *deux faces*, & ſe termine par l'entrelacement des unes & des autres ; l'autre partie paſſant par-deſſus le plan interne en le croiſant, toutes ces fibres étant très-entaſſées près de *l'orifice antérieur*, s'épanouiſſant enſuite ſur la *groſſe extrémité* circulairement en ſe terminant en tourbillons ſur le fond du viſcere. L'autre plan ou le plan intérieur, formant une eſpece de cravatte qui s'étend de chaque côté ſur *la petite courbure* en croiſant le plan externe ; ſes fibres parvenues à environ la portion moyenne de cette *courbure*, ſe portant en plus grande partie de chaque côté du *grand cul-de-ſac* ſur tout lequel elles s'étendent quelquefois, de maniere qu'elles compoſent un double plan ; elles forment des circulaires, & ſe terminent au fond du *ventricule* de la même maniere que celles du plan extérieur, c'eſt-à-dire, en tourbillons : elles ſe croiſent avec celles de ce même plan dans toute leur marche : quant aux autres fibres du plan intérieur, elles se portent circulairement sur les *faces* ; là, elles sont plus déliées & moins fortes. Au surplus, il est entre les deux plans quantité de fibres qui partent du plan externe des fibres de la tunique charnue de l'œsophage : ces mêmes fibres se propagent longitudinalement, & se répandent l'espace d'environ cinq à six travers de doigt sur *l'estomac* & à la circonférence de *l'orifice antérieur*, en croisant indifféremment toutes les autres fibres, & se perdant dans sa substance ; les autres fibres longitudinales qu'on peut observer dans un grand nombre de chevaux sur les surfaces de ce viscere, paroissant naître du *grand cul-de-sac*, & s'étendre sur les deux *faces* ; celles qui regnent le long de la *grande courbure*, & qui s'étendent jusques au *pylore*, cheminent vraiment longitudinalement ; la marche des autres sur les deux *faces* est légérement oblique ; elles s'écartent un peu en se croisant dans leur trajet, & vont se perdre dans la *petite courbure* & dans le *pylore*. Toutes ces fibres musculaires qui diminuent d'épaisseur dans leur route & deviennent presqu'insensibles, ne sont pas d'ailleurs exactement réunies ; le tissu cellulaire dont j'ai parlé, pénetre dans leurs interstices, & joint d'une maniere très-lâche la membrane qu'elles forment avec la tunique qui suit.

Cette tunique est la *troisieme membrane* unie très-intimement au moyen du même tissu par sa face interne à la *membrane veloutée ;* elle est blanche ; elle a été appelée *nerveuse* par quelques-uns, à raison sans doute de la quantité de filets nerveux qui se distribuent dans sa substance, & *tendineuse* par quelques autres qui ont faussement pensé que toutes les fibres de la membrane musculeuse se terminoient par des tendons, & compoſoient ainſi celle dont il s'agit, & dans la ſubſtance de laquelle on trouve ſouvent quelques corps glanduleux parſemés çà & là, dont les orifices excréteurs vont vraiſemblablement s'ouvrir dans l'eſtomac.

La quatriéme tunique dite *veloutée* ou *mammelonnée*, préſente deux faces ; l'une externe qui eſt blanche & d'un tiſſu ferme & ſerré ; l'autre interne qui paroît partagée en deux portions que l'on diroit être entiérement diſſemblables. La portion qui garnit *l'orifice antérieur* & toute la *groſſe extrémité*, c'eſt-à-dire, plus d'un tiers du *ventricule*, eſt une continuation de celle qui tapiſſe intérieurement l'œſophage : elle eſt de même nature, en quelque façon aponévrotique, blanche, d'un tiſſu ſerré & parſemée de rides & de plis plus légers que ceux de l'autre portion, excepté à l'endroit même de *l'orifice* où ils ſont très-conſidérables : elle paroît beaucoup plus ample que la cavité de ce même *orifice* qui eſt toujours fermé ; or ne ſe retirant point ſur elle-même comme les fibres charnues qui le compoſent, elle ſe pliſſe ; & les plis qu'elle forme à cette ouverture ſont en long, & garniſſent entiérement cette cavité : de plus, à meſure qu'elle s'étend dans le *ventricule*, ces mêmes plis ou rides ſont comme entaſſés & confondus les uns dans les autres, de façon qu'il en réſulte un embaras que l'on peut à peine débrouiller lorſque le *ventricule* étant ouvert, on veut pouſſer le doigt du *ventricule* dans l'œſophage ; cette même membrane devient enſuite *mammelonée*, & telle en eſt la ſeconde portion. Ce changement ne s'exécute pas inſenſiblement & peu-à-peu, il eſt marqué par une ligne circulaire & aſſez égale ; & ſi l'on n'examinoit pas ſcrupuleuſement cette ſtructure, on ſeroit diſpoſé à croire que la membrane *aponévrotique* dans une de ſes portions & *veloutée* dans l'autre, forme deux membranes différentes & ſeulement unies; mais des recherches ſérieuſes démontrent une même continuité, ſur-tout quand on conſidere cette tunique à l'extérieur, & du côté de la troiſieme membrane, on ne remarque alors nulle différence : on en voit bien moins au-dehors du ventricule, ſur-tout lorſqu'il eſt vuide; car alors reſſerré ſur lui-même il en eſt plus épais; ce n'eſt qu'en ſoufflant, ou en amincissant les tuniques que l'on peut appercevoir par leur tranſparence, ou ſentir par le maniement la ligne qui ſépare ces deux portions. La *mammelonée* eſt garnie d'une ſorte de duvet très-difficile à obſerver, formé ſans doute par l'arrangement lâche des fibres qui terminent ſa ſuperficie, & par les orifices des canaux excréteurs des cryptes ou follicules glanduleux nichés dans ce duvet, d'où réſultent des eſpeces de *mammelons* très-peu ſenſibles à la vérité: l'une & l'autre de ces portions ſont humectées par une humeur moins mucilagineuſe, moins viſqueuſe & moins épaiſſe dans la premiere que dans la ſeconde où elle eſt conſidérable, & qu'elle enduit & lubréfie viſiblement comme les inteſtins, où elle eſt appelée *humeur inteſtinale*, tandis qu'ici elle eſt nommée *ſuc gaſtrique*.

La cinquieme tunique enfin eſt une ſorte d'épiderme qui tapiſſe intérieurement la quatrieme, mais ſeulement dans la *portion aponévrotique*, car elle ne paroît point revêtir la portion *mammelonée*, & cette tunique eſt tellement déliée; que nous croyons pouvoir la nommer *tunique épidermoïde*.

11°. *Les vaiſſeaux* qui ſont arteres, veines &

nerfs; l'artere coronaire ſtomachique, l'une des trois branches qui font la diviſion de l'artere cœliaque, étant aſſez conſidérable, & ſe portant par un trajet fort court *à la petite courbure* du côté de *l'orifice antérieur*, où elle ſe partage en deux branches qui, le long de cette *courbure*, ſe propagent juſques à *l'orifice poſtérieur* où elles s'anaſtomoſent. Les premiers rameaux de ces deux branches embraſſent le premier de ces *orifices*; les autres ſe répandent ſur les ſurfaces du viſcere, & s'anaſtomoſent du côté de la *groſſe extrémité* avec les vaiſſeaux courts, & dans le reſte de l'étendue du *ventricule* avec les gaſtro-épiploïques. La gaſtro-épiploïque droite eſt une branche de l'artere hépatique, & celle-ci une diviſion de la cœliaque: elle gagne la *petite extrémité* du viſcere, & regne le long de la *grande courbure* où elle s'anaſtomoſe avec la gaſtro-épiploïque gauche. Ses ramifications collatérales ſont en grand nombre, elles ſe répandent les unes ſur les deux *faces* du *ventricule* où elles s'uniſſent aux coronaires ſtomachiques, & les autres ſe diſperſent dans l'épiploon. L'artere hépatique fournit encore une petite branche détachée de celle-ci, & qui ſe diſtribue à *l'orifice poſtérieur* à l'endroit du *pylore*: on la nomme *artere pylorique*; elle s'anaſtomoſe auſſi avec les précédentes. La gaſtro-épiploïque gauche eſt une branche de l'artere ſplénique, qui dépend auſſi de la cœliaque; elle part de cette artere à quelque diſtance de ſon inſertion dans la rate & gagne, du côté de la *groſſe extrémité*, la *grande courbure* où elle ſe joint à celle du côté oppoſé, & ſe diſperſe également au *ventricule* & à l'épiploon; de-là la dénomination de gaſtro-épiploïque accordée à ces arteres. Les vaiſſeaux courts enfin (*vaſa brevia*), ſont, quant aux arteres, deux ou trois rameaux qui s'échappent de la ſplénique fort près de la rate, & qui ſe propagent & ſe diſtribuent à la *groſſe extrémité* où ils s'anaſtomoſent avec les autres vaiſſeaux.

Les veines gaſtriques ſont en même nombre quant à leurs troncs, & dépendent toutes de la veine porte : la coronaire ſtomachique en eſt un des premiers rameaux; elle ſuit les diſtributions de l'artere de ce nom dans toute la *petite courbure*, & ſe jette dans le ſinus de la veine porte : la gaſtro-épiploïque droite dépend auſſi du tronc de cette veine, mais elle en ſort au côté oppoſé, c'eſt-à-dire, que la coronaire ſtomachique ſort de ſa partie antérieure, tandis que celle-ci naît de ſa partie poſtérieure. La gaſtro-épiploïque gauche part de la branche de la veine porte, que l'on nomme *ſplénique*, ainſi que les veines qui forment avec les arteres les vaiſſeaux courts; ces veines ſuivent la même marche & s'anaſtomoſent ainſi que les arteres dont elles ne different qu'en ce que, comme par-tout ailleurs, elles ſont plus groſſes & offrent un plus grand nombre de ramifications : c'eſt auſſi un petit rameau de ces branches qui répond à l'artere pylorique : au ſurplus la diſtribution de tous ces vaiſſeaux ſe fait entre les tuniques même de *l'eſtomac*; ils ſont ſoutenus par le tiſſu cellulaire qu'on obſerve entre ces membranes.

Les nerfs ſont des filets détachés de la huitieme paire.

Quant aux vaiſſeaux lymphatiques, ils ſe portent au réſervoir du chyle.

12°. *Les uſages* : ce viſcere étant le principal organe de la digeſtion, il reçoit les alimens liquides & ſolides, il les retient; ces alimens s'y diſſolvent, ils y ſont aſſimilés aux autres parties de l'animal; ce qui peut être changé en chyle en eſt extrait; le *ventricule* les laiſſe paſſer enſuite dans les inteſtins, après en avoir peut-être abſorbé la partie la plus tenue & la plus ſubtile; enfin c'eſt dans ce viſcere que réſide cette ſenſation que l'on nomme la *faim*, ſenſation merveilleuſe & qui ſemble avoir été accordée à l'homme ainſi qu'aux animaux, non pour les avertir, ſuivant l'opinion reçue depuis *Galien*, que leurs veines ſont vides, mais pour les inviter à prévenir machinalement les ſuites du frottement des ſolides & de l'acrimonie des humeurs, en les adouciſſant par une nouvelle nourriture, ou par un nouveau chyle (1).

Des Inteſtins.

323. *Les Inteſtins* forment un canal membraneux qui depuis l'eſtomac s'étend juſques à l'anus.

Il faut en conſidérer :

1°. *La diviſion* en inteſtins gros & en inteſtins grêles.

Les *inteſtins grêles* ſont ſubdiviſés dans l'homme en trois portions compriſes ſous la dénomination de *duodenum*, de *jejunum* & *d'ileum*; mais cette ſubdiviſion étant en quelque maniere idéale, nous ne l'admettrons point ici.

Quant aux *gros inteſtins* ſubdiviſés en trois portions, nous leur conſerverons les noms de *cæcum*, de *colon* & de *rectum*.

2°. *La longueur* qui, dans un cheval ordinaire,

(1) Nous imprimerons à la ſuite de cet ouvrage des recherches ſur les cauſes de l'impoſſibilité dans laquelle les chevaux ſont de vomir, ainſi que la deſcription & les uſages des eſtomacs dans les animaux ruminans.

eſt d'environ vingt-ſept ou vingt-huit aunes, y compris néanmoins l'œſophage & l'eſtomac, enſorte que les *gros inteſtins* en ont environ cinq ſix ou ſept, & les *inteſtins grêles* environ dix-huit ou dix-neuf (1).

3°. *Le diametre*, celui des *inteſtins grêles*, uniforme dans toute leur étendue, ſi ce n'eſt dans la longueur d'un ou deux pieds à leur proximité du ventricule, & par-tout ailleurs égalant à peine la groſſeur des *inteſtins grêles* humains, le volume des *gros inteſtins* étant énorme & très-conſidérable (2).

4°. *La ſituation* dans l'abdomen qu'ils rempliſſent exactement les uns & les autres, de maniere qu'ils ſe préſentent & s'échappent promptement à la moindre ouverture faite aux parties contenantes; leur poſition étant toujours la même, parce que la grande cavité qui les renferme n'admettant aucun vide, ils ſont maintenus par les parois de cette même cavité, & par les autres viſceres qui en occupent un certain eſpace (3).

---

(1) Dans le bœuf & dans le mouton, la longueur totale eſt bien plus conſidérable, celle des *inteſtins* du bœuf, étant d'environ quarante-deux aunes, & celle de ceux du mouton d'environ trente-quatre.

(2) Les *inteſtins grêles* du bœuf ſont a peine égaux en diametre aux *inteſtins grêles* du cheval, & les *gros inteſtins* n'excédent pas de beaucoup celui des premiers; eu égard aux *inteſtins grêles* du mouton, ils ſont d'un volume quatre fois moindre que celui du bœuf, ils ſubiſſent pluſieurs changemens dans leurs contours & dans leur amplitude; il en eſt de même du diametre des *gros inteſtins*, ſi nous en exceptons le cœcum & environ deux pieds du colon que nous trouvons différer très-peu de la groſſeur des *gros inteſtins* du bœuf.

(3) Ce ſont l'épiploon & la panſe qui s'offrent d'abord

5°. *Les connexions* aux vertebres lombaires par une membrane qui les captive, & que nous nommerons le mésentere (1).

6°. *Les circonvolutions* sans lesquelles toute cette masse intestinale n'auroit pu être contenue dans cette capacité; celles des *intestins grêles* n'ayant aucune régularité qu'il soit possible d'observer & de désigner; ces mêmes *intestins* étant contenus entre l'estomac, les *gros intestins*, le bassin & les lombes, ensorte qu'ils ne se montrent qu'après qu'on a enlevé les *gros intestins*; & ce canal qui commence au pylore se portant assez constamment & dans son principe à côté & un peu au-dessus de la petite extrémité de l'estomac; allant gagner le voisinage des vertebres lombaires, faisant dans ce trajet une courbure, passant sous le paquet de l'artere & de la veine mésentérique, & se trouvant ensuite confondu avec la suite des circonvolutions des *gros intestins* (2).

---

a l'ouverture de l'abdomen du bœuf & du mouton, les *intestins* étant placés du côté droit, & la panse occupant les trois quarts de cette cavité.

(1) Dans le bœuf & dans le mouton outre ces mêmes attaches à ces vertebres, ils adherent encore au pancréas, à l'épiploon & à la panse.

(2) Si nous suivons dans le bœuf celles des *intestins grêles*, nous voyons en général ces *intestins* ramper sur la panse & cheminer constamment dans le côté droit, depuis le foie jusques au bassin où ils se montrent en partie ensuite d'une incision faite pour pénétrer dans cette cavité, leurs contours étant moindres, plus réguliers, plus rapprochés & plus nombreux que dans le cheval, le mésentere ayant aussi moins d'étendue, & ces mêmes *intestins* ne se confondant point avec les gros.

La premiere portion de ce canal qui prend naissance du quatrieme estomac, fait plusieurs contours du côté droit en adhérant au foie, & chemine par quelques inflexions le

Les circonvolutions des *gros inteſtins* qui ſe préſentent les premiers à l'ouverture du bas ventre, étant très-marquées.

Le *cæcum* étant poſé en long du côté droit, ſa baſe étant du côté des os des iles, d'où il s'étend tout le long de la partie inférieure de l'abdomen, entre la premiere & la ſeconde courbure du colon, juſques à environ un pied du cartilage xiphoïde où il ſe termine en pointe; cette pointe en formant le cul-de-ſac ou le fond, & ſa baſe ſe terminant par une portion d'environ un pied de longueur, & du *volume d'un inteſtin grêle* (1).

Le *colon* commençant par cette même baſe, ſe portant en droite ligne depuis le baſſin juſques auprès du diaphragme, où il ſe recourbe & deſcend le long de la partie latérale gauche juſques au baſſin où il ſe recourbe de nouveau en diminuant de volume, & en remontant encore du côté du diaphragme; là, par une troiſieme courbure, & ſon diametre étant conſidérablement augmenté, il redeſcend parallélement à la premiere portion juſques au rein gauche, d'où il remonte par une portion un peu moins ample, & rentrant en deſ-

---

long des parties latérales des lombes au-deſſus des *gros inteſtins* juſques au baſſin, tandis que les deux autres portions diſtinguées dans l'homme par les noms de *jejunum* & *d'ileum*, occupent les lombes & le reſte de ce même baſſin, & ſe terminent au cœcum.

(1) Celui du bœuf differe en ce qu'il occupe la partie latérale droite de la panſe. Il eſt de plus moins volumineux, égal dans toute ſon étendue; il ſe termine au baſſin, en avant des os iléon par un cul-de-ſac arrondi, ſa bâſe, du côté des lombes, donnant naiſſance au colon, tandis que dans le mouton le cul-de-ſac s'enfonce dans le baſſin même.

ſous de ces circonvolutions où il perd beaucoup encore de ſon volume, il ſe confond avec les *inteſtins grêles*, & ſe porte au moyen de quelques nouveaux détours juſques auprès des vertebres lombaires (1).

Le *rectum* n'étant qu'une continuation du *colon* enſuite de ſon approche de ces mêmes vertebres, & marchant en ligne droite depuis ce lieu juſques à l'anus; c'eſt de ce dernier trajet qu'il tire le nom par lequel il eſt déſigné (2).

7°. *Les tuniques* au nombre de quatre, plus conſidérables dans les *gros inteſtins* que dans les *inteſtins grêles* (3).

La premiere nommée *tunique commune*, dépendante du péritoine, fournie par l'intermede du

---

(1) Le diametre du *colon* du bœuf eſt un peu plus ample que celui des *inteſtins grêles*. Il eſt uniforme dans toute ſa longueur. Il fait à la partie moyenne du bas-ventre pluſieurs circonvolutions ovalaires très-rapprochées les unes des autres & unies par le méſocolon, qui dans cet endroit eſt très-étroit. Cet *inteſtin* ſe porte enſuite en ligne droite le long de la partie latérale droite des vertebres lombaires juſques au rectum.

Dans le mouton le diametre eſt égal à celui du *cœcum* de ce même animal, pendant l'eſpace d'environ deux pieds, après lequel il diminue de volume, fait des circonvolutions ſemblables à celles du *colon* du bœuf, & augmente encore en groſſeur juſques à ſa terminaiſon.

(2) Il differe, 1°. dans le bœuf, en ce qu'il ne préſente ni boſſes, ni cavités, & en ce que ſes membranes ſont moins fortes, 2°. dans le mouton, en ce que ſes tuniques en ſont moins fortes encore, plus déliées, & en ce que cet *inteſtin* eſt conſidérablement entouré & enveloppé de graiſſe.

(3) Et un peu plus foibles dans le bœuf & dans le mouton.

mésentere que forme ce même péritoine, & l'écartement cylindrique que l'on trouve à l'extrémité de son repli, étant proprement cette même tunique.

La seconde *charnue*, composée de deux plans de fibres, dont les premieres longitudinales, & s'étendant selon toute la longueur du canal; les autres circulaires & coupant celles-ci à angles droits; les unes & les autres favorisant dans les intestins un mouvement vermiculaire ou péristaltique très-sensible dans l'animal, & encore plus frappant dans les *intestins grêles* que dans les *gros*; ce mouvement d'ondulation commençant toujours du côté de l'estomac, & quelquefois par l'estomac même, & continuant successivement du côté de l'anus, à moins que l'ordre n'en soit accidentellement troublé; car alors il peut également partir de la fin du canal comme de son principe, & ce mouvement inverse est ce que nous nommons mouvement antipéristaltique. Telle est au surplus la contractibilité de ce canal que, sorti tout entier du corps de l'animal, le mouvement dont il s'agit se montre & subsiste pendant cinq ou six heures, plus ou moins, pour peu qu'on en irrite les tuniques, comme on voit palpiter les cœurs arrachés de la tortue, de la grenouille, & mouvoir les têtes & les corps séparés des viperes, des vers, &c. cette irritabilité bien différente de l'élasticité, ne pouvant être que dans la structure même de la fibre; aussi le célebre M. *de Haller* dit-il qu'elle est une propriété inhérente en elle, dont la cause est aussi peu connue que celle de l'attraction.

La troisieme tunique semblable à la troisieme membrane de l'estomac, unie d'une maniere très-lâche *à la tunique musculeuse*, & adhérant plus étroitement à la quatrieme.

Celle-ci nommée *mammelonnée* ou *veloutée*, sa face externe étant unie, serrée & blanchâtre; sa face interne garnie d'un duvet moins considérable & moins élevé que dans le ventricule; cette tunique étant au surplus dans l'intérieur du canal, lâche & comme plissée; ces plis étant néanmoins moindres que ceux que l'on observe dans l'estomac, & n'ayant point assez de volume dans le cheval pour former, comme dans l'homme, les replis réguliers en forme de croissant, appelés dans celui-ci les *valvules conniventes*, on y apperçoit seulement quelques rides qui n'ont rien de constant.

8°. *L'humeur* dite *intestinale*, filtrée dans le duvet même de la tunique véloutée, par nombre de petites glandes qui se trouvent dans toute son étendue; cette humeur la lubréfiant continuellement, & son usage étant de rendre le tissu interne du canal plus souple & plus glissant, soit pour faciliter la descente ou la marche des alimens digérés, soit pour parer à l'irritation de la membrane même lors de leur passage, soit enfin pour garantir dans l'état ordinaire cette tunique de l'impression de l'âcreté naturelle de la bile; peut-être aussi qu'elle est assez active pour contribuer à la digestion commencée dans le ventricule, mais qui le perfectionne encore dans les *intestins grêles*, dans lesquels deux autres humeurs, c'est-à-dire, la bile & le suc pancréatiques sont versés & déposés à cet effet.

9°. *L'insertion du canal hépatique* recevant le canal principal qui du pancréas s'ouvre dans sa cavité; cette insertion ayant lieu dans le principe des *inteſtins grêles*, & cinq à ſix travers de doigt après le pylore (1).

10°. *L'inſertion du petit canal pancréatique* ayant lieu à environ un pouce au-deſſous de l'autre (2).

11°. *Les particularités offertes par le cœcum* qui differe du *cœcum humain* par ſa figure, par ſon étendue, par le défaut d'un appendice, &c. Cet *inteſtin* formant une poche de la longueur d'environ deux ou trois pieds, auſſi ample que la plus groſſe portion du *colon*, tournée du côté du cartilage xiphoïde; ſon fond ſe terminant en une pointe mouſſe & privée de tout appendice vermiforme; *l'inteſtin grêle* qui s'y rend y paroiſſant en quelque façon comme une piece ajoutée, & pour l'inſertion de laquelle on auroit pratiqué un trou à l'endroit de ce même *cœcum* auquel cet *inteſtin grêle* finit; l'extrémité de l'orifice de ce même *inteſtin grêle* étant diſſemblable de ce qu'on obſerve dans le corps humain, la membrane veloutée de cette extrémité étant en effet un peu

---

(1) L'inſertion du canal hépatique du bœuf a lieu dans le même principe des *inteſtins grêles* à environ une même diſtance du pylore; il ſe prolonge dans la cavité de l'*inteſtin* comme une eſpece de mammelon, recouvert par la membrane veloutée. Dans le mouton cette inſertion ſe fait à un pied & demi du pylore; ce canal fait horiſontalement un trajet d'environ un pouce entre les membranes, & s'inſere dans la cavité pour y verſer la liqueur qu'il charrie, ſans qu'aucune valvule puiſſe en empêcher le reflux : j'ajouterai que dans le bœuf le canal pancréatique principal s'insere à environ un pied du pylore, tandis que dans le mouton il s'ouvre dans le canal hépatique à environ deux pouces & demi du foie & à un pouce & demi de l'*inteſtin*.

(2) Ce même petit canal n'exiſtant pas dans le bœuf & s'ouvrant dans le mouton à deux lignes au-delà du canal hépatique.

allongée, & formant plusieurs plis & plusieurs rides qui, sans offrir rien de régulier comme dans l'homme, peuvent néanmoins remplir le même objet, c'est-à-dire, s'opposer à toute rétrogradation des alimens du *cœcum* dans les *intestins grêles*, & faire fonction de la valvule de *Bauhin;* ces plis & ces rides pouvant encore empêcher que les liqueurs injectées par l'anus n'outre-passent les *gros intestins* qui, d'ailleurs extrêmement amples, sont ici plus que suffisans pour les contenir (1).

12°. *Les lignes ou les bandes ligamenteuses* (2) formées par une réunion plus forte des membranes intestinales; ces bandes, au nombre de trois seulement dans l'homme, & paroissant naître en lui de l'appendice vermiforme, se trouvant au nombre de quatre à l'extérieur du *cœcum* du cheval, situées par intervalles égaux, eu égard à la largeur de cet *intestin*, s'étendant selon toute sa longueur, & se propageant sur le *colon*, mais seulement sur sa portion la plus large, car à la fin de cette portion, deux d'entr'elles s'évanouissent; on n'y voit d'une part, que celle qui est à l'endroit du mésentere, & de l'autre, celle qui lui est diamétralement opposée; ces deux bandes qui sont entiérement effacées dans le *rectum*, suffisant sans doute ici pour soutenir le volume du *colon*, & pour en

(1) Nous avons déja observé les différences ou les particularités de ce même intestin dans le bœuf & dans le mouton comparé à celui du cheval. Il en est dissemblable par la figure, par l'étendue, par la situation, par le défaut des bandes ligamenteuses & des bosses. Sa longueur est de deux pieds environ, il est trois fois plus ample que dans le bœuf & dans le mouton, où il est uniforme dans toute sa longueur.

(2) Absentes dans le mouton, ainsi que dans le bœuf.

affermir

affermir les tuniques dans les lieux où ſon diametre eſt le moins conſidérable.

13°. *Les valvules conniventes* très-différentes de celles qui, dans les *inteſtins grêles humains*, doivent leur exiſtence aux replis de la tunique veloutée, & réſultant ici, comme dans l'homme, des boſſes & des enfoncemens occaſionnés par les bandes qui, bridant & reſſerrant toutes les membranes, les obligent à ſe froncer. Ces valvules étant au ſurplus régulieres, diſpoſées par intervalles égaux, & ces intervalles formant des cellules ou des cavités qui ſont le moule des excrémens maronnés du cheval, car ils ne doivent leur forme qu'à leur ſéjour dans ces cellules (1).

14°. *Les particularités que préſente le rectum.* Cet *inteſtin*, quand il eſt vide, n'ayant qu'un médiocre diametre qui peut augmenter très-conſidérablement par le ſéjour & par le paſſage des gros excrémens; des fibres de la tunique charnue, principalement celles qui ſont longitudinales, plus fortes & plus multipliées dans cet *inteſtin* que partout ailleurs, & même qu'à l'inſertion de *l'inteſtin grêle* dans le *cæcum* où elles ſont nombreuſes, douant ce même *rectum* de la force contractile dont il a beſoin pour expulſer au dehors les excrémens, & pour revenir enſuite au même état dans lequel il étoit avant ſa dilatation forcée; les rides & les plis conſidérables que l'on apperçoit, enſuite des efforts de l'animal & des déjections n'étant que les prolongemens repliés de la membrane veloutée qui ceſſant d'être diſtendue par les matieres que *l'inteſtin* contenoit, ſe fronce natu-

(1) On n'en trouve ni dans le bœuf, ni dans le mouton.

rellement dès que les parois du *rectum* reviennent ſur elles-mêmes (1).

15°. *L'anus* qui eſt l'orifice & l'extrémité du *rectum*; cette partie faiſant dans l'animal ſaillie au dehors, & étant maintenue par deux ligamens, dont l'un eſt formé par une portion des fibres extérieures de cet *inteſtin*, qui, parvenues à ſon extrémité, s'en ſéparent & ſe réuniſſent en un faiſceau, d'où réſulte une ſorte de ligament aſſez volumineux qui ſe porte & ſe termine à la face inférieure des premiers os de la queue ; l'autre ligament partant des premiers os de la queue, & ſe bifurquant pour embraſſer ce même *inteſtin*.

16°. *Les muſcles au nombre de trois*, un impair & deux pairs ; le premier appelé le *ſphincter de l'anus*, compoſé de pluſieurs trouſſeaux de fibres circulaires qui entourent *l'inteſtin*, & ſe réuniſſent en rentrant les unes entre les autres, à la partie ſupérieure & à l'inférieure ; ce muſcle ayant environ deux doigts de largeur, & ſe confondant d'une part avec la peau, & de l'autre avec *l'inteſtin* même : les autres étant plats & de la largeur de deux ou trois travers de doigt, s'attachant à la partie interne & ſupérieure de l'iſchion, d'où ils ſe portent de chaque côté le long du *rectum* pour ſe terminer à l'*anus*, en ſe confondant & ſe perdant dans les fibres du premier ; le *ſphincter* fermant l'*anus* & empêchant la ſortie involontaire de la fiente, mais cédant néanmoins à la force ſupérieure des muſcles abdominaux dans le tems des déjections. Les deux autres muſcles bien moins

---

(1) Ce que nous n'obſervons point dans les animaux que nous comparons ici au cheval.

considérables dans l'animal que ceux qui forment ce que l'on appelle *les deux releveurs* dans l'homme, étant les agens & les moyens par lesquels l'*anus* chassé & poussé en dehors au moment où l'animal fiente, est remis dans sa situation naturelle, parce qu'ils operent dans le cheval selon une ligne horisontale de dehors en dedans, tandis que dans l'homme, dont la situation est perpendiculaire, ils ne tirent que de bas en haut. (*Voyez* 199).

Du Mésentere.

324. *Le mésentere* est une partie membraneuse flottante depuis sa naissance jusques aux intestins : son usage étant non-seulement de contenir ces parties, mais encore de soutenir tous les vaisseaux qui s'y distribuent & qui en partent, ainsi que d'abréger la route de ceux que nous nommons *vaisseaux lactés*, & qui se rendent au réservoir du chyle.

Il faut en considérer :

1°. *La racine & l'attache* aux vertebres lombaires entre les gros vaisseaux ; cette membrane n'étant qu'un repli du péritoine qui s'enfonce dans ce même lieu au dedans de lui-même, & qui forme dès-lors une duplicature qui s'étend considérablement, puisqu'elle répond à tout le canal intestinal.

2°. *Les deux lames qui la composent* (1) étant ici jointes l'une à l'autre, de maniere qu'il ne paroît aucun intervalle entr'elles, le *mésentere* ne présentant en apparence qu'une seule membrane, & le fond de cette duplicature qui répond aux in-

(1) Plus écartées dans le bœuf & dans le mouton, & garnies de beaucoup de graisse.

testins, les assujétissant d'une façon particuliere; car ils se trouvent renfermés dans l'écartement des deux lames formant comme une sorte de gaîne qui les embrasse, qui les revêt & qui en est la premiere tunique.

3°. *Le tissu cellulaire* qui dans cette duplicature unit les deux lames : il est garni de plus ou moins de graisse, selon que l'animal est plus ou moins gras; en général il y en a moins que dans l'homme (1), & le *mésentere* y est proportionnément moins épais.

4°. *Les divisions ou les diverses dénominations* selon les intestins auxquels il sert d'enveloppe & d'attache; cette partie n'en fournissant aux intestins grêles qu'à environ un demi-pied au-dessous de l'estomac, toute la portion qui y répond depuis ce point jusques à l'intestin cœcum, étant proprement ce qu'on appelle le *mésentere*; celle qui attache le cœcum & le colon, étant nommée *mésocolon*, & celle qui tient au rectum étant distinguée par le nom de *mésorectum* ou de *méséreum*.

5°. *La largeur* qui, à son principe & à sa racine, est d'environ cinq ou six pouces, & qui augmente à mesure qu'il se propage de cette racine aux intestins où il est plissé comme par ondulation à l'effet d'occuper moins d'espace; le *mésentere* étant moins large que le *mésocolon* qui est plus large que le *mésorectum* (2).

---

(1) Et beaucoup moins que dans le mouton & dans le bœuf, en qui elle est très-abondante, ainsi que nous venons de le dire.

(2) Dans le bœuf & dans le mouton le *mésentere* est beaucoup plus étroit; il s'étend plus en longueur; & ses replis étant en moins grand nombre, les intestins ne se trouvent pas entrelacés & confondus les uns avec les autres,

6°. *Les vaisseaux* rampant entre les deux lames qui composent cette partie ; ces vaisseaux de tous genres étant appelés en général *vaisseaux mésentériques*, non-seulement parce qu'ils appartiennent au *mésentere*, mais parce qu'ils y sont renfermés, car leur vrai rapport est aux intestins.

7°. *Les vaisseaux sanguins* étant arteres & veines : l'artere nommée *grande mésentérique* ou *mésentérique antérieure* partant de la face inférieure de l'aorte, trois ou quatre travers de doigt après la cœliaque, extrêmement dilatée dans son principe, inégale dans cette dilatation où elle se montre comme une tumeur anévrismale, jettant dès cet endroit nombre de ramifications, dont la plus grande quantité assez déliée se porte aux intestins grêles ; les autres d'un beaucoup plus grand diametre & d'une plus grande étendue, se distribuant aux gros intestins, & l'un de ces rameaux communiquant le long de ces mêmes intestins avec un rameau pareil de la *petite mésentérique ;* toutes les divisions de cette artere passant, ainsi que je l'ai dit, entre les deux feuillets du *mésentere*, sans former ce nombre de mailles, d'aréoles & de communications que l'on observe dans le corps humain ; se partageant dès qu'elles sont parvenues au canal intestinal ; chaque rameau embrassant ce canal au lieu où il se distribue ; la plupart de ces artérioles s'anastomosant le long de la grande courbure de l'intestin colon, de maniere qu'elles

---

mais son bord inférieur offre des ondulations plus multipliées & plus serrées, qui operent le rapprochement des circonvolutions de maniere qu'elles remplissent moins d'espace. Nous dirons aussi que le *mésocolon* est plus étroit, & que les gros intestins en sont maintenus & fixés davantage.

forment comme une ance par chacune de ces anaſtomoſes.

L'artere nommée *petite méſentérique* ou *méſentérique poſtérieure*, partant également de l'aorte, mais beaucoup plus loin & quelques pouces ſeulement avant ſa diviſion en iliaques, étant beaucoup moins conſidérable que la précédente, n'étant point dilatée comme elle, & ſe diviſant en pluſieurs branches, qui toutes ſe portent aux gros inteſtins; la premiere de ces branches remontant pour s'unir à la *grande méſentérique*, & pour former la fameuſe anaſtomoſe de ces deux arteres; les derniers rameaux ſuivant l'inteſtin rectum juſques à ſon extrémité, toutes les ſubdiviſions de cette artere n'étant point d'ailleurs auſſi multipliées & auſſi conſtantes que celles de l'autre.

Les vaiſſeaux veineux qui répondent à ces arteres compoſant la *grande veine porte*, appelée encore *veine porte ventrale*, pour la diſtinguer de la ſeconde portion de cette veine que l'on nomme *petite veine porte*, ou *veine porte hépatique;* les ramifications de ces vaiſſeaux étant plus nombreuſes que celles des arteres dont elles ſuivent le trajet, & les anaſtomoſes étant les mêmes; ces vaiſſeaux ſe réuniſſant encore après avoir parcouru le *méſentere*, en des troncs toujours plus amples, & n'en formant enfin qu'un ſeul, qui eſt le *ſinus* ou le *tronc de la veine porte*; ce *ſinus* étant ſitué au-deſſous du foie & de l'eſtomac, & ſe portant par de nouvelles ramifications dans le premier de ces viſceres, auquel le ſang qui revient de toutes ces parties aboutit pour ſe dégorger dans la veine cave, & pour regagner le torrent de la circulation dont il ſembloit s'être éloigné dans la veine porte.

8°. *Les vaiſſeaux nerveux* dépendant du *plexus*

mésentérique antérieur & postérieur, ces deux *plexus* étant formés par des divisions du grand nerf intercostal ; le premier, connu sous le nom de *plexus solaire*, entourant l'artere mésentérique antérieure, d'où il laisse échapper nombre de filets qui passent entre les deux lames du *mésentere*, & se portent aux intestins grêles ; quelques-uns de ces mêmes filets environnant l'artere mésentérique postérieure, & formant le second plexus dont les ramifications nerveuses sont particuliérement destinées aux gros intestins.

9°. *Les glandes nommées mésentériques*, de la nature des glandes conglobées, dispersées en très-grand nombre entre les deux lames du *mésentere*, peu sensibles dans l'état naturel sur la portion qui répond aux intestins grêles, non moins multipliées & plus visibles dans le *mésocolon* sur la surface des intestins qu'il enveloppe, & au lieu où il commence à leur servir d'attache; ces glandes ne paroissant point exister dans le *mésorectum*; leur volume comparé à celui des *glandes mésentériques humaines*, n'étant point proportionné au corps du cheval, car souvent elles sont peu sensibles; quelquefois elles sont de la grosseur d'une lentille, d'un pois, d'une fêve, & elles sont fréquemment entourées de graisse : dans certains chevaux morveux, on en a vu du volume d'un œuf de pigeon ; elles ne sont point entassées comme dans certains animaux, & spécialement dans le chien, leur assemblage & leur amas dans cet animal étant ce que l'on appelle le *pancréas d'Asellius*, dont le cheval est dépourvu ; leur fonction est de soutenir les vaisseaux lymphatiques & lactés qui les traversent, le chyle & la lymphe y recevant sans doute un certain degré d'élaboration (1).

10°. *Les vaiſſeaux lymphatiques* qui ne different en aucune maniere des canaux qu'on appelle *lactés* ; ceux-ci ne conſtituant point un genre particulier de vaiſſeaux , & n'acquérant le nom de *lactés*, qu'autant qu'ils charrient le chyle ; car à défaut de cette liqueur extraite des alimens , ils charrient de la lymphe, & ne ſont alors véritablement que des *vaiſſeaux lymphatiques*. Les uns & les autres étant en très-grand nombre entre les deux lames du *méſentere* & du *méſocolon* , mais étant auſſi ſi minces & ſi déliés qu'il n'eſt poſſible de les appercevoir que dans les chevaux maigres, & dont le *méſentere* eſt totalement dépourvu de graiſſe ; auſſi doit-on les examiner peu de tems après que l'animal a mangé , parce qu'étant alors pleins de chyle, ils en ſont plus ſenſibles à la vue, autrement ils ne contiennent que de la ſéroſité, & en ce cas ils ne ſont point auſſi apparens : les tuniques de ces vaiſſeaux ſont au ſurplus tranſparentes , & ces vaiſſeaux ſont preſque tous d'un égal diametre, car on n'y voit point ces dégénérations ou ces augmentations que l'on obſerve à chaque diviſion des vaiſſeaux ſanguins.

11°. *Les vaiſſeaux lactés* diviſés en *veines lactées premieres* & en *veines lactées ſecondaires* ; les *veines lactées premieres* partant immédiatement des inteſtins, ſe propageant juſques aux glandes méſentériques & étant plus minces que les *veines lactées ſecondaires* qui ſont moins nombreuſes , &

(1) Elles ne ſont pas en très-grand nombre dans le mouton ; & dans le bœuf le volume en eſt conſidérable ; quelquefois la forme en eſt cylindrique & elles ſe montrent de la longueur d'environ trois ou quatre pouces.

qui ſortant de ces mêmes glandes, vont ſe rendre au réſervoir du chyle, leur uſage étant d'abſorber cette liqueur : cette eſpece de ſécrétion ſe fait par la tunique veloutée des inteſtins, dans le duvet de laquelle s'ouvrent toutes ces petites veines par des orifices aſſez petits pour ne recevoir que la partie des alimens qui doit former le chyle : delà ces veines conduiſent cette liqueur dans les glandes, & des glandes au réſervoir. Les unes & les autres ſont munies de valvules ſemblables à celles que l'on trouve dans les veines ſanguines, à la délicateſſe près ; ces valvules étant viſibles même en les conſidérant du dehors de ces vaiſſeaux, & ſe trouvant poſées obliquement & dans une direction qui tend des inteſtins au réſervoir du chyle, d'où l'on voit que leur fonction eſt de s'oppoſer à la rétrogradation de l'humeur qu'ils charrient, la marche de cette humeur devant toujours être du canal inteſtinal, au lieu où elle doit être verſée. Tous ces vaiſſeaux épars dans leur trajet & dans leur principe, puiſqu'ils viennent de toute l'étendue des inteſtins tant grêles que gros (car on en a conduit qui partoient des glandes de ceux-ci, & qui marchoient réunis dans la duplicature du *méſocolon*), ayant la même deſtination & ſe raſſemblant à la racine du *méſentere* pour entrer & pour ſe terminer au réſervoir : on y en a obſervé quatre principaux de la groſſeur d'une plume d'oye, & s'ouvrant dans cette poche ; l'un d'eux venant par pluſieurs petits rameaux des parties voiſines, & marchant de devant en arriere ſur le pilier du diaphragme, juſques au lobe droit du *foie* ; les trois autres venant du *méſentere* & du *méſocolon*, ainſi que je l'ai dit, ſans parler de pluſieurs vaiſſeaux lymphatiques qui viennent dépoſer la lymphe dans le même réservoir, cette même lymphe aussi charriée dans les veines lactées rendant plus facile la circulation du chyle avec lequel elle se mêle, puisqu'elle ne peut que le rendre plus fluide.

Du Canal thorachique.

325. *Le canal thorachique* ou *chylifere* découvert par *Pecquet* en 1651 dans l'homme, mais décrit, assez obscurément à la vérité, long-tems auparavant par *Eustache* qui l'avoit observé dans le cheval, a été appelé *thorachique*, parce qu'il est en plus grande partie contenu dans le thorax.

Il faut en considérer :

1°. *Le principe*, qui n'est autre chose que le *réservoir* dont j'ai parlé ; ce *réservoir* n'étant quelquefois dans l'animal que j'envisage, qu'un *canal* d'un diametre égal à-peu-près à celui de l'artere crurale, & un peu plus ample que le conduit qui en est la suite ; ce *canal* faisant alors une courbure destinée sans doute à augmenter son étendue & à faciliter l'abord & l'admission des vaisseaux lymphatiques & des veines lactées ; quelquefois aussi ce même *réservoir* formant une poche de deux pouces de circonférence au moins, & de trois pouces de longueur, résultant de l'ensemble des quatre gros troncs des veines lactées qui s'y dégorgent.

2°. *La situation de ce réservoir* à l'endroit de la racine du *mésentere*, directement entre l'aorte & la veine cave, un peu en arriere des vaisseaux émulgens.

3°. *Le trajet* qui n'a point ici lieu sous l'aorte comme dans le chien ; ce *canal* cheminant en avant toujours entre l'aorte & la veine cave, &

étant conſtamment placé directement ſur le corps des premieres vertebres lombaires & de preſque toutes les dorſales; il pénétre après avoir reçu la lymphe qui lui eſt apportée par les vaiſſeaux lymphatiques du foie, du pancréas, de la rate, des reins & de la partie interne du baſſin, de l'abdomen dans la poitrine entre les deux piliers du diaphragme, par la même ouverture qui livre un paſſage à l'aorte. En approchant, il ceſſe d'être accompagné par la veine cave, celle-ci s'en éloignant pour gagner le foie, mais la veine azygos y ſupplée, & chemine à côté tout le long de la poitrine, dans laquelle ce *canal* reçoit la lymphe qui lui eſt apportée par les vaiſſeaux lymphatiques qui partent des glandes placées entre la veine cave & l'aorte antérieure, & de celles qui rampent ſur la ſurface du poumon, &c.; parvenu dans cette cavité à la hauteur de la troiſieme ou quatrieme vertebre du dos, il s'écarte de la direction qu'il ſuivoit pour ſe porter à gauche ſous l'aorte, & continuer ſon trajet en avant juſques au lieu où il ſe termine.

4°. *La fin ou la terminaiſon* dans la veine axillaire gauche, dans laquelle il s'inſere par une ouverture proportionnée à ſon diametre, & ſur laquelle la tunique de cette veine ſe prolonge un peu de gauche à droite pour former une ſorte de valvule capable de s'oppoſer à ce que le ſang qui ſe porte de gauche à droite dans cette même veine, n'entre dans ce *canal* & ne nuiſe à l'introduction du chyle. Il eſt encore outre ce prolongement, à l'embouchure du *canal*, deux valvules ſemi-lunaires qui ſe joignent dans la partie moyenne de ſon ouverture & qui la cloſent entiérement. Quelquefois ce même *canal* s'ouvre & finit dans l'endroit de la réunion des axillaires & des jugulaires.

5°. *Les variations :* ce *canal* en souffre quelquefois dans son étendue : où il se bifurque dans son milieu en deux branches qui se rejoignent bientôt après, où ces deux branches sans se réunir se portent séparément dans chacune des axillaires : on l'a vu se bifurquer avant que de pénétrer dans le thorax, & les branches se porter une de chaque côté de l'aorte, communiquer dans leur partie moyenne par une troisieme petite branche en passant au-dessus de cette artere, & se réunir avant que de se rendre dans la veine qui le reçoit & où il finit.

6°. *Les valvules* destinées à aider dans ce *canal*, comme dans les vaisseaux lactés, la marche du chyle; ces valvules posées de maniere que leur direction est de derriere en devant pour parer à la rétrogradation de cette liqueur dont le progrès est secondé par les battemens & les oscillations de l'aorte qui avoisine ce tube, & dont la circulation est principalement favorisée, soit dans les vaisseaux lactés, soit dans le *réservoir*, soit dans le *canal* même, par l'action de la respiration & la pression que souffrent tous les visceres du bas-ventre, conséquemment au jeu des muscles abdominaux & du diaphragme : aidée de tous ces secours & arrivée dans la veine axillaire gauche, elle se mêle avec le sang; elle parvient avec lui dans la veine cave antérieure, dans l'oreillette ou le sac droit, & delà dans le ventricule antérieur du cœur; tel est le principe du mélange du chyle avec ce fluide, & c'est ainsi que l'un & l'autre ne forment bientôt après & ensuite de l'élaboration qui s'en fait dans le cœur, dans les poumons & dans tous les vaisseaux de la machine, qu'une liqueur absolument & parfaitement homogene.

www.ingramcontent.com/pod-product-compliance
Lightning Source LLC
LaVergne TN
LVHW020538230826
846091LV00002B/313

9782329421131